鱼类的崛起

鱼类的崛起

5 亿年的进化

The Rise of Fishes: 500 Million Years of Evolution

[澳]约翰·A.朗（John A. Long） 著

吴奕俊 郭恩华 译

电子工业出版社
Publishing House of Electronics Industry
北京·BEIJING

THE RISE of FISHES: 500 MILLION YEARS of EVOLUTION, SECOND EDITION by JOHN A. LONG
Original English language edition Copyright © 2011 Johns Hopkins University Press
All rights reserved. Published by arrangement with Johns Hopkins University Press, Baltimore, Maryland
Simplified Chinese edition Copyright © 2018 PUBLISHING HOUSE OF ELECTRONICS INDUSTRY

本书中文简体字版由Johns Hopkins University Press通过a division of The Yao Enterprises, LLC授予电子工业出版社独家出版发行。未经书面许可，不得以任何方式抄袭、复制或节录本书中的任何内容。

版权贸易合同登记号　图字：01-2018-2400

图书在版编目（CIP）数据

鱼类的崛起：5亿年的进化/（澳）约翰·A. 朗（John A. Long）著；吴奕俊，郭恩华译. —北京：电子工业出版社，2019.1
书名原文：The Rise of Fishes: 500 Million Years of Evolution
ISBN 978-7-121-35170-9

Ⅰ. ①鱼…　Ⅱ. ①约…　②吴…　③郭…　Ⅲ. ①鱼类－进化－普及读物　Ⅳ. ①Q959.4-49

中国版本图书馆CIP数据核字（2018）第227781号

书　　名：鱼类的崛起：5亿年的进化
作　　者：[澳]约翰·A. 朗（John A. Long）

策划编辑：龙凤鸣
责任编辑：郑志宁　特约编辑：兰　茵
印　　刷：北京富诚彩色印刷有限公司
装　　订：北京富诚彩色印刷有限公司
出版发行：电子工业出版社
　　　　　北京市海淀区万寿路173信箱　　邮编：100036
开　　本：787×1092　1/16　　印张：18.75　　字数：462千字
版　　次：2019年1月第1版
印　　次：2021年4月第5次印刷
定　　价：98.00元

凡所购买电子工业出版社图书有缺损问题，请向购买书店调换。若书店售缺，请与本社发行部联系，联系及邮购电话：(010) 88254888，88258888。
质量投诉请发邮件至zlts@phei.com.cn，盗版侵权举报请发邮件至dbqq@phei.com.cn。
本书咨询联系方式：(010) 88254210，influence@phei.com.cn，微信号：yingxianglibook。

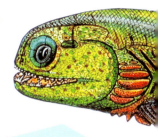

目录 Contents

前言 / xi

第二版前言 / xiii

致谢 / xv

第一章　地球、岩石、进化和鱼 / 001
　　了解鱼类进化过程的背景信息 / 001

　　　　化石和岩石 / 003
　　岩石中的生命史 / 004
　　　　进化的事实 / 005
　　基本的脊椎动物解剖知识指南 / 008
　　　　测定岩石和化石的时间 / 010
　　漂流的大陆和鱼的进化 / 012
　　　　自然界内的秩序 / 013
　　　　化石研究与制备 / 016

第二章　声名显赫的游泳蠕虫：第一批鱼类 / 017
　　脊索动物和第一批脊椎动物的起源 / 017
　　　　幼鱼和进化 / 019
　　蝓鱼 / 020
　　被囊类动物 / 021

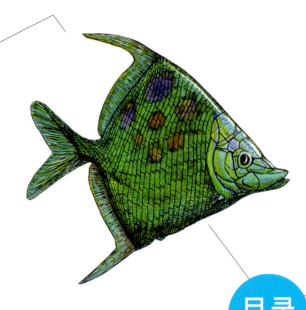

目录 Contents

海口鱼及其亲属 / 023

牙形虫：神秘的化石 / 024

骨骼：早期的起点 / 026

第三章　无颌的神奇动物 / 028

八目鳗、七鳃鳗，以及它们那些灭绝了的披有甲胄的亲属 / 028

最古老的有骨鱼：寒武纪和奥陶纪的无颌鱼 / 031

原始无颌鱼的基本结构 / 032

异甲类：一个伟大的辐射分化物种 / 035

缺甲鱼亚纲：七鳃鳗的先驱？ / 038

腔鳞鱼亚纲：鳞片讲述着一段故事 / 042

盔甲鱼亚纲：神秘的东方无颌鱼 / 044

茄甲鱼：自成一派 / 048

骨甲鱼亚纲：无颌类成就的巅峰 / 048

与第一批有颌鱼的联系 / 052

无颌帝国的终结 / 054

第四章　甲胄鱼和长着胳膊的鱼　/ 056

　　长有甲胄，统治着泥盆纪海洋、河流和湖泊的盾皮鱼　/ 056

　　盾皮鱼类的起源和关系　/ 057

　　戈戈鱼和酸制备技术　/ 060

　　斯坦鱼目和假瓣甲鱼目：早期的谜团　/ 061

　　盾皮鱼的基本结构　/ 063

　　硬鲛目和棘胸鱼目：拥有精细甲胄的鱼类　/ 064

　　胴甲鱼：始终与胳膊差不多长　/ 065

　　褶齿鱼目：拥有坚硬的牙齿和多刺的鳍足　/ 071

　　瓣甲鱼目和它们奇怪的亲属　/ 072

　　节甲鱼目：伟大的盾皮鱼分化群体　/ 076

第五章　鲨鱼和它们的软骨亲属　/ 091

　　历史悠久的杀手　/ 091

　　鲨鱼的起源　/ 095

　　原始软骨鱼的基本结构　/ 096

　　原始软骨鱼的牙组织　/ 104

　　晚古生代软骨鱼的辐射分化　/ 105

　　白手起家的现代软骨鱼　/ 108

　　全头鱼：一种早期的辐射分化？　/ 112

　　"鳐"向新时代　/ 115

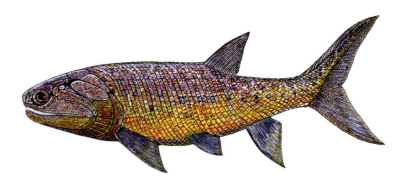

第六章　颌部长有棘的鱼　/ 118

早期颌鱼的奇异混合体，如棘鱼和其亲属　/ 118

棘鱼的起源和亲缘关系　/ 120

棘鱼的基本结构　/ 121

栅棘鱼目：带有甲胄的棘鱼　/ 123

坐棘鱼目：掠食者　/ 124

棘鱼目：过滤捕食者和幸存者　/ 126

第七章　进化过程突然显现　/ 130

内骨骼高度骨化的硬骨鱼　/ 130

有脊类：硬骨鱼的神秘祖先　/ 133

硬骨鱼的基本结构　/ 135

早期的肉鳍鱼或硬骨鱼分支？　/ 135

第八章　原始的条鳍鱼　/ 138

第一批硬骨鱼的快速崛起　/ 138

原始条鳍鱼的基本结构　/ 140

泥盆纪条鳍鱼　/ 141

原始条鳍鱼的快速兴起　/ 148

新鳍鱼：成功的曙光　/ 152

第九章　真骨鱼，真正的冠军　/ 154

世上最成功脊椎动物的起源和分化　/ 154

硬骨鱼类的早期开端　/ 156

骨舌总目：骨质的舌头　/ 158

化石比目鱼的奥秘 / 159

海鲢：漫长的进化过程 / 161

鲶鱼及其亲属的帝国 / 165

纯真骨类：无与伦比的一种分化形态 / 167

第十章 鬼鱼和其他原始掠食者 / 174

长有肉鳍的肉鳍鱼以及适合它们生存的地方 / 174

中国鬼鱼和它的亲属 / 176

杨氏鱼和威尔士王子鱼 / 180

长有匕首状牙齿的鱼 / 180

肉鳍亚纲的基本结构 / 182

腔棘鱼（空棘鱼）：长有穗的尾巴 / 184

肉鳍亚纲群体的关系 / 187

第十一章 咬合方式奇怪的鱼类 / 188

肺鱼是怎样学会呼吸空气的 / 188

孔鳞鱼目：头部很胖、眼睛好似珠子的掠食者 / 189

肺鱼：两种呼吸方式 / 191

一条原始肺鱼的基本结构 / 192

肺鱼的起源 / 195

肺鱼的多样性 / 196

牙本质覆盖的腭骨：在早期用于碾碎猎物的结构 / 201

精细的捕食机制 202

第十二章 巨大的牙齿，强壮的鱼鳍 / 208

　　拥有与人类手臂和腿部类似鳍骨的鱼类 / 208

　　四足鱼类的起源 / 208

　　石炭纪的巨型杀手：根齿鱼目 / 210

　　迈向陆地的一步：四足形亚纲茎群 / 212

第十三章 进化中最伟大的一步 / 223

　　从水中游动的鱼到步行于地面的陆上动物 / 223

　　从水到陆地：如何生存 / 225

　　希望螈目——是鱼还是长着鳍的两栖动物？ / 227

　　四足动物干群 / 231

　　鱼类的一小步，人类的一大步 / 238

鱼的分类 / 240

词汇表 / 245

参考文献 / 251

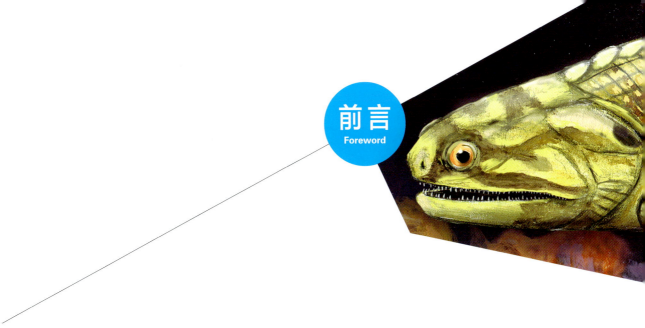

前言
Foreword

  脊椎动物的进化树十分零散。人们从19世纪开始拼凑这棵大树，他们首先理清了现存物种的进化关系，后来则往这棵树中塞进了越来越多已经灭绝、形成了化石的物种。与软体动物或其他无脊椎动物相比，脊椎动物的化石相对较少，但是它们的骨骼较为复杂，人们很容易就能拿它们与活体动物相比较，因此便能解释清化石和现存动物在解剖关系、进化转变或适应环境方面的关系。另外，随着时间的推移，大多数脊椎动物间的进化关系会与它们的化石记录十分契合，颌类脊椎动物尤其如此。

  约翰·朗（John Long）的新版《鱼类的崛起》（The Rise of Fishes）一书向我们展示了丰富的信息和令人赞叹的插图。此书介绍了脊椎动物的一部分系统发生[①]，人们曾对其一无所知。他所介绍的这段系统发生始于脊索动物门下脊椎动物的出现，终于四足脊椎动物或四足动物的兴起。在20世纪期间，在解释早期脊椎动物的结构和关系时，人们获得的最新进展不仅来自对全球各地化石遗址的勘探，也来自新的化石制备技术和观察技术。瑞典古生物学家埃里克·斯滕舍（Erik Stensiö）是公认的现代化鱼类化石研究法之父。在他看来，不应再把鱼类化石看作供收藏用的美丽标本，而是该对它们进行制备，将它们"解剖"，甚至像生物学家处理现存生物标本那样将它们切片。他因为使用了这种破坏性技术而遭到谴责，但这些技术提供了首个比较框架，我们现有的早期鱼类解剖知识就是以这个框架为基础的。幸运的地方在于，约翰·朗使用到了新型的计算机断层扫描技术。该技术现在能让人观察形成于数百万年前的这类化石上最轻微的解剖特征，而又不会破坏它们；有时还能发现形成化石时严重矿化的软组织的存在证据，这十分宝贵。

  在20世纪50年代，德国昆虫学家威利·亨尼希（Willi Hennig）以客观而可靠的方式创造出了阐明物种间关系的新概念和新方法。他的这一观点受到了美国和英国鱼类专家加雷思·纳尔逊（Gareth Nelson）和科林·帕特森（Colin Patterson）的影响，现在被称为"分支系统学"，并被比较生物学家广泛使用，在20世纪60年代被迅速应用于活体和化石鱼类的系统学领域。《鱼类的崛起》一书遵循这个概念框架铺开。在过去的50年里，这个概念框架帮助塑造了脊椎动物树的结构，并且让我们很容易凸显出因数据缺失或自相矛盾而尚未弄清的物种关系，在此书中则会凸显颌类脊椎动物的关系。许多鱼类专家对分类时遵守的分支系统学原则并不熟悉，这种

[①] 在地球历史发展过程中生物种系的发生和发展。——译者注

分类原则强调给嵌套的单源及未排序群体赋予独特的名称，约翰·朗准确地提出了对活体和化石鱼类的简化分类，与人们广泛使用的乔·纳尔逊《世界鱼类》（*Fishes of the World*）一书中的分类一致。

《鱼类的崛起》与早期脊椎动物在时间和空间上，以及在不断变化的地理环境中的演变完美地融合到了一起。毫无疑问，此书能激发学生们学习脊椎动物历史的热情，而这段历史仍然深邃难懂，有待人们进一步探寻。

菲利普·让维耶（Philippe Janvier）
法国国家自然历史博物馆，巴黎

第二版 前言 Foreword

大约在30年前，我还是一个年轻的新入门研究生，正尝试撰写一篇关于泥盆纪条鳍鱼的论文。此时我有幸遇到了三位研究化石鱼类、德高望重的专家：布莱恩·加迪纳（Brian Gardiner），彼得·弗雷（Peter Forey）和科林·帕特森。我们在克兰伯里阿姆斯酒店喝了些淡啤酒，进行了热烈的讨论。这座酒店离自然历史博物馆不远，那里是著名的古生物知识殿堂。我总是会回想起布莱恩告诉我的那些不朽话语，他说的是为什么动物学的学生都应该花些时间来研究化石鱼类。我不记得确切的话，但他的建议差不多是这样的："一旦你了解了鱼类骨骼的复杂性，并且了解到了鱼类进化方式的话，那学起其他脊椎动物的解剖结构时，就十分轻松了！"从那时起我一直认为，自鱼类离开水面，变身为早期四足动物，入侵了陆地的那一瞬间起，其他脊椎动物的进化就只是在对现有的一套身体结构进行微调罢了，从两栖动物一直到哺乳动物，莫不遵守这一规律。

今天，我的很多同事可能会不同意这个观点，或者认为这个观点过于简单，但脊椎动物进化史上的大部分重要环节也的确发生在鱼类身上。鱼类在大约5亿年前出现，当时它们还是"声名显赫的游泳蠕虫"。此后，鱼类成了骨骼的起源，发育出了颌骨和牙齿，拥有复杂的骨骼结构，用它来保护大脑，并且还长出了强而有力的肌肉，能让鱼在水中稳定姿态，更好地游动。鱼类进化出了世上第一种强健的四肢、先进的感官系统、内耳骨骼，甚至进化出了交配繁殖的方法。鱼类也是这个世界上首批拥有多室心脏、复杂的大脑、肺部以及呼吸空气能力的动物。在它们的进化过程中，有许多这样的重要阶段，这些阶段都在1995年出版的本书第一版中得到了展现。而到了今天，这些进化情景中的大多数仍然成立。

然而，《鱼类的崛起》第一版距今已有15年。在这15年期间，人们撰写了许多关于化石鱼类早期进化和分化情况的宝贵著作，而且在硬骨鱼（teleosteans）这一最成功鱼类的系统分类学和进化生物学方面也取得了重大进展。这些新发现中最重要的成果如下：在中国发现的首批鱼类的化石，这些化石鱼类历史最为悠久[海口鱼（Haikouichhtys），丰娇昆明鱼（Myllokungmingia）]。通过对骨甲鱼（osteostracan）、盔甲鱼（galeaspids）、花鳞鱼（thelodonts）和缺甲鱼（anaspids）所进行的最新研究，及对许多早期无颌鱼所产生的更深了解，人们第一次发现了生活于早期泥盆纪，接近完整的原始鲨鱼化石，它与其他原始的颌鱼之间形成了衔接，这些鱼类包括棘鱼（acanthodians）和盾皮鱼（Podmacanthus，Doliodus）。人们发现了早期鲨鱼（Pucapumpella鲨）的完整头盖骨，同时对许多新发现的早期鲨鱼（Akmonistion，Thrinacoides）进行了极佳的描绘，如对许多新奇的早期鲨鱼（Akmonistion，Thrinacoides）的精彩描述，盾皮鱼的胚胎和母体喂食结构如艾登堡鱼母（Materpiscis），以及对一些节甲鱼雌雄二形特征的探明，如槽甲鱼（Incisoscutum）。在中国发现了志留系[鬼鱼（Guiyu），斑鳞鱼（Psarolepis）]时期近乎完整的早期骨鱼（osteichthyans）化石；拥有完整大脑，十分美丽的硬骨鱼（Ligulalepis）三维骨骼化石；新鳍鱼类（neopterygians）的早期起源（Discoserra）；为肉鳍鱼[Psarolepis，Achoania，蝶柱鱼（Styloichthys）]和四足状鱼类[肯氏鱼（Kenichthys），Goologongia]早期放射状分布中的关键阶段提供数据的化石，以及为鱼类无缝过渡到早期四足动物[潘氏鱼（Panderichthys），提塔利克鱼（Tiktaalik），Ventastega]的阶段提供证据的新关键发现。还有人们在波兰发现的四足动物陆上行走轨迹，它们形成于泥盆纪中期，改变了我们对鱼类和两栖动物之间进化分裂的看法。此外，我们还发现了有关世界上最成功鱼类（硬骨鱼）起源方面的新资料，甚至还发现了一些关键的联系，显示出了比目鱼（flatfishes）在进化过程中的中间阶段。这个问题曾让达尔文感到困惑，但现在，来自原始比目鱼（Heteronectes）的新的化石证据已经解决了这个问题。

这些只不过是人们在过去15年中发现的许多优秀化石鱼类中的一小部分。这些化石让进化生物学变得充满活力。更重要的是，这些发现使得研究它们的科学家能够制定更紧密的系统发生框架，并且能作出假设，认为现在的生物间关系是稳健的，经受住了时间的考验，当他们再把什么新发现嵌入到这些关系中时，也只需要进行一下微调。这也向各位提示着一点：我们在更重要的生物分类方面也取得了进展，并且也能将生物地理模式放到过去，接受地球上曾经发生的地质事件的考验，如大规模灭绝事件，主要板块的构造运动和全球气候变化，这些地质事件影响到了地球上的生命。

我们在过去10年中获得的，与鱼类早期进化有关的知识，已经引起了更多科学界人士的兴趣。声名显赫的《自然》（Nature）杂志上刊登了大量早期鱼类方面的论文，这正好证明了这一点。在这份杂志中，有很多论文对新发现的志留系和泥盆纪鱼类给进化假说造成的影响进行了分析。这些论文几乎与关于恐龙或哺乳动物的新论文数量一样多。许多新的化石发现，也使我们能够更精确地调整主要进化事件的分子钟分化时间①。其他一些研究则说明，在现存鱼类中观察到的同源基因表达，可能是主要进化事件的驱动因素。虽然在过去15年左右人们对鱼类过渡到四足动物的进程给予了很大的关注，但目前脊椎动物史上最大的未解之谜，则似乎是颌骨的起源。我们手上没有多少显示无颌鱼类和第一种有颌鱼类之间任何中间阶段的标本，所以，我们会热切期盼着在未来获得任何发现，让我们更好地了解这一伟大的进化步骤。

考虑到这一点，我试图彻底修订本书，把这些新的发现加入进来，并且把这些新发现中最重要的图片囊括进来。我打算让本书跟上一版差不多通俗易懂，不会去进行过于详细的科学讨论，免得让人困惑不解。这本书对鱼类的起源和早期演变提供了一种相对简单的科学概述，但读者如果想全面地了解某些发现及其影响的话，可以进一步阅读本书列举的详细参考书目。本书的进化分支图代表了目前主要鱼类群体的关系，但读者必须谨慎看待这些分支图，因为新的发现可能会改变某些物种的位置。

本书通过阐明脊椎动物史上最重要的一些环节，来赞颂科学发现之乐、进化的复杂和美丽之处，以及古代鱼类对世界之重大贡献。有些人喜欢收集化石鱼类，将这些非凡的化石当作具有内在美的事物，惊叹它们的美；而其他许多人则会研究化石鱼，以解开它们的以及我们的进化奥秘。不管你会怎样对待鱼类化石，我仍希望本书的这一新版本，能继续激发人们对早期脊椎动物进化性质的好奇和赞叹，并且鼓励新一代古生物学家，让他们的眼界不仅限于自己专门研究的陆生脊椎动物上。

约翰·A. 朗（John A. Long）

---

① 指的是利用分子数据来确定物种分化时间的方法。——译者注

致谢
Glossary

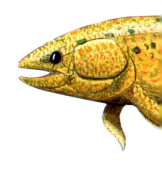

这本书得益于我许多同事多年来提供的，与本书材料相关的重要对话和讨论；也得益于他们对各章节草稿的检查，以及为本书提供的图片和艺术作品。我衷心感谢以下朋友：堪培拉澳大利亚国立大学的加文·杨（Gavin Young），肯·坎贝尔（Ken Campbell），理查·巴维克（Richard Barwick），亚历克斯·里奇（Alex Ritchie），卡罗莱·伯罗（Carole Burrow）（布里斯班，昆士兰博物馆），苏珊·特纳（Susan Turner）（布里斯班），菲利普·让维耶和丹尼尔·古杰（Daniel Goujet）（法国国家自然历史博物馆），朱敏和张弥曼（中国科学院古脊椎动物与古人类研究所，北京），约翰·梅西（John Maisey）（美国自然历史博物馆），马克·威尔逊（Mark Wilson）（加拿大艾伯塔省埃尔伯塔大学），格洛丽亚·阿拉蒂亚（Gloria Arratia）和汉斯-彼得·舒尔策（Hans-Peter Schultze）（堪萨斯大学，劳伦斯市），迈克尔·科亚特斯（Michael Coates）（芝加哥大学），奥利弗·汉佩（Oliver Hampe）（柏林自然历史博物馆），佩尔·阿尔伯格（Per Ahlberg）（瑞典乌普萨拉大学），泽莉娜·约翰松（Zerina Johanson）（伦敦自然博物馆），布莱恩·朱（Brian Choo）（维多利亚博物馆），罗伯特·桑瑟姆（Robert Sansom）（莱斯特大学），莫亚·M.史密斯（Moya M.Smith）（伦敦盖斯医院），珍妮·克拉克（Jenny Clack）和肯尼思·麦克纳马拉（Kenneth McNamara）（两人都来自剑桥大学）。我感谢我曾经的和现在的博士生，他们包括凯瑟琳·特里安基斯蒂奇（Katherine Trianjstic）（科廷大学，珀斯），布莱恩·朱，蒂姆·霍兰德（Tim Holland），以及爱丽丝·克莱门特（Alice Clement）。还有我的同事大卫·皮克林（David Pickering），托马斯·里奇（Thomas Rich）（他们都在维多利亚博物馆）和帕特里夏·维克斯-里奇（Patricia Vickers-Rich）（莫纳什大学），感谢他们在本书写作期间进行的热烈讨论和支持。

我衷心感谢以下为本书提供图片和艺术作品的人（上文所列者不再重复）：蒂姆·森登（Tim Senden）（堪培拉，澳大利亚国立大学）彼得·斯考滕（Peter Schouten）（新南威尔士州，马利市），彼得·特拉斯勒（Peter Trusler）（维多利亚州，林格伍德市），奥列格·列别德夫（Oleg Lebedev）（古生物学院，莫斯科），约翰·迈赛（John Maisey），泰德·达斯勒（Ted Daeschler）（费城科学院），安娜·帕加诺尼（Anna Paganoni）（贝加莫自然科学博物馆），艾琳·格罗根（Eileen Grogan），理查德·伦德（Richard Lund）（卡内基博物馆），菲欧娜·弗格森（Fiona Ferguson）（鱼类年代博物馆，卡南德拉）；伊瓦斯·祖宾斯（Ivars Zupins），埃尔维克斯·

鲁克塞维奇（Erviks Luksevic）（两人都来自拉脱维亚里加的自然历史博物馆），克雷·布莱斯（Clay Bryce）（珀斯，西澳大利亚博物馆），鲁迪·库伊特尔（Rudy Kuiter），约翰·布罗姆菲尔德（John Broomfeld）（两人都来自墨尔本的维多利亚博物馆），马丁·布拉佐（Martin Brazeau）（柏林自然博物馆），马特·弗里德曼（David Friedman）（英国牛津大学），大卫·沃德（David Ward）（英国奥尔平顿），米海尔·金特（Michal Ginter）（华沙大学）和皮奥特·斯泽雷克（Piotr Szrek）（华沙大学）以及薮本美孝（Yoshitaka Yabumoto）（北九州自然史与人类历史博物馆）。

以下机构在许可协议书中允许本书使用它们的图片：伦敦自然历史博物馆；剑桥大学动物学博物馆；瑞典自然历史博物馆；法国国家自然历史博物馆；拉脱维亚自然历史博物馆；克利夫兰自然历史博物馆；美国纽约自然历史博物馆；费城科学院；西澳大利亚博物馆；墨尔本维多利亚博物馆。

我还要感谢约翰斯·霍普金斯大学出版社的编辑团队为提升该版本书籍整体质量而做的努力。

最后，我要特别感谢我的妻子希瑟·鲁滨逊（Heather Robinson），她始终如一地支持着我，在需要进行打字以及帮助编辑部分手稿时，她也帮上了大忙。

约翰·A. 朗（John A. Long）

第一章

地球、岩石、进化和鱼

了解鱼类进化过程的背景信息

鱼类是人类文化不可分割的一部分。我们会吃鱼，把鱼当作宠物，花费漫长的时间去捕鱼。当我们处在鱼类生存的环境中时就会害怕它们，不过我们经常也会对它们敬重有加，因为它们在宗教上具有象征意义。在这个星球上，鱼类已经生活了5亿年左右，它们的悠久历史与地球多样化栖息地的起源和发展有着千丝万缕的联系。随着各大陆漂移并碰撞，洋流的方向和路线也都会发生转变。随着海平面的高度不断变化，大陆之间的通道也会时隐时现。随着这些事件发生，鱼类会四处迁移并适应环境。最终，这些动物便来到了它们今天居住的各个动物群区里。

了解鱼类的历史，也就是在了解我们自己的起源。这是因为人类身上的大多数特征，正好就是在几亿年前首次出现在了古代鱼类身上的。鱼类一步步形成了更为复杂的生物，它们的身体形态逐渐变化，最终离开水体，侵入陆地。这些高度进化的鱼类是早期的陆地动物，它们能产下带有硬壳的蛋，后来又会进化出毛皮和直立姿态，还能在全球各地建造城市。时至今日，鱼类成了所有脊椎动物中最成功的群体，其中包含了大约3万种现存物种。在脊椎动物中，它们的生物量是最大的。它们的进化故事堪称一段史诗，故事的背景充满戏剧性，涉

化石是这个星球上离世生物的遗体，其中包括了骨头[A，袋狮属（*Thylacoleo*）动物的头骨]，贝壳[B，海胆化石，拉文海胆（*Lovenia*）]，以及树叶或木头（C，叶片化石）。它们还包括动物行走时留下的痕迹（D，恐龙的行走痕迹）。若是要保存化石，一般会用新的矿物质来替换原始材料，或者改变化石原始硬质部分上的化学成分，又或者增加一些化学成分。可以用额外的钙质矿物强化骨骼，代替其中的磷酸盐成分，或者拿一种新矿物质完全复刻一遍骨骼（我们见到的乳白色骨骼就是这么来的）。在极少数情况下，化石也能把软组织、皮肤、毛皮或羽毛保存下来（E，有羽毛痕迹的恐龙头部）。

化石和岩石

有三种类型的岩石存在。当来自地下深处的熔融岩浆因火山喷发而升至地表，冷却下来之后，就会形成火山岩或火成岩。这些岩石通常拥有非常小的矿物质晶体，就像玄武岩一样，因为它们的冷却速度很快。也有些岩浆会在地壳中缓慢冷却，形成花岗岩等粗晶岩。这些深成岩也被地质学家列为一种火山岩。

暴露在地球表面的岩石最终会因风化作用而形成小颗粒。流水和风会将其带走，使其积聚在河流盆地、湖泊或海底。由这样的沉积物堆形成的岩石则是沉积岩。这些岩石是石块、鹅卵石、沙子、淤泥或泥土所组成的，碳酸铁或碳酸钙等化学溶液也能把它们粘合在一起。这些溶液也会使这些成分硬化，让它们变成岩石。由于沉积物堆积在低洼盆地中，所以当沉积物变得特别厚的话，那它的最底层就会受到上方物质的压缩。

当沉积岩或火山岩在板块构造作用下深入地球内部时，就会形成第三种岩石，它会受到高压和高温的影响，内部结构会出现变化。这些岩石是变质岩。在这三种岩石中，能通过灾难性事件（如洪水）将生命体埋藏其中，或者在海底逐渐积累下来的，主要是沉积岩。而这些过程所保留下来的生物遗体则是化石。

化石的保存方式多种多样。在大多数情况下，无脊椎动物、细菌以及其他微生物会将死亡生物的器官分解掉。这个过程会让有机成分全部得到分解，只留下骨头。一些食腐动物也会把骨头吃掉，从而获得里面的有机物质。若是遭到风化影响，或者受水下湍流冲击的话，骨头便会分解成碎片，无法保存下来。要想让有机体形成化石，保存上很长一段时间，那埋葬有机体的环境必须处于一定的理想条件下。在沉积速率较高的盆地中，快速的埋葬过程最适合保存化石，因为动物全身都能得到埋葬。在这种情况下，全身都可能会变成化石，得到保存。接下来，生物遗体埋藏环境中的化学过程将决定骨骼是能存留下来，还是会遭到溶解（在酸性环境中，骨骼就会被溶解）。

沉积岩是由沉积在地壳凹陷处（也就是沉积盆地）不断积累的沉积物，如沙、淤泥和泥土组成的。这条河上的岩石是沉积在海底的一层层泥岩，它形成了明确的层理面①，是俄亥俄州的克利夫兰晚泥盆世页岩。

---

① 指的是岩层的纹理情况，岩层的情况随垂直方向变化而变。——译者注

及气候变化、大陆漂移,以及世界末日般的大规模灭绝事件。现在,鱼类的栖息地最为多样,涵盖了所有脊椎动物的生活环境,包括无边大海的深渊地带,几近冻结的山间湖泊,条件严酷的地下洞穴水池,以及地下深处岩石裂缝中的水流。

本书的目的是对鱼类进化史上的主要事件进行大致介绍,这些事件决定了鱼类进化历程。同时,本书也会介绍在史前鱼类方面最惊人的发现,会特别提及主要鱼类物种的起源和放射状分布情况。所提及的物种有一些已经灭绝了,有些还存在着。这本书以5亿年前最原始鱼类的出现为起点,不断前进,逐步介绍更复杂的鱼类,最终见证鱼类进化成第一只陆生动物。本书在结尾处突出强调了鱼类与人类之间的密切联系。要充分理解鱼类的起源和演化情况,我们就要先熟悉脊椎动物解剖学的基本概念、地质时间、进化论原理和保存化石的地质过程。在本章中,为了给缺乏这方面专业知识的读者做介绍,我会简要地解释这些背景信息。

岩石中的生命史

化石来自拉丁语里的"*fossilere*"("挖掘"的意思),它是地球上过去生命的遗物。它们可以是骨头、树叶、石化木,也可以是生物曾经的踪迹和移动轨迹。它们通常是有机残余物,长时间深埋于地下,由于受到化学过程影响,又得到了压实,从而出现了变化。让我们把注意力放在骨骼上,因为骨骼化石往往最能代表古代鱼类。如果生物遗体要变成化石,保存更长时间的话,那在细菌使其腐烂之前,它们就得迅速得到埋葬,保存其骨骼的环境也得处于最佳状态才行。这意味着环境中的化学性质必须有利于保存骨架,而不能把它们给溶解了。典型的鱼类化石保存案例可能是这样的:

当一条鱼死亡时,食腐动物可能会盯上它,使得它的残骸四分五裂。或者说,它的死因可能是大规模灭绝事件,例如湖泊或海洋盆地出现的氧气枯竭,湖泊的完全枯竭;或者说火山灰落到了湖面上,杀死了动物群。这种情况导致大量完整的死鱼被埋在一个地方,要么埋在海里,要么就埋在淡水环境中。沉积物会一点一点地埋葬死鱼,这些沉积物要么来自附近的土地,要么就来自海水之中。它们最终会堆积在死亡的生物体上,形成一整层厚厚的沉积物,并且十分沉重,会压住生物的遗体。在极少数情况下,当环境十分适合碳酸钙快速沉淀时,这些化学反应就会在压实作用发生前迅速在骨架四周进行。

此时,人们能使用特殊的酸将围绕化石骨架的岩石进行化学溶解,从而得到完美的三维骨骼(如澳大利亚西部的戈戈地区鱼类化石,或者澳大利亚南部新南威尔士州的泰马斯-维-贾斯帕地区鱼类化石,本书也会介绍这些区域)。然而,我们所看到的绝大多数完整鱼类化石样本,都保存在平坦的沉积岩层之间,如页岩、泥岩或砂岩。我们会把露出河岸、海滩或采石场地面的岩石分开,从而找到这些化石。

化石是如何形成的。

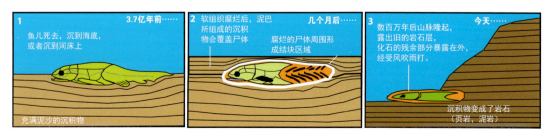

进化的事实

1859年11月,查尔斯·达尔文(Charles Darwin)发表了他的开山之作《物种起源》(The origin of Species),创造了一种风靡世界的思想。这本书出版之后当即售卖一空,自那之后人们一直在对其进行再版,并继续销售。达尔文在此书中揭开了他的一个伟大理念:在经过了一代又一代之后,各物种已经从一种形式发展成了另一种形式,自然选择是指导这种变化的主要机制。

自达尔文推出这一理念起,我们在进化研究领域已经取得了巨大进展,把分子生物学和遗传学等新学科结合了起来。我们还获得了无数新数据,这些数据来自人们发现的各种化石。这样一来,科学家就能充实他一开始的想法,将它融入进化理论这个坚实的框架之中,这一框架是地球上一切生物多样性的基础。进化论今天被世界各地的科学家视为生物学中的一个大统一理论,它解释了全球生物多样性。科学家也将该理论与涵盖近40亿年的许多过渡生命形式密切联系起来,这些生命形式保存在化石里。

如果要深入地理解进化,那就需要对生物学、解剖学、地质学、遗传学有比较不错的了解,还要懂一些数学。正因为如此,所以有些人在理解进化论的基本原理时可能会遇到难处。其他一些人则会完全无视进化论,因为它与他们的信仰体系不兼容。尽管如此,进化论在科学方面还是十分坚实的理论:它以无数的证据(无数的事实和观察结果)为基础,这些东西维护着这一理论,使我们能在与地球的过去所相关的科学、古生物学,以及医疗科学方面用它来进行预测。如果说进化论在解释地球的生物多样性,以及物种如何变化和变异时并非完全可靠的方法,那么医学和生物科学在理解病毒中发生的迅速变异,从而研究治愈病毒的方法时,就失去了牢固的基础。

现代分子生物学让进化论这棵老树长出了新的嫩芽。它通过比较现存动植物物种的部分遗传密码,在解释它们的进化亲密度时,增添了新的维度。通过研究名为DNA(脱氧核糖核酸)的复杂分子,人们能证明地球上的所有生命都是相互关联的。DNA是生命的分子蓝图,放之四海,它都是生物的共性。比如说,与我们关系最近的现存动物祖先是黑猩猩,它与我们之间就有95%的DNA是一模

随着物种形成事件的时常发生,动物体内的线粒体DNA也会变化。这意味着科学家可以以此推断动物的某一祖先是在什么时候分化为另一种的。现存鲨鱼谱系中的线粒体DNA分化能与第一批出现的化石鲨鱼做比较(在此用鲨鱼牙齿的图标来指代这些化石)。在这种情况下,两者之间十分类似,显示出这些鲨鱼的牙齿化石非常准确地代表了它们的进化史。星号表示的是灭绝了的谱系[以马丁、奈洛(Naylor)、帕隆比(Palumbi)1992年的研究为基础]。

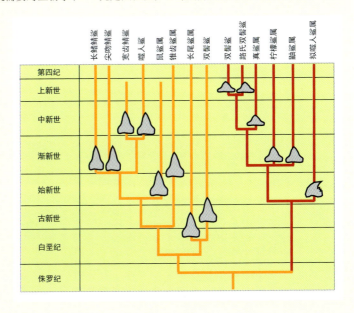

一样的。对人类和猿猴骨骼模式的检查表明，与其他动物相比，我们与猿猴之间的关系更密切（有共同的骨骼模式）。这些简单的测试强化了这个理论的有效性：在遥远的过去，人类与猿猴曾是同一个祖先分化出来的。

通过分析分子突变的偏差率，科学家可以估计出这种分歧发生的时间，然后在化石记录中寻找相关证据，从而验证或修改他们的假设。比如说，马丁、奈耶和帕隆比有一项很棒的研究（1992），那就是根据线粒体DNA计算现存鼠鲨的分化时间，然后将这一时间与鲨鱼牙齿化石中的地质日期联系起来，进行修正。这项研究表明在这种情况下，化石记录与人们利用现代分子生物学所做出的预测是十分匹配的。

凑巧的是，科学家也给出了人类祖先与黑猩猩和其他类人猿（great ape）祖先的分子分离时间：约距今600万年。化石记录支持这一假说，因为与其他猿猴相比，一些约440万年前的化石猿类动物——如地猿（Ardepithecus）——与人类之间有更多相同的特征，这证明了现代人类与猿猴之间存在着中间形态。化石记录更是进一步显示出，地猿之类的动物是怎么在约350万年前进化为南猿（Australopithecus）的。这种进化增加了它的大脑尺寸，并使它直立行走，在大约250万年前导致了第一批人属动物（Homo）（人类）物种诞生。但让我们先回到更遥远的过去，思考一切生命的起点。

生命的各种组件来源不一，这是因为人们在陨石中发现过氨基酸（它会形成蛋白质）之类的有机分子。这些陨石来自太空，并坠落在地球上。早期海洋中存在的原始化学混合物不知何故出现了转变，让一些简单的分子能够进行自我复制。这就是"生命"的最基本形态，给它下了个定义。最古老的生命形式在大约36亿年前就出现在地球上，其中就包括结构简单的蓝藻细菌。它生活在类似丘陵的菌落里，是这些菌落的主人，与其他结构简单的微生物共同生活，留下了名为层叠石的层状结构。

由于叠层石今天仍然存在，所以我们可以在显微镜下观察这些岩石的透明薄片，对其进行研究，从而确定创造这些化石结构的正是微生物。接下来，生物缓缓地进化着，它们在进化路上迈出的下一个大步，则导致了拥有细胞核的单细胞生物体（真核生物）的出现。如果要想见证由多个细胞组成，并且由多个细胞共同运作，形成了单一有机体的复杂生命体的话，那我们要等的时间会长很多，直到6亿年前，这种生物才会遍布全地球。我们在距今约5.4亿年的显生宙初期（可参阅本章地质年代表）所形成的沉积岩岩石记录中，发现了首批数量丰富的生物遗骸，这些动物进化出了供自保的硬壳。地

叠层石是由蓝藻细菌主导的微生物菌落，后者会捕获沉积物，从而建立分层结构。它们是世界上最古老的有记录的生命形式之一。这些来自西澳大利亚州皮尔巴拉地区的叠层石化石有34.5亿年的历史（A）。这些活的叠层石群落来自西澳大利亚的鲨鱼湾（B）

球上的大部分动物（如蠕虫、海星、水母、海绵、珊瑚、昆虫、螃蟹和蜗牛）是无脊椎动物，剩下的是脊椎动物（具有骨架，如鱼类、爬行动物和哺乳动物）。第一批脊椎动物起源于这些无脊椎动物之中。它们身上骨骼的起源，涉及其水中运动能力的提升。这些动物的肌肉得到了发育，能够附到体内更为坚实的支撑结构上（例如硬化的软骨棒，这在日后能帮助它们形成自己的骨骼结构。可参阅第2章中有关幼鱼和进化的内容）。

我们在现代也能观察到生物的进化。苹果蝇蛆（苹果实蝇）原生于北美的山楂树上，但近200年来，它随着现代农业的普及而进化，以适应各种水果不同的成熟时期。在实验室条件下，人们确定原始的山楂需要68～75天才能成熟并进行繁殖。最近进化出来专门感染苹果树的苍蝇，可能只需要45～49天就能长为成体并进行繁殖，而感染茱萸树的那种苍蝇则可能需要85～93天。这些时间全部跟宿主植物的果实成熟所需的确切时间相关。因此，不同种类的实蝇在经过了200年之后得到了进化，对各种水果在成熟时的季节差异产生了适应。

这里是现代进化理论另一个耐人寻味的方面：生物个体的器官在生长过程中的发育变化会模拟进化过程中发生的变化。随着一个人从婴儿成长为成年人，他胳膊和腿的长度，以及肢干和头部大小的比例都会产生明显的变化。如果一个物种的发育情况出现了变化，那它可能会造就一个后代物种，后者可能更像是它的祖先年幼时候的样子（这是滞留发生）。或者说，通过增加了额外的生长阶段，它看起来会过于成熟（这是过型形成）。这种进化变异法被称为异时性。实际上，异时性变化通常不是一种简单情况，不是说单纯保留幼年时期的特征或增加生长阶段，而是在生物体的发育过程中启动或停止其生长过程，让该过程走走停停，形成一种复杂的混合状态。

我们可以将自己的面部特征与黑猩猩的特征进行一下比较，我们的脸都相对比较平坦。这表明人类的面部相对类猿祖先而言处于幼年阶段（即过型形成），但是相对于古代类猿而言，与身体相比，我们的腿按比例来算要长很多（即滞留发生）。生长和发育的这种混合体让新的生物形态得以产生，它会变成新的物种。这种混合体名为"通过分离的异时性而产生的进化"。异时性这个概念对于理解进化来说至关重要，这是因为，通过观察单个物种生长时的巨大形态变化，我们现在可以将这种变化与各种大规模的进化趋势联系起来。这种趋势涉及许多物种，时间跨度长达数百万年。

虽然收藏者和科学家最为珍视的是完整的鱼类化石，但事实是残酷的，绝大多数鱼类化石其实都是零散的碎片，散布在各种沉积岩中。数量最丰富的是古代鲨鱼的单个牙齿、脊椎和鳞片，鳍条鱼的耳石，以及早期披甲无颌鱼和颌类盾皮鱼的甲胄碎片。这些鱼的每一部分都可能具有复杂的特征，专家能够以此精确识别化石物种。例如，来自鱼类的单块耳骨可能会有许多不规则的凹槽和脊，人们能清楚地用这些特征来确定它所属的物种。鱼的耳骨上有生长线，而且其中的化学成分也可能存在差异，人们足以用这种差异来看出这种情况：一条淡水鱼在生命周期的某一阶段内来到了海水中。人们可以通过使用沉积物中某些化学物质的同位素比率来检测这种情况的存在。对于训练有素者来说，即使这样的废料在科学上也有意义，这是因为许多早期鱼类具有独特的组织类型，这种组织类型形成了它的骨板。当鱼类是寻找地下矿藏的地质学家发现的唯一化石时，那他们就能利用鱼类古生物学来帮助确定钻芯中岩石的年龄，或者寻找这些岩石中与它们的古环境有关的线索。所以即使是鱼的化石碎片，有时也可以派上实际的用场。

地球历史前五分之四被称为前寒武纪。这个时

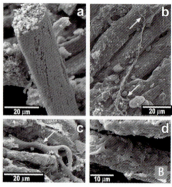

期从45亿年前地球诞生,处于熔化状态开始,一直到5.42亿年前寒武纪时期的生命爆发为止。

鱼化石的保存。一块4亿年前的化石鱼骨(A)由于加入了矿物质而变成黑色。这是一条3.8亿年前的戈戈地区盾皮鱼(B),它的软组织矿化了。其中包括肌肉细胞(a)和依然附着在肌肉细胞(b)上的神经细胞,微毛细血管(c)和一些晶体(d),这些晶体显示出磷酸钙替换了软组织。

基本的脊椎动物解剖知识指南

脊椎动物的定义特征是它们具有支撑脊柱的硬质软骨杆(无脊柱),其由在移动方面具有高级形式的一系列多骨椎骨代替。此外,所有脊椎动物都拥有成对的肌肉群和中枢神经系统。大多数的头部还有一个结构良好的脑壳,以保护大脑、眼睛和鼻腔一类的感觉器官。最原始的鱼类是由今天的七鳃鳗和盲鳗为代表的无颌类动物。所有其他鱼类都有颌骨和牙齿,可统称为"有颌类"(所有动物都有颌骨,包括两栖动物、爬行动物、哺乳动物和鸟类)。

脊椎动物的解剖学结构中一般有以下这些主要系统:骨骼(骨骼、软骨),肌肉(肌肉、韧带、肌腱),神经(大脑和神经),循环(动脉和静脉),消化(食道、胃、肠等),内分泌和淋巴(肾脏、腺体和分泌器官),以及生物的外皮系统(可能会长出鳞片、毛发或毛皮,或者长出羽毛)。由于本书主要研究的是化石鱼类及其骨骼的演化,所以最关注的便是鱼类骨骼的发育模式。如本书所示,一些特殊的鱼类化石,可以把肌肉束或神经细胞等软组织保存下来。但这些化石非常罕见。

所有动物的骨骼都被分为颅骨(头部内)和颅下骨骼(身体骨骼),无论鱼类还是陆上动物都是一样。颅下骨骼可以进一步分为中轴骨骼(鱼的脊柱、肋骨以及奇鳍)和四肢,在鱼类中,这指的是支撑并形成鱼类成对鳍(前部的胸鳍,后部的腹鳍)的骨骼。头骨是任何生物中所存在的最复杂的骨骼。它有很多个区域,这些区域分别与鱼类的各种主要功能相关,但其中有两个主要部分存在。内头盖骨起到保护大脑和感觉器官并支撑鳃和外部真皮骨(形成于皮肤或真皮中)的作用,真皮骨覆盖了头部、脸颊、嘴部和头部下方。头盖骨(脑颅)是一块由软骨或骨骼组成的盒子,包裹并保护大脑。当胚胎还在发育时,它各块分隔开来的单元会融合在一起,并且会出现骨化。鳃由一系列互相连接的骨骼支撑,人们一般将它们称为鳃弓。头盖骨和鳃弓都是由暂时性软骨所组成的,这些骨骼则由软骨内化骨或薄软骨壳组成,在软骨核心周围发育成形。厚厚的装饰性骨板装点着头部外侧,并且构成了支撑鳍的肢带骨结构,它是由真皮骨制成的。这些东西中包括了促使牙齿生长,并巩固牙齿的元

第一章　地球、岩石、进化和鱼 | 009

		百万年前			
显生宙	新生代	23	新近纪		第一只人科动物出现（这最终导致了人类的出现）
			古近纪		
		65			灭绝事件：恐龙灭绝
	中生代		白垩纪		第一只灵长类动物出现
					第一只有袋动物和胎盘哺乳动物出现
		145			第一只鸟出现
			侏罗纪		
		200		灭绝事件	
			三叠纪		第一批恐龙、哺乳动物和翼龙（能飞行的爬行动物）
		251			灭绝事件：生物多样性出现了最大损失
	古生代		二叠纪		
		299			第一只类似哺乳动物的爬行动物出现
			石炭纪		第一只爬行动物出现（它们下的是硬壳蛋）
		359		灭绝事件	第一只四足动物出现，它们生活在陆地上
			泥盆纪		第一只四足动物（两栖动物）出现，它们生活在水中
					许多硬骨鱼出现并呈现放射状分布
		416	志留纪		第一条颌类鱼出现（证据确凿）
		444	奥陶纪	灭绝事件	第一条颌类鱼出现（可能在此时出现，因为在它们身上发现了鳞片）
		488			第一条有骨质组织的鱼出现
			寒武纪		
		542			第一条鱼（脊椎动物）出现，缺乏骨骼

在显生宙前，地球上存在三个主要的前寒武纪时期：元古代（542—1000Mya），太古代（2500—3600Mya）和冥古代（3600—4500Mya，地球诞生的时段）。在这段时间内，第一个生命出现了（3600mya），第一个有细胞核的细胞出现了（约2200mya），第一个多细胞生命开始繁荣地生长（560mya）。

Mya是一个地质时间尺度，指的是"百万年前"（millions of years ago）。

测定岩石和化石的时间

通过测量保存在岩石和陨石中某些同位素的放射性衰变数据，我们确定地球的年龄大约是45.5亿年。我们知道，铀-235的半衰期为7.04亿年，会衰变为铅-207；铀-238则会衰变为铅-206，半衰期为45亿年。通过仔细测量岩石中铀衰变到铅的量（要仔细选择样品，不能受到风化或其他化学过程影响，导致比例改变），所测定出的铀铅比就能让人确定岩石内的矿物质是什么时候形成的了。

正当太阳系逐步冷却的同时，太空中也形成了一些陨石。对它们年龄所做测量的结果，与从地球岩石中推断出的地球年龄相匹配，这基本帮助我们确定了地球的诞生时间：45.5亿年前。其他同位素也存在衰变，比如说，铷-87会衰变为锶-87，半衰期为488亿年。所以说，这种方法在确定历史悠久的岩石的年龄（通常大于1亿年）时很准确。相反，一些同位素的半衰期比较短，比如碳-14，它的半衰期仅为5730 ± 30年，因此它们可用于测量在形成时就含有碳-14的有机物质年龄，这些物质的年龄不能大于5万年。地质学家使用这些同位素年代测定法来确定化石的年龄。

由于化石出现在沉积岩中，所以专家必须测定出它们附近火山岩的年龄，从而确定化石的年代范围。例如，澳大利亚维多利亚州的塔格蒂镇有一系列非常厚的火山岩，通过使用同位素测定法，能准确地测出其中三层的形成年代。不过在较厚的火山岩层中，也有一些薄沉积岩层。河流和湖泊曾处于多岩石的火山岩层上，这是这些沉积岩层的形成原因。测出化石层上方火山岩层的放射性日期之后，就能准确判断出这些沉积物中保存的鱼类化石的年龄。所以说，我们拥有了足够的证据，能证明这些鱼类生活于泥盆纪早期（具体生活于弗拉斯阶，日期为距今3.73亿 ± 400万年）。

通过使用大量参考序列，人们得以列出涵盖全球各处的相关图，目的是确定全球各地岩石的年龄。这些参考序列包含了得到精确日期测算的岩石层，岩层之间有着沉积物。厚厚的沉积岩层常常包含随时间推移而进化的微观化石谱系。这些微化石是测定岩石年龄的另一个好方法，因为全球各地的岩石如果有同种关键物种，而它在各处的出现时间又有特定间隔的话，那这些岩石的年龄就是一样的。派上这种用途的化石（与受到放射性测龄的岩石联系在一起）名为标准化石。当进化谱系十分多样、广泛分布时，人们就能用这种方式来利用一些大化石或大型化石残片。例如，泥盆纪存在一种叫沟鳞鱼（*Bothriolepis*）的盾皮鱼，在地球任何大洲上的中晚期泥盆纪岩石中，都有着它的踪迹。人们有时也能在附近的沉积盆地中找到某个地方存在的

化石的放射测年法涉及对某种辐射同位素衰变率的测量，这种测量以它刚从融化的岩石中分离开来，完成晶化开始。在了解了这种元素恒定的衰变率后，我们就能通过矿物质结构中的衰变情况来判断它的年龄。这些"钟表"代表的是辐射性同位素的半衰期，或者是我们衡量矿物质的年龄时的标准时长，矿物质的年龄也就是组成化石的岩石的年龄。

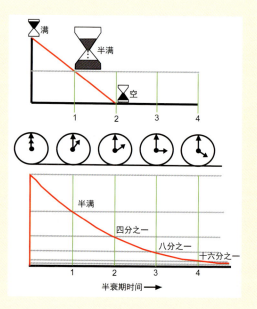

某些物种。因此,在将这两个地方的岩石年龄范围进行关联时,这些物种也会成为很有用的工具。当一个物种和与它同时期的物种共同生存,或者出现重叠,让化石被保存在同一部分岩石中的时候,人们也能拿它们的化石组合来确定年龄范围。其中一个例子,在北半球,沟鳞鱼和叶鳞鱼(Phyllolepis)这两种盾皮鱼的化石同时存在于一些岩石中,这就意味着保存它们的岩石处于泥盆纪最晚期(法门阶)。另外,格陵兰盾皮鱼(Groenlandaspis)的化石只保存在法门期尾声阶段的岩石中。澳大利亚曾经是冈瓦纳大陆的一部分,在那里,格陵兰盾皮鱼则可能出现在较老的岩石中(如中、晚泥盆纪),但在这些岩石中,它一般会更原始一些。使用连续的化石谱系来测定沉积岩年龄的方法很常见,这叫做生物地层年代测定法。石油公司在进行钻井工作时,通常会用这种方法来测定岩石的年代。这也是个具有价值的证据,显示出进化理论在实际日常活动中所具备的可靠性。

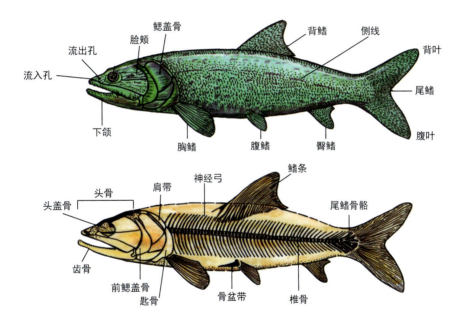

较低等脊椎动物(硬骨鱼)的基本特征。上方是外部特征;下方是主要的骨骼单位。

素,其中可能含有牙本质和牙釉质之类的组织。它们更为复杂,能够增加牙齿的强度。

鱼类在体内通常长有专门的感觉器官,名为侧线,使它们能够感觉到周围水体的运动情况,以及化学成分和温度状况的变化。在一些已灭绝的甲胄鱼中,这些感觉系统发展成了直线槽,嵌入到真皮外骨中,有时也会形成深坑。大多数鱼类身上长有鳞片,它们是重叠的真皮骨单位,在鱼的一生中时时刻刻都会生长。但有些鱼则失去了鳞片(如鳗鱼),或具有肉眼无法看到的微型鳞片(如鲨鱼和鳐鱼)。

鱼类以各种复杂的方式进行繁殖,但是大多数鱼类的繁殖系统较为简单:雌性在水中产卵,雄性则将精子释放到水中,从而使卵受精。鱼苗会从卵里孵化出来,然后自然生长和迁徙循环,直到它

大多数鱼类通过在水中产卵而繁殖，雌性产卵，卵在外部受到雄性授精。但有些鱼类则是体内受精的，导致它们产下活鱼，或者产下复杂的大型鱼卵。在这张图片中，我们把一颗鱼卵的外壳给拨开了，从而显示出里面的胚胎和卵黄囊。它是柠檬鲨（*Negaprion*）的卵。

们长成迷你版的成年鱼。鲨鱼、鳐鱼和银鲛（软骨鱼类）都是体内受精的鱼，雄鱼会把部分腹鳍（鳍足）插入雌性的泄殖腔里，从而进行体内授精。泄殖腔是鱼类腹部的开口，能够排出废物，也能排出生殖产物。在许多鲨鱼和鳐鱼中，幼鱼会在体内得到发育，出生时发育十分充分，准备好在外部环境中捕食并生存了；这种生殖模式被称为胎生。

在幼鱼出生前，有些鲨鱼和鳐鱼会把鱼卵放到子宫中进行孵化，这被称为卵胎生。其他一些鱼则会产出几颗很大的鱼卵，这些卵会孵化出发育良好的幼鱼。虽然我们对灭绝鱼类的繁殖行为知之甚少，但在澳大利亚的戈戈遗址中获得了许多保存及其良好的化石。它们距今大概3.8亿年，显示出一些盾皮鱼也会生出幼鱼来，在进行繁殖时，雄鱼会对雌鱼进行体内授精。其中一个标本甚至保留了变成化石的脐带结构，显示出了胚胎是如何得到养分的。

漂流的大陆和鱼的进化

世界各大陆之所以处于当前的位置，是因为地球表面下的大板块在数亿年来进行着缓慢的运动。这些板块中包含今天所知的主要大陆，它们每年移动几厘米，随着时间推移，它们会相互碰撞，形成超级大陆；或者漂流出去，形成更新的陆块地块。这个过程被称为板块构造。地球上有一层薄薄的岩石，名为地壳。地壳位于另一片地带之上，这片地带要深很多，并且充满了熔融的岩石，人们管它叫地幔。大陆上的地壳可达150Km深，但海底的地壳仅有50Km厚。这些陆地地块之间会进行碰撞，导致一板块滑动到另一块的顶上。下滑到地球熔融地幔里的板块最终会融化，将会产生新的熔融材料，这些材料可能会浮出地壳中的裂缝，从而形成火山。板块碰撞的主要结果是板块被压弯，于是便形成了山脉。这一过程在低洼盆地地区则产生了侵蚀和沉积之间的循环。这样的过程会产生出特别的环境，化石一般就保存在这些环境里（参见上文第3页中写有化石保存内容的方框）。

大约5亿年前，当鱼类刚出现时，地球南端的南极洲、澳大利亚、南美洲、非洲和印度次大陆合并在了一块，成了新生的冈瓦纳超级大陆（在5.7亿-5.1亿年前形成）。在不远的北半球，亚洲和北

自然界内的秩序

18世纪时,瑞典自然学家卡尔·冯·林内(Carl von Linné),又称卡洛斯·林奈(Carolus Linnaeus),引进了一套动植物分类系统,名为林奈分类法。该系统使用的是一套包含属名和种名的二项式命名系统。这些术语主要以拉丁语和希腊语词根为基础(但不总是以它们为基础),这意味着无论人们使用什么样的语言,他们都可以用通用名来指代某个物种。因此,别名"白色指针"或"白色死神"的大白鲨,也有其特定的学名:噬人鲨属的戟齿锥齿鲨(Carcharodon carcharias)。在现代生物学中,"物种"这个概念通常指的是种类相似,相互间能够杂交,并能产下可生存后代的各种动物。对遗传密码(基因组)进行现代分子分析,使得人们更容易定义物种。如果遇上了各物种分道扬镳,各自孤立生活,但在其他外部特征上还十分相像的情况的话,那这种分析技术就更是能大大降低定义它们所属物种的难度了。

林奈分类系统进一步扩展,将包含类似物种的群体(它们是单个的"属")划分到名为"科"的小组中,又把科划到"目"里,再把"目"划到"纲"里。级别较高的群体被称为门。所有这些级别中都可能有不同的中间阶段,例如亚种、亚属、亚科或下科和下目,当一些物种群体规模巨大,并且具有很多关系较近的生命形式时,就需要用到这些中间阶段了。人类是智人,在人科这种,该科还有像南方古猿这样的各种化石生命形式。人科处于灵长类这个目里,这个目中包括其他科,如猩猩科(黑猩猩和大猩猩)。灵长类动物和其他目的哺乳动物处于哺乳动物纲中,这个纲又属于脊索动物门(该纲囊括了所有长着脊索的动物)。

对生物或灭绝物种进行的现代分支分析会用到计算机程序,该程序会根据各物种共有的衍生特征来弄清哪些物种之间的关系更近。将某些物种联合起来的特征必须是特定的(派生的),因为原始的或泛化的特征并不意味着物种间关系亲密,或者有着关系。比如说,几乎所有的鱼都有鱼鳍,所以鱼鳍不是将某些鱼类与其他鱼类联系起来的理由,除非它们的鱼鳍有特殊的特征。例如具有强壮的长叶鳍和肱骨(一种将进化程度高的肉鳍鱼联合在一起的共源性状,见第12~13章)。显示出了共同的派生特征,因此而得到联合的生物群体被称为单系群。那些没有显示出明显共同特征的生物则可能是并系群。

人们通常使用PAUP程序(使用简约原则进行系统发生分析)来进行分析。结果表明,经常有许多新的分类级别出现,它们位于人们非常熟悉的林奈分类法群体之外。紧密相关的物种或分类群(后

进化分支图表示某一进化谱系中获取特性的顺序。在这里,我们看到了将肺鱼和恐龙联系起来的分支序列。之所以能把它们连接起来,是因为它们都拥有许多在已绝种的无颌鱼身上看不到的先进特征——拥有下巴、牙齿、肺、三个或更多的心室、发育良好且成对分布的肢干、以及许多其他的解剖特征。每个分支图的存在本身就意味着有一种新的分类存在,它以分支节点为基础,属于更高级的分类群。

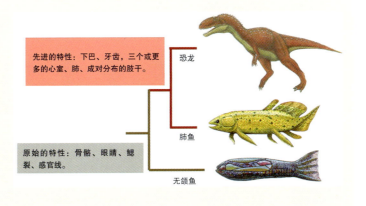

者指的是拥有特定的一些共同特征，因而得到联合的物种的群体）被称为进化枝。分支系统学会用到额外的排序名称（如部或群），用它们来表示相关生物的主要集群。今天，人们仍然会去研究许多化石群，思考它们之间与其他现存生物群体，以及与其他化石群体之间的关系。在拥有现存群体（例如鲨鱼或软骨鱼）的情况下，我们通常会将现存物种的集群称为冠群，把那些位于分支树根基处，已经灭绝的化石物种称为干群。如果人们没有确定干分类群的分类状况，那么就可能会把它们放到"未分类"位置中去，等待对它们进行进一步研究。本书中提到的几种早期化石鱼就处于这种情况下，所以即使专家都可能无法确定它们的确切分类。自从1995年本书最后一版出版以来，像棘鱼和盾皮鱼等主要群体都出现了变化，人们多年来都认为它们是单系群，但现在一些研究者认为它们是并系群。所以它们之中形成强健进化枝（即单系群）的物种子集便十分有限。本书的各种进化分支图会展示出一些现代观点，显示出人们觉得这些群体之间有什么样的关系，又该怎么把它们呈现出来。

地壳是一个动态系统，会不断运动，不过肉眼看不出运动的程度。火山活动会在海底进行，或沿着大陆的活动边缘喷发，从而形成地壳。与此同时，携带着大陆的地壳板块也总是在移动，将它们的边缘推到其他板块边缘上下。

美大陆结合到了一起，形成了又一块名为劳亚古陆的超级大陆。同时，俄罗斯和东亚的其他地区则是孤立的陆地，中国的华南、华北、塔里木地区以及西伯利亚都是这样。记住过去地质时代的大陆构造很重要，因为随着时间推移，各大洲的新形态对鱼类的进化和迁徙都产生了深远的影响。今天的许多鱼类分散于世界各地的海洋中，如大型的迁徙鲨鱼和条鳍鱼。一些早期鱼类群体的分布也很广泛。然而，很少有化石鱼类迁徙到很远的地方，因为大部分化石鱼类都是地区性物种。

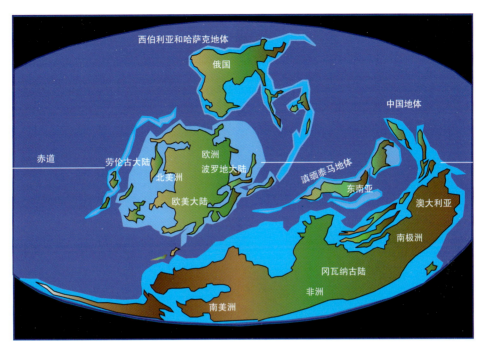

泥盆纪时期地球可能的模样,显示了大陆的位置和海洋边缘。

当化石鱼完好无损地保存在石灰石里面的时候,人们可以用酸来制备它。这种技术用到了乙酸或甲酸的弱溶液,拿它们来溶解掉石灰岩。石灰石是碳酸钙,会被酸溶解,而骨是羟基磷灰石矿物,不受这些酸的影响。当骨头从岩石中浮现的时候,人们就会用胶水对其进行硬化处理。人们会重复这个过程,直到完整的骨骼脱离岩石为止。(A)是四足鱼类代号戈戈纳塞斯(Gogonasus)的化石样本,经过几个星期的制备(B)后,其口鼻部逐渐浮现。接下来,它的大部分身体也脱离了岩石(C)。我们会在第12章中看到制备完毕的骨骼。

化石研究与制备

人们曾认为化石鱼类是刻印在岩石中的压缩骨骼，无比的美丽。但是今天，科学家则在使用各种高科技工具来深入研究其最详细的解剖学情况，这些技术包括微型CT扫描、同步辐射成像和放射线摄影技术。在过去几十年间，化石制备领域取得了很大的进展，科学家已经能让许多标本脱离它们的石灰石"坟墓"，然后把它们蚀刻成令人惊奇的三维骨架。我将在第5章中进一步描述酸蚀刻过程。

在对化石鱼类进行研究时，人们一般要使用各种方法来描述它们的解剖结构。在处理被岩石层压平的样本时，可以用钻头和细针来去除易碎骨骼周围的岩石。如果样本位于石灰石中，那可以将其嵌入平板丙烯酸树脂中，然后轻轻地对其进行酸化，以除去骨骼周围的岩石，并显露出骨骼的三维形状。

在研究制备完成的鱼化石时，传统的研究方法是把它们照下来，或者通过投影描绘器①的成像来画出样本。在某些情况下，水或乙醇能加深岩石和骨骼之间的对比，以明确骨架的边界。近年来，人们使用了更先进的方法，其中包括X射线照相术和显微断层摄影术，从而能揭示岩石内骨骼的形状。这样的技术最适合于处理制备完成的标本，比如可以放入CT扫描室中的酸制头骨（见第12章的戈戈纳塞斯）。近年来，人们也在使用同步加速器所产生的高强度光束，用它来研究化石鱼类骨骼和牙齿组织的细节，并且在一个案例中，还揭示出了3亿年前软骨鱼类头骨内的脑部化石（详见第6章）。

如果要研究分层明显的页岩和泥岩中保存状况较差的鱼类化石（骨骼保存情况不完好），使用的标准技术就是逆酸制备了。在这种方法中，人们会把化石板泡在10%的盐酸中，泡上一晚，以去除骨头的痕迹，让岩石层中清楚地留下骨骼的模子。人们会轻轻刷去骨头的痕迹，洗掉岩石上酸液的痕迹，然后用乳胶或硅橡胶浇铸模具，这样就能获得一个详细的模具，显示了原来的骨骼表面。最好的结果是通过升华氯化铵来让黑胶乳橡胶增白来实现的，要想让氯化铵气化，就要在本生灯上加热存有它的试管。之所以说这能带来最好的结果，是因为它会减小表面的眩光，并且也能平衡对比度，这种对比度是用于突出铸造物表面形态的细节的。这种技术能很好地揭示骨骼特征的细节，其中一个不错的运用案例是霍威特山上发现的鱼类化石，如 *Howqualepis*（一种鳍刺鱼）（参见第9章）。

动物界
　（属于动物，而不是植物、真菌或细菌等生物）
　脊索动物门
　　（脊索动物，脊椎动物）
　　有颌类超类
　　　（有下颌的脊椎动物）
　　　软骨鱼纲
　　　　（鲨鱼，鳐鱼，全头类鱼）
　　　　鼠鲨目
　　　　　（鼠鲨）
　　　　　鼠鲨科
　　　　　　（条纹状鲨鱼、鼠鲨等）
　　　　　　属：噬人鲨属
　　　　　　种类：
　　　　　　　大白鲨

林奈分类法以一种级别层次为基础，等级分明，每个共同的解剖特征都会反映一个共同的进化起源。这套分类层次显示了动物界内大白鲨的位置。

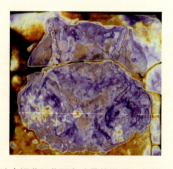

这个泥盆纪化石鱼头骨的微型CT扫描图像，显示出了现代技术是如何大大加强近年来对化石鱼类的研究的。强大的X射线束穿过了骨头，显露出了内部的感官线路通道。这是澳大利亚国立大学应用数学系生成的一张假彩色图像。（感谢澳大利亚国立大学的蒂姆·森登提供图片）

---

① 一种艺术家作画时用的光学仪器。——译者注

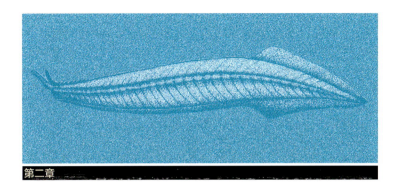

第二章

声名显赫的游泳蠕虫：第一批鱼类

脊索动物和第一批脊椎动物的起源

目前已知最古老的脊椎动物生活于早寒武纪的中国，也就是海口鱼（*Haikouichthys*）及其亲属。人们将它们看作第一批拥有脊索（"脊索"指的是在骨骼或软骨单元形成后常会消失的组织杆，它支撑着脊柱，较为坚硬），拥有V形或人字形的肌肉块，拥有发育良好的头部，双眼有成对的眼软骨囊，还拥有成对嗅觉器官的生物。它显然是种无颌无骨的的生物，但也有可能拥有支持脊索的软骨，所以严格来讲，也能把它称为鱼。寒武纪和奥陶纪的岩石中也出现了其他一些神秘生物，它们具有脊椎动物独有的特征，预示着真正的脊椎动物的迅速崛起。*Promissum*是一种来自奥陶纪南非的牙形虫（conodont）[①]动物，具有发达的人字形肌肉块，成对的眼部软骨，可能还存在眼部肌肉。目前认为牙形虫是比现存的七鳃鳗更高级的鱼类，因为它们都拥有矿化的硬质部分。这些部分由白色的物质组成，这些物质与细胞真皮骨相似，我将在本章稍后部分介绍它。这些无颌鱼类的始祖产生了无缝的进化，成为第一批全身上下覆盖真皮骨的无颌鱼类。时至今日，化石记录中已经清楚地显示了通向最初鱼类的进化步骤。

大多数人认为鱼类是拥有骨架、能够游泳的简单生物，具有鳍和

---
① 又称"牙形石"。——译者注

海鞘或被囊动物是与脊椎动物关系最近的无脊椎动物亲属。它们的幼体有着肌肉强健的尾巴，使得它们能够在水中游动。这是它们成年阶段时的样子，在这一阶段中，它们长出了一个大的咽喉，上面附有鳃裂。（感谢西澳大利亚州博物馆的克雷·布莱斯提供图片）

鳃，并且在配上高档酒类时可说是美味珍馐。但是所有这些特征在非鱼类中也可能存在，而某些鱼类又不具备所有这些特征。例如，墨西哥有一种能走路的"鱼"（美西螈）生活在水下，它有鳃、胳膊和腿，但它实际上是种两栖动物，而不是鱼。鲨鱼和七鳃鳗没有骨骼所组成的骨架（它们身上的是软骨）。许多原始的化石无颌鱼都没有鳍，只有条非常简单的尾巴。但是所有鱼都有发育良好的头部，成对的双眼，多组鳃，以及一条脊索。史上第一批鱼的许多原始化石祖先也有脊索。具有这种特征的生物被称为脊索动物，并位于脊索动物门中。因此，脊索动物囊括了所有的脊椎动物，以及与鱼共享某些高级解剖特征的几种原始生物。

脊索动物的另一个特征是沿身体分布一系列V形肌肉块（称为肌分节），它将尾巴分成了数段。脊椎与这些肌层紧密对应，存在一种数字关系。这是所有脊索动物的特征，包括现存的文昌鱼（*Branchiostoma/Amphioxus*），一些已经灭绝的物种，如早寒武纪的华夏鳗（*Cathaymyrus*）和现存的被囊类动物（urochordates）[①]。真正的脊椎动物最显著的特征是这个：存在包含神经嵴组织的胚胎阶段。这些组织能发育成矿化骨骼、牙齿中的牙质或钙化的软骨，也会发育成表皮基板，它会生长为脊椎动物的主要感觉器官，例如成对的眼睛、鼻囊和第1章中描述的侧线系统。其中，大多数脊索动物最显著的特征可能是这个：在胚胎形成期间分泌磷酸硬质组织，里面包括了最先进的组织：骨骼。这样的组织来自中胚层或神经嵴细胞，任何现存的无脊椎动物中都没有这些东西。

除了具有骨质组织的鱼类和高等脊椎动物之外，表现出脊椎动物最早迹象的原始现存动物群体中还有这些物种：棘皮动物（海胆、海星等），半索动物[囊舌虫（acorn worm）和羽鳃类（pterobranchs）]，头索动物[蛞鱼（*lancelets*）]以及被囊类（被囊动物或海鞘）。尽管一些古生物学研究主张棘皮动物与脊椎动物之间有更密切的关系（例如杰弗里斯在1979年所做的研究），但最近对半索动物DNA所做的研究表明它们与棘皮动物间的关系更近，因此在讨论鱼的起源时，我们就会把它们给省略掉。最近进行的分子研究证实，被囊动物确实是与脊椎动物关系最近的物种。

此外，还存在一堆混乱而古怪的早期化石，我

---

① 身体表面披有囊包的海洋动物。包括各种海鞘和住囊虫。——译者注

这是掌鳞刺属（*Palmatolepis*）牙形虫的部分结构化石。这些神秘的微观化石通常是用来确定世界各地古生代海洋沉积物所属年代的。尽管人们广泛使用它们，但直到最近，人们才发现存有整只牙形虫动物的化石。这些结构可能位于牙形虫的头部，可能是用于过滤、筛选食物或切分食物的结构。

幼鱼和进化

无脊椎动物之所以能进化为第一批鱼，其原因似乎与某些无脊椎动物在发育周期中所表现出来的主要形状变化密切相关。鱼类和无脊椎动物的幼体在形态上通常与其成年形态相当不同。海鞘是附着在基质上的无柄袋状生物，会将海水中的养分过滤出来，以此为生。如果把其中一只捞出水面的话，它会向你喷水，这显示出它的内部有一套肌肉系统。它们的幼体可以自由游动，形状很像蝌蚪，具有由鳍条支撑、肌肉强健的尾部，身体得到了软骨棒（脊索）的强化，并且具有中空的背神经索和鳃裂。从这些功能方面来看，它们与早期的鱼类很像。生物体的生活方式若发生变化，则能促使它们的身体出现发育变化。比如说，当幼体海鞘从开阔水域移到浅海地区，沉降在海床上时，它们就会产生这种变化。

其他无脊椎动物群体也具有相似的幼体阶段，幼体能够自由移动。而当它们成年之后，它们会定居一地，成为无柄生物，或者慢速移动，如棘皮动物（海胆、海星等）。有人提出了这样的理论：这些群体中的幼体都能自由游动，它们都可能在某种程度上促进了第一批鱼的出现，这完全是因为其中有些个体出现了性早熟，从而使得成年个体也能自由地游动。但情况并非如此简单，因为只有某些无脊椎动物才具有脊索，并能生长出脊椎动物特有的组织。胚胎中的神经嵴细胞会发育成这种硬组织，这一点是所有脊椎动物的一个特征。

海洋七鳃鳗（*Petromyzon marinus*）的幼体被称为幼七鳃鳗（ammocoetes），它们会在多沙河流底部的洞穴中生活3年以上，然后出现变态。然后，七鳃鳗幼体会沿河而下，迁移到海里，在那里待上3到4年，从而达到性成熟。幼七鳃鳗的基本解剖结构与文昌鱼或被囊类动物幼体之间差得不是很远，因此它与第一批鱼类之间有着十分明确的关系。最近人们对这些群体之间的分子相似性进行了一番分析研究，得出的结果是，海鞘确实比文昌鱼或棘皮动物更接近鱼的起源。

们简单地把它们称为问题化石,其中一些可能与脊椎动物有亲缘关系。所有这些生物都生活于海里,毫无疑问,海洋就是生物迈出头一大步、走向更高等脊椎动物的地方。牙形虫是绝大多数已灭绝脊索动物的另一个主要族群,人们多半是通过微化石和罕见的全身化石来研究它们的。英国研究人员马克·珀内尔(Mark Purnell)和菲尔·多诺霍(Phil Donoghue)最近对它们进行了详细的研究,揭示了它与高等脊椎动物间意想不到的相似之处,并显示出它与先进的无颌鱼类之间可能存有联系。

蛞蝓鱼

在1770年左右首次给文昌鱼和蛞蝓鱼(cephalochordates)分类时,它们被分到了蛞蝓类之中。差不多过了一个世纪之后,亚历山大·科瓦雷夫斯基(Alexander Kowalevsky)才在1866年指出它们与脊椎动物有联系。人们认为它们是脊椎动物最亲近的现存祖先,因为它们是较小的鳗鱼型动物,具有发达的肌分节和V形的肌肉。它们的咽部发育良好,具有大量的鳃裂,长着一条由中空管道支撑着、很长的中背鳍,并且还有一条脊索,这条脊索从头部一直延伸到它的尾巴尖。由于它们的身体是长矛(英文中为"lance")形状的,就像原始鱼类一样,所以它们得名为蛞蝓鱼①。目前只有两种已知的现存蛞蝓属及25个物种存在,它们全部是海生的,长度可达7cm。成体躺在柔软的沙质浅海海底,嘴巴从沉积物中伸出来,截下流过身边的海水中的食物。

蛞蝓鱼存在性别差异,通过将精子和卵排入水中来繁殖。幼体的尾巴很强壮,在这一点上跟鱼很类似,但它的鳃裂比成体的少。它们的嘴里有一圈触须,这些触须也叫做触手环,有助于在嘴周围生成一股水流,帮助它们更好地进食。

虽然蛞蝓鱼没有心脏,但它们的血液循环系统与典型的脊椎动物非常接近,它们都拥有大的中央动脉,即腹部主动脉。它的两个现存属是文昌鱼(曾经称为 *Amphioxus*)和侧殖文昌鱼属(*Epigonichthys*)。蛞蝓鱼基本没有化石记录。人们在位于华南的早寒武纪的澄江动物群之中发现了它最古老的可能形态,其中就包括谜一般的云南虫(*Yunnanozoon*)。另外,人们也在加拿大不列颠哥伦比亚省中寒武纪的伯吉斯页岩处发现了皮卡虫(*Pikaia*)。皮卡虫虽然表面上具有蠕虫般的外观,但一些特征显示出它与脊索动物存在亲缘关系。它似乎是通过软骨棒支撑着脊索和尾鳍的。皮卡虫的身体形态和整体解剖结构与现代的蛞蝓鱼相似;但人们还没有对它进行充分的研究,所以其演化地位仍然十分神秘。20世纪90年代中期,在中国发现了一种早寒武纪的更古老的头索动物华夏鳗,这表明类似皮卡虫的生物至少在5.25亿年前就出现了。

云南虫显然有根位于头部,并向前延伸很远的脊索,并且表现出拥有成对器官的迹象。这些器官要么是性腺,要么就是粘液腺。它曾经被划分为头

文昌鱼属(*Branchiostoma*)蛞蝓鱼。这些原始脊椎动物将自己埋在沙质海床中,依靠过滤法来捕食。(感谢西澳大利亚州博物馆的道格拉斯·埃尔福德提供图片)

---

① "lancelet",字面意义是"小长矛"。——译者注

索动物，但也可以是早期或基础的后口动物——也就是有两个开口的动物，包括所有的脊索动物和其他三个类群。皮卡虫是另一种"被压扁的蛞蝓"类化石，据说有一条脊索，不过巴黎的菲利普·让维耶则向我表示，他检查了这个动物的所有主要样本，但不能确定它有任何脊索动物的特征。他猜皮卡虫可能是云南虫的近亲。南非二叠纪的古文昌鱼属（*Palaeobranchiostoma*）与现存的蛞蝓之间有一些相似之处，但它有一个较大的，发育良好的腹侧鳍或腹鳍，它的背鳍也较大，并且上面也有许多小的倒钩。人们很难解读保存状况较差的化石，所以一些古代古生物学家对其解读抱有怀疑。

这是另一块来自中国澄江的早寒武纪海口鱼化石，在之前的研究中，人们认为它跟云南虫的关系很近。乔·马拉特（Jon Mallatt）和陈俊云（音）（Jun-yun Chen）在2003年所做的一项研究提出它与脊椎动物的关系更近，因此比其他头索动物的特化程度更高。

这些神秘的动物与脊椎动物及被囊类动物的相似之处大部分体现于幼年时期，不过头索动物的幼体是不对称的，使得它跟与主要脊椎动物之间的关系没有那么接近。由于它们拥有了类似真正脊椎动物骨骼的原始磷酸组织（不过并不完全一样），所以它们在进化意义上比蛞蝓要更先进。

被囊类动物

被囊类动物（Urochordates）是小型的海洋动

这是早期脊索动物皮卡虫（*Picaia gracilens*）重建后的化石，该化石来自于加拿大不列颠哥伦比亚省的中寒武纪伯吉斯页岩。

物，它们通常被称为"海鞘"，因为当你拿起这些坨成一团的生物时，它们往往会把水喷到你的身上。这是它们的主要防御手段。它们会把水吸入口中，然后将水进行过滤，从而获得体积较小的食物。它们的鳃裂承担了过滤功能。之所以叫做"被囊类动物"，是因为它们的身体处于一层坚硬的纤维素"被囊"里，这种纤维素位于植物内部，起到了支撑作用。它们也称为海鞘（ascidians），这个词来自拉丁文中的"葡萄酒囊"。

尽管成年海鞘和鱼类之间缺乏相似性，但幼体海鞘则和原始鱼类非常相似。被囊类动物的幼体就像有条长尾巴的蝌蚪，而且尾巴的肌肉十分强健。它由始于头部后面的脊索支撑着，并拥有脊髓神经索。它的头部有各种各样的感官装置，这些装置让它得以游动，并且能让它辨别出重心和光的方位。在寻找合适的定居点时，它会通过头上的三条毛发状粘性结构固定住自己，这些结构名为乳头状突起。然后，它会进行变态，变化为成年体。成年体从此之后便不会移动，它在发育过程中会将自己的长尾分解掉，从而为其提供营养。被囊类动物是

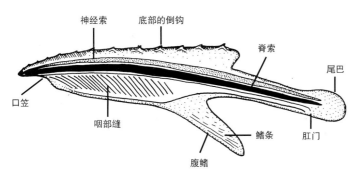

对化石的重建展示出了古文昌鱼属动物的特征，这是一种神秘的化石动物，可能是南非二叠纪时期的一种被囊类动物化石，不过一些科学家对这种解释提出了质疑。

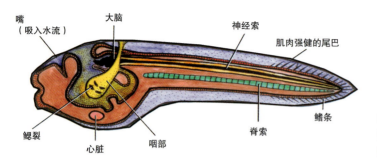

被囊类动物的幼体具有如下解剖学特征：拥有肌肉强健的尾巴、存在脊索、还有发育良好的头部区域，这些都显示出了它存在脊椎动物性质。

雌雄同体的；它们成熟后能发育成任何一种性别，甚至可以进行无性繁殖，通过出芽来生出新个体。

人们认为有些化石是早期被囊类动物的，这些化石最早形成于古生代初期，不过科学家仍不确定它们是否真的是被囊动物，又或者说它们属于一个全新的族群。已知最古老的被囊类动物可能是发现于纳米比亚埃迪卡拉·纳马生物群的奥西亚虫（*Ausia fenestrata*），也可能是俄罗斯北部奥涅加半岛发现的一种与之密切相关的生命形态（类似奥西亚虫的属）。派特·维克斯-里奇（Pat Vickers-Rich）在2007年进行的研究显示，这些埃迪卡拉纪生物体可能与海鞘有亲缘关系。我们已经确定中国存在两种早寒武纪的相关生命形式：一种位于昆明附近的安宁市周边，处于早寒武纪岩石之中，名为山口山口海鞘（*Shankouclava shankouense*），还有一种海鞘（*Cheunggongella*），位于澄江。后者的形态非常类似于现存的被囊类动物柄海鞘（styla）。另一个化石案例是来自内华达的上寒武纪动物*Palaeobotryllus*。它具有泡沫状的形态，这让它与菊花海鞘（*Botryllus*）这种现存被囊类动物的集群非常相似。人们也获得了各种神秘生物的微观血小板，拿它们与现代被囊类动物的被囊中发现的骨针进行了对比，最终使得人们猜测这些生物就是古代的海鞘。

这是来自早奥陶纪时期的中国化石，它仍然存在一些疑点。克里夫·布雷特（Clive Burrett）和我本人在1989年描述了这一化石，它有含磷酸盐的管状外骨骼，管内有大的气泡，形成了结节。我们把这个生命形式命名为*Fenhsiaia*，名字来源于中国湖北省的*Fenhiang*镇①，认为它一定与第一批脊椎动物有密切关系，因为脊椎动物的骨骼是这类组织中唯一能发育出结节的。尽管如此，Fenhsiaia的

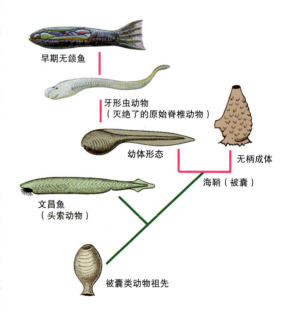

鱼的起源可能与被囊中自由游动幼体的早熟有关。遵循这种流程的进化名为"异时性"进化，而"过型形成"则是异时性的一种形式。在这种情况下，某物种的幼体特征会得到传递，成为后代的成年特征。

① 原文如此。——译者注

管状形态也没能让我们猜出这种生命体的本质是什么样的，也不知道它的生活方式。由于它在管的内侧长有结节，而不是在我们假定的外表面上长有结节，所以与所有其他已知的脊椎动物相比，这都十分神秘。这种形态让我们对发展中的原始脊椎动物组织的复杂性产生了极大的兴趣，但是我们对其内部解剖特征仍然一无所知。

最近，蒙特利尔大学的弗雷德里克·德尔苏克（Frederic Delsuc）领导的一个小组，从数个无脊椎和脊椎动物的细胞核中提取了146个基因，进行了详细的分析。这一研究决定性地体现出被囊类动物是与脊椎动物关系最近的族群。他们的研究结果重新激活了"嗅球类"这个族群名，它指的是混合了脊椎动物和被囊类动物群体的分类，1991年首先由迪克·杰弗里斯（Dick Jeffries）提出。人们最近证明被囊类的胚胎具有可发育出色素细胞的游走细胞。在脊椎动物中，这种过程只能通过神经嵴细胞才能实现，所以被囊类也必须拥有真正神经嵴细胞的原始前身。最近对蝓鱼发育的研究表明，中脑-后脑边界是定义脊椎动物的重要组成区，因为那里有几个重要的组成基因得到了表达（出自L.Z.霍兰德和N.D.霍兰德2001年的研究）。

为了理解这些原始的无脊椎动物形态与现代鱼类之间的联系，现在必须转去关注化石记录。在过去十来年里，我们在这些记录中发现了许多奇怪的原始鱼类形态。

海口鱼及其亲属

最激动人心的鱼类起源地之一就是中国。该地的化石发现最早始于寒武纪的澄江化石储藏地，那里的化石大约形成于5.25亿年前。1999年，舒德干和包括英国古生物学家西蒙·康威-莫里斯（Simon Conway-Morris）在内的同事宣布，他们发现了一种叫做海口鱼的小型鱼类生物。虽然这个化石缺乏骨板，但它确实拥有一条脊索，一条带有支撑鳍的长背鳍，几个成对的鳃囊，以及被可能存在的巩膜软骨围绕的眼睛。他们在随后发布的论文中描述了海口鱼的新标本。在这篇论文中，舒德干和他的研究小组确定这种鱼可能存在背骨和听囊，这是发育中的头盖骨的一部分。脊椎骨则是在脊索周围以相同形状重复出现的污迹，所以尽管它们保存得不好，它们也可能是骨骼结构。海口鱼及其亲属

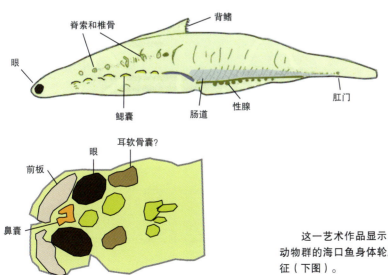

这一艺术作品显示出了中国云南早寒武纪澄江动物群的海口鱼身体轮廓（上图），以及头骨的特征（下图）。

来自中国云南早寒武纪的丰娇昆明鱼可能是世界上的第一条鱼。虽然它缺少由骨骼组成的骨架,但它有着由杆和脊索支撑的鳍,以及发育良好的一排鳃囊。从本质上来说,它与现存的八目鳗相差不远。

(现在有四种来自同一层岩石的早寒武纪鱼类存在)的头部感觉器官发育良好,在现代脊椎动物的胚胎中,这种器官来源于神经嵴细胞。因此有充分证据表明,海口鱼是一种在系统发生树上高于或接近七鳃鳗的脊椎动物。在同一个化石点发现的其他生命形式(如丰娇昆明鱼)更难解释,而且只有一个样本存在,所以它们所处的位置仍然是争议话题。一些研究人员将丰娇昆明鱼放置在七鳃鳗下方的节点,但是在八目鳗之前(M.P.史密斯等人,2001)。

牙形虫:神秘的化石

几十年来,牙形虫(来自希腊语,意思是"锥形的牙齿")都是一个神秘的化石群,人们主要是通过它们微小的磷酸化颌状结构残留物来研究它们的。人们可以从古生代石灰岩中获得无数这样的化石,具体方法是将岩石溶解在弱酸中,然后从微小的残片中把它们筛选出来。我们接下来会提到"牙形虫元素",用来与完整的牙形虫动物做区别。这些元素拥有简单的棒形或圆锥形态,具有带着齿状突起的叶片或复杂的平台形状。每个牙形虫动物都拥有许多不同形状的牙形虫元素。M.P.史密斯等人在2001年发布了部分牙形虫元素,显示它们含有骨细胞。然而并非所有的古生物学家都同意他的这个结论,这些科学家表示它们各自的硬组织间的矿物学性质相差很大(坎普,2002)。牙形虫元素类似颌骨的外观具有欺骗性,因为沿脊分布的齿状尖端似乎没有显示出像牙齿那样因使用过多而磨损的迹象,不过一些研究则认为尖头的顶端确实有磨损面,就像牙齿一样,是用于切割食物的(普尔内尔,1995)。普尔内尔认为一些牙形虫是掠食者。

牙形虫得到了人们的深入研究,目的是评估并关联岩石序列的年代。但直到几十年前,我们还是完全不知道什么样的生物是这些神秘遗体的主人。在20世纪80年代早期,人们在爱丁堡附近的格兰顿虾床上发现了第一批石化的完整牙形虫,这些牙形虫约有3.4亿年的历史。这些化石表明牙形虫是长长的蠕虫状生物,在眼睛周围有尾巴和骨化的巩膜软骨,并有起到支撑作用的鳍条。它们在头部区域拥有一组小的牙形虫元素,其中包括上面所说的那些。这是个有力的证据,它与关于牙形虫硬组织结

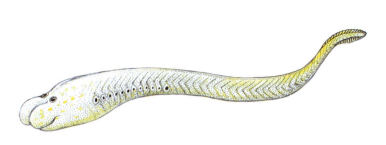

在理查德·阿尔德里奇和他的同事们进行了不断努力之后，人们得以重建出一个大概的牙形虫形象了。一些科学家认为牙形虫深入到了脊椎动物的家族树中，是有颌类的一部分。而其他科学家则认为它们是先进的脊索动物，比第一条鱼的级别要低些。如果我们有朝一日能找到更完整的化石遗迹的话，那这个问题应该会得到解决。

构的其他数据一道证明了它们是真正的脊椎动物。

1992年，伊万·桑森（Ivan Sansom）和他的伦敦同事在《科学》杂志上发表的一篇论文指出，一些牙形虫中存在真正的骨细胞。如果光拥有发源于神经嵴细胞中的骨骼或任何矿化了的组织，就足以把某一生物称为脊椎动物的话，那牙形虫就是早期的鱼类了。也许更令人信服的是1995年，由莱斯特大学的萨拉·加伯特（Sarah Gabbott）和迪克·阿尔德里奇（Dick Aldridge）以及南非地质调查局的约翰内斯·塞隆（Johannes Theron），在南非奥陶纪索姆页岩上报的牙形虫中所出现的软骨硬化环或眼囊，在少数其他已知的牙形虫动物化石中，人们也认出了这些特征。除了最先进的无颌鱼（骨甲鱼）和全部有颌鱼之外，早期鱼类的眼睛总是缺乏巩膜覆盖。与大多数牙形虫相比，来自南非的这种牙形虫动物名为"Promissum"，长度将近40cm。Promissum标本显示出了保存良好的眼囊，可能存在的眼部肌肉组织以及保存良好的磷化牙形虫元素，证明该生物的胚胎阶段中都存在表皮基板（发育成器官或结构的增厚胚胎上皮层）和神经嵴。该标本还有保存完好的纤维肌肉组织，目前来看，这是脊椎动物肌肉中历史最悠久的。最重要的是它们有骨质突起，这些突起名为桡部，支撑着它们的鳍。

罗伯特·桑瑟姆及其同事最近观察到了这一点：蝓鱼和七鳃鳗幼体的腐烂情况表明，遗体保存情况在解释这些早期脊索动物的化石时起着重要的作用。标本朽烂的越多，那它失去基本功能的时间就越早，这些功能使人们能够将其识别为脊椎动物或脊索动物（桑瑟姆等人，2010）

最近对牙形虫元素组织学的一些研究表明它们由两个主要区域组成，即上冠和下基底体。生物会往上冠顶上分泌新的层，同时也有一些新层加入到了基底中。上冠主要由薄片状冠状组织组成，具有与生长线平行或垂直的晶体。冠中也可能包括具有多孔或海绵状结构的"白质"。这两种组织甚至可能是相同的细胞群体分泌出来的（多诺霍和阿尔德里奇，2001）。基底组织的结构是高度可变的，有时是薄片状、有时是球粒状、有时则是管状的。人们已经将薄片状冠组织与脊椎动物中的釉质进行了比较（桑瑟姆等人，1992），将白质与细胞真皮骨之间进行了比较（史密斯等人，2001）。基底的球粒状形式则被拿去和鲨鱼及其他软骨鱼类中发现的球形钙化软骨做了比较。某些种类的薄片状基底组织与牙本质相似，牙本质就是现在牙齿中牙釉质层下方的那一层东西（桑瑟姆，1996）。

由于牙形虫缺乏我们在最早的鱼类化石中所看到的许多进步之处（例如拥有骨板，上面有雕刻般的齿状装饰），所以一些传统的鱼类古生物学家仍然把它们视为脊椎动物中可疑的新来者。它们与无颌鱼有一些组织学上的相似之处，但是头颅解剖结构和整体特征还不足以让它们位列七鳃鳗之上。

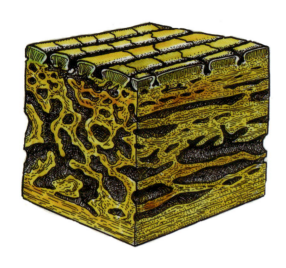

*aspidin*的组织结构，一种真皮非细胞骨（缺乏骨细胞空间的骨），它形成了最早一批受骨骼覆盖的无颌鱼的护盾（即已灭绝的异甲类）。它的外表面如同雕塑一般，涂有牙质组织。

一些研究人员将它们与有颌类脊椎动物放置在了一起，但是这些鱼类具有骨化程度高的头盖骨和下颌软骨，目前人们在牙形虫化石中还没有发现这些特征。要解决这个问题，我们需要一些更完整、保存程度非常好的化石案例。

骨骼：早期的起点

我们一般使用的"鱼"这个字通常指代了一种脊椎动物，它由软骨或骨骼组成，具有发达的脊索、鳃裂、良好的成对感觉器官，侧线系统和矿化的骨架。这种骨架可以是在真皮（真皮骨）中形成的外部骨板，或者是在鱼类进化后期发展出来的，来自于软骨前身的内部骨化骨骼或软骨单元。

在早期化石记录中，对鱼类所进行的识别主要依赖于对"骨骼"一词的定义。大多数鱼类的骨头中都有骨细胞（用于生产骨骼）的细胞空间，而最原始鱼骨的外层则有一层装饰物，由一层珐琅质层覆盖，下方是牙质层。但一些早期的化石无颌生命形态则具有不包含这种细胞的骨骼层，这被称为 *aspidin*。

骨头是了解鱼类成功的关键。骨骼为肌肉提供了坚实的支撑物，能让肌肉附着其上，并使得鱼类能更有效地通过肌肉强健的尾巴，来推动自己穿梭于水中（说真的，在盔甲鱼类骨甲鱼于4亿年前出现之前，骨骼在肌肉附着方面起到的作用是很小的）。鱼类的速度变得更快，它们能以此逃离猎食者，并捕捉动作较慢的猎物。骨骼不仅可以提高运动能力，而且还可以储存日常代谢所需的磷酸盐和其他化学物质。而且，它还可以保护大脑和心脏等解剖部位，这些地方较为脆弱，这使得它在遭遇攻击者后更可能活下来。

骨骼是非常特殊的，它的表面包括了雕塑般的牙质层，容纳（某种形式）骨细胞和纤维胶原的海绵状层、纤维状胶质，以及非细胞的层压基底

此处显示出了盾皮鱼骨骼上的真皮骨，它在真皮或皮肤上形成，并且通常以精细的表面装饰为特征，如脊或结节。骨骼中真皮骨的出现，标志着从奥陶纪开始的无颌鱼类大辐射。

层。第一批鱼只有外部或真皮骨——后者指的是形成于皮肤真皮处的骨骼。内部骨质骨架的出现要晚得多，这一变化预示着下颌和牙齿的出现，它们的出现将带来鱼类进化过程中的下一次大爆发。人们认为鱼的大骨板是由小的中心组成的，或者是由名为真齿的骨板组成的，它们在不久之后会结合到一起，成为更大的骨板。

在大约5.25亿年前，第一条鱼降临到了这个世界。在接下来几乎1亿年间，脊椎动物的主宰将会是一大群无颌类——无颌的神奇动物。

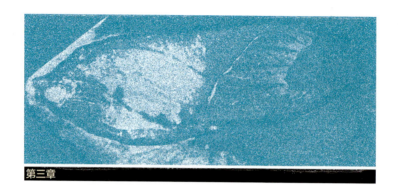

第三章

无颌的神奇动物

八目鳗、七鳃鳗,以及它们那些灭绝了的
披有甲胄的亲属

没有颌骨的鱼又名无颌类。它们的化石记录可追溯到约5.25亿年前,其中的代表有海口鱼等蠕虫类无骨生物,这种生物有简单的鳍和成对的双眼。这些无颌神奇动物最早出现于4.6亿年前,是一些在覆盖澳大利亚中部的海洋中游动的鱼。在奥陶纪结束不久之后,无颌鱼辐射分化出了许多不同的群体,其中大多数的特征是头部覆盖着古怪的甲胄护盾。每种群体的护盾形状都不一样,拥有独特的表面纹理和精密的感觉器官。

这些高度独特物种的地理分布情况,在确定古生代各大陆的位置方面起着重要作用。无颌鱼的早期进化也涉及脊椎动物历史上的许多重大进步,比如发育出细胞骨、成对的肢体、错综复杂的感觉系统、牙本质般的组织、复杂的眼部肌肉模式和拥有两个半圆形耳道的内耳。人们广泛地将无颌鱼化石用于测定并关联中古生代的沉积岩年代上,欧美大陆和西伯利亚地区的异甲类化石更是如此。尽管在志留纪和泥盆纪时无颌鱼的种类十分多样,但只有皮肤裸露在外的七鳃鳗和八目鳗能幸存至今。

"无颌鱼"(Agnathans)这个名字来自希腊语里的"*gnathos*",意思是"下巴",前缀"a"的意思是"没有",因为它们是群缺乏真

八目鳗（*Myxine glutinosa*）在头盖骨结构的许多方面都比七鳃鳗更为原始，是所有现存鱼类中最为基础的。它们主要生活于深海之中，负责清理掉腐烂的尸体。（感谢SeaPics提供图片）

正意义上的骨质下巴和牙齿的已灭绝鱼类。"无颌鱼"这个名字不再局限于特定类型的鱼类，现在它代表着所有鱼类的基底辐射——或进化起点。因此，没有任何能定义无颌鱼的独特特征存在，所以人们认为是它们是近现代分类学说中的一个并系群体。虽然大多数人对现代无颌鱼并不感兴趣，但无颌鱼在某些国家仍是一种相对次要的食物来源，而且，对无颌鱼化石所进行的研究，在理解脊椎动物进化早期产生的许多重要解剖变化时，起着至关重要的作用。化石无颌鱼是我们了解骨头和颌骨的起源，以及了解脊椎动物标准头部形态下完整组织的唯一窗口，所以无颌鱼对于现代动物学的意义很快就变得清晰了起来。除此之外，有许多奇异的无颌鱼化石具有简单的美感和神秘感，除开其科学价值之外，这同样引发了我们的兴趣。

无颌鱼甚至在人类历史上扮演过一个小角色。1135年12月1日，英格兰国王亨利一世（King Henry I）在法国诺曼底的利翁拉福雷去世，死因是在一次奢华的宴席上吃了太多"炖七鳃鳗"。在欧洲的一些地方，人们仍然认为七鳃鳗是一种美味佳肴，有一道名菜就叫"七鳃鳗配波特雷斯酱"，其中加入了新鲜洋葱和波尔多白葡萄酒。七鳃鳗是以其他活鱼为食的寄生虫，它们会用嘴边的吸盘吸附在这些活鱼上。它们会切入宿主的肉体中，以宿主的血液为食。它们的其他现存亲属是八目鳗，或称盲鳗目（*myxiniforms*）。从许多解剖特征上看，它们比七鳃鳗要原始许多，并且大部分都栖

八目鳗（*Myxine glutinosa*）在颅骨结构的许多方面都比七腮类更原始，并且代表了现在所有鱼类的最基础的种类。它们大多是深海鱼，以腐烂的尸体为食。（感谢SeaPics提供图片）

息于深海，以死尸为食。八目鳗是现存最大的无颌鱼，最长可达1.4m。

现代七鳃鳗的化石记录可以追溯到晚泥盆纪，即来自南非的小型Rinipiscis鱼，这种鱼的头部很宽。七鳃鳗在过去的3.6亿年间几乎没有变化。一些研究人员认为七鳃鳗是类似鳗鱼的无孔型鱼（anapsid）的后代。人们觉得八目鳗比七鳃鳗更为原始，因为八目鳗有很多落后的解剖学特征，比如说缺少头部骨骼，而七鳃鳗则拥有这一结构。

灭绝的化石无颌鱼包括八个主要的披甲和非披甲群体，其中大部分是在距今4.3亿年的志留纪时期开始进化的。它们的名字分别是Arandaspida，星甲鱼（Astraspida），骨甲鱼亚纲，异甲类，缺甲鱼亚纲，腔鳞鱼亚纲，盔甲鱼亚纲和骨甲鱼纲（Pituriaspida）。在澳大利亚和冈瓦纳大陆的其他东部地带，人们只发现了三个族群，即Arandaspida[①]，花鳞鱼亚纲（Thelodonti）和骨甲鱼纲。古代的欧美老红砂岩大陆（包括了今天的欧洲、格陵兰岛、俄罗斯和北美）则独有骨甲鱼亚纲和异甲类，而盔甲鱼亚纲化石则只存在于中国古代岩层（华南）和越南地区。

---

① 一种无颌鱼类，生活于奥陶纪。——译者注

这张图片是澳洲囊口七鳃鳗口腔盘角质牙（不是真正的脊椎动物牙齿）的特写镜头。许多七鳃鳗会附着在鱼类上寄生，以它们的血液为食。（感谢iStock供图）

最古老的有骨鱼：
寒武纪和奥陶纪的无颌鱼

1996年10月，澳大利亚堪培拉地质调查局的加文·杨和他的同事在《自然》杂志上发表了一份报告，内容是来自澳大利亚昆士兰州中部的一种可能的晚寒武纪脊椎动物，距今约5.2亿年。这些动物的骨骼碎片上具有广泛分布的毛细管感觉系统，所有鱼类中都有这种特征。在组织学方面，这些动物的骨板拥有三层骨架，具有厚的外层，但缺乏牙质组织，人们曾经将这种组织看作辨识早期脊椎动物的关键迹象。这一发现支持着这种观点：骨板很可能是鱼类的原始身体形态，而且这些带有珐琅质的组织，可能比散布范围广阔的真皮骨中牙质支撑组织要更早出现。杨和他的同事认为，在脊椎动物形成具有牙质组织的细胞骨之前很久，穿透骨头并通过毛孔到达表面（表面具有珐琅质类硬组织）的毛细管系统就可能存在着了。

在1996年这一发现问世之前，人们先挖掘出了一块来自晚寒武纪的奇特化石，认为它是已知最古老的鱼骨残片。这种化石名为 *Anataolepis*，最初是由博凯勒（Boeckelie）和弗尔提（Fortey）对一些在1977年于北美发现的化石碎片做的描述。后来，人们又认为它是一种节肢动物，又进行了重新研究，发现它是一种含有牙本质组织的脊椎动物（史密斯和桑瑟姆，2005）。它的年龄比澳大利亚的化石材料要小一点。

根据《自然》杂志那篇文章中描述的，以澳洲化石为基础的骨骼形成模型来看，可以得出这样的结论：牙形虫和 *Anatolepis* 在脊椎动物硬组织的第一辐射中代表着不同的谱系，因此可能不像一些研究者坚称的那样，跟鱼类有十分近的关系。另外，一些科学家认为这些来自澳大利亚中部的遗骸可能属于某些节肢动物（M.M.史密斯和科波特斯，2001）。

最古老的可辨认脊椎骨骨骼化石来自澳大利亚中部的早奥陶纪霍恩谷泥砂岩和帕考达砂岩，它们距今约4.9亿年。这些真皮残片显示，冈瓦纳大陆是所有脊椎动物最可能的起源地。在那个时候华南岩层离冈瓦纳大陆很近，所以说，早寒武纪的澄江脊椎动物（海口鱼、丰娇昆明鱼等）的生物地理亲缘性，也就能与该地区"第一批鱼类的起源中心"这个名号相吻合了。

杨（1997）则提出，一种名叫 *Areyongia* 的化石鳞片可能跟古代鲨鱼的鳞片间有联系。他认为这些鳞片可能是软骨鱼属的泥盆纪星鳞鱼（*Polymerolepis*）的原始前身；然而由于它们的内部结构间存在明显差异，所以他没有足够的信心来把这些物种放到鲨鱼所处的类别（软骨鱼）中。桑瑟姆（2001）认为，由于缺乏冠和基底的分化，所以它们不是脊椎动物的鳞片。因此对该鳞片的分类仍然是人们未来会去研究的一个主题。

带有部分关节的最古老的鱼化石来自奥陶纪，澳大利亚亚兰达甲鱼（Arandaspis）和孔甲鱼（*Porophoraspis*），南美洲 *Sacabambaspis*，北美洲星甲鱼（Astraspis）和 *Eryptychius* 是一些已知的化石标本。这些化石都具有一些原始特征，显示出

原始无颌鱼的基本结构

人们对早期无颌鱼的了解在很大程度上来源于它们的头盖骨化石、孤立的鳞片和骨骼碎片。完整的无颌鱼化石十分罕见，这些化石显示出，这些拥有厚重护甲的早期鱼类，有着一条被厚厚的骨质鳞片覆盖的尾巴。它们通常有条背鳍或臀鳍，或两者皆有，但目前只有三个族群拥有成对的胸鳍，即花鳞鱼亚纲、骨甲鱼亚纲和甲骨鱼纲。

形成其护盾的骨骼由外部的一个装饰层所组成，通常由牙本质层上光滑的珐琅质层所覆盖，并且拥有许多孔隙。它的下面是为胶原纤维准备了空间的中血管层，并且在一些情况下（例如在骨甲鱼亚纲中），还会给骨细胞留有空间。骨骼的基部由层状非细胞骨组成。骨骼一般由成骨细胞和破骨细胞等细胞组成，它们会执行各种有利于骨骼健康的功能。患有某些骨骼疾病的人则没有这些细胞。人们在硬骨鱼类中没有发现这些细胞，所以研究者认定它们的骨头是非细胞骨。

在每个拥有甲胄的无颌鱼族群中，骨质护盾的典型形态各不相同。骨甲鱼亚纲和盔甲鱼亚纲的护盾是单纯由一块骨头组成的，上面有眼睛、鼻孔和其他感觉器官的孔洞，下面还有嘴部。异甲类的盔甲则是由不同尺寸的几块骨板构成的，它的身体上覆盖着大量重叠的鳞片。缺甲鱼亚纲和腔鳞鱼亚纲没有宽大的身体覆盖物，只有覆盖头部和身体的鳞片，在嘴部、鳃弓和咽部也有。一些缺甲鱼亚纲拥有大而平坦的鳞片；但是像苏格兰的莫氏鱼（*Jamoytius*）这样的其他成员似乎完全没有鳞片，与七鳃鳗的情况差不多。

在一些化石无颌鱼中头盖骨的存在可谓众所周知了。它们的骨化程度很高，具体例子包括骨甲鱼亚纲和盔甲鱼亚纲。这些物种的内耳拥有两个半圆形的耳道，大脑的发育情况也很良好，并分出了不连续的分段（在较高级的脊椎动物中也会出现这种情况）。一条大静脉会从头部导出血液，在大多数化石中，人们还能发现一套复杂的感觉区和侧线系统。只有盔甲鱼亚纲和骨甲鱼亚纲的软骨组织才得到了保存，这些软骨组织是一层脆弱的软骨化骨壳，同时，这些族群的头部静脉处于背部，接近甲胄顶端，这也是独一无二的。

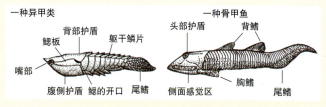

灭绝的无颌鱼中两个主要群体的基本特征。它们分别是异甲鱼和骨甲鱼。

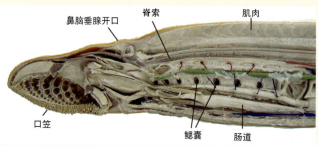

显示出了解剖特征的七鳃鳗头部横截面。

了鳃部的一些成对开口的痕迹。除了一些缺甲鱼亚纲之外，在接下来出现的所有无颌鱼中，这种特征都在减少。构成北美洲星甲鱼护盾的骨骼由四层磷灰石矿物组成，其中包括氟磷灰石和羟磷灰石。这表明它与异甲类之间有着密切的关系，后者是一个十分多样的群体，具有类似于这些奥陶纪生命形式的护盾，但是鳃上面只有一个开口。

最早形成、相对较为完整的鱼类化石来自澳大利亚中部的爱丽斯斯普林斯附近，它们保存在约4.7亿年前的细粒砂岩中。保存这些鱼类化石的岩石代表着这里曾经出现过的一片浅海，它覆盖了澳大利亚中部的所有地区，名为拉拉平蒂娜海。当人们在20世纪60年代中期首次在这里的岩石中发现化石时，便立刻把这个地层分为泥盆纪地层了，因为在那个时候，人们完全没有发现任何来自奥陶纪的

这是亚兰达甲鱼（*Arandaspis prionotolepis*）的遗体，它是世界上最早的无颌鱼之一，外部拥有一层骨质外壳。这些遗骸来自中奥陶纪的澳大利亚中部，有腹部护盾的印痕（A）以及表面装饰的印痕的特写（B）。这个标本大约长20cm。

鱼类化石。澳大利亚博物馆的亚历克斯·里奇在20世纪70~80年代进一步收集了这些早期原始鱼类的许多优良标本。

亚兰达甲鱼（这个名字来自澳大利亚的亚兰达原住民部落）的护盾并不像骨头那样得到了保存，而是变成了古代砂岩中的凹痕。这些凹痕让我们知道了这些披甲无颌鱼的形状，也明白了它们身上的鳞片是什么样子。亚兰达甲鱼有个简单的背部和腹部护盾，有多达14个左右的成对鳃板覆盖着鳃。它的眼睛很小，位于头部的正前方，就像汽车

亚兰达甲鱼的重建模型。（由西澳大利亚博物馆的科尔斯滕·图利斯制作）

澳大利亚北部地区的楼梯砂岩,这里是人们发现亚兰达甲鱼化石和其他早期无颌鱼的地方。(感谢澳大利亚国立大学的亚历克斯·里奇提供图片)

鳞片,每个都由许多精细的平行骨骼脊装饰着,使它们呈现出梳子般的形状。亚兰达甲鱼与孔甲鱼生活于同一时代,人们一般会依靠它们骨板上的不同装饰来对它们做区分。

法裔加拿大人皮埃尔-伊夫·加尼耶(Pierre-Yves Gagnier)于20世纪80年代中期,在玻利维亚中部发现了世上首块接近完整的奥陶纪鱼类化石。当《国家地理》杂志发表了初步研究结果时,全世界科学家的兴趣都被引燃了。这些名为萨卡班巴鱼(*Sacabambaspis*)的鱼类得名于玻利维亚的萨卡班巴镇,它们比澳大利亚的化石稍微年轻一些(距今约4.5亿年),但保存状况要好很多。那里有两个相距约30Km的村庄。一个是萨卡班巴,1985年时,加布里埃拉·罗德里格(Gabriela Rodrigo)在这个村子里找到了正模标本①。另一个村子是萨卡班巴利亚,加尼耶两年后在那发现了拥有关节的化石样本。这些化石显示出了整块拥有关节的护甲,这些护甲让人们了解到了这些鱼的大概体型。像亚兰达甲鱼一样,萨卡班巴鱼有一块很大的背部和腹部护盾,上面有许多矩形的鳃板,头骨前方有小眼睛和

的车头灯一样。而背部的护盾顶部有两个松果体小开口,可能是感光器官所在的位置。尾巴的形态则基本是未知的,人们只知道它有许多排长长的躯干

萨卡班巴鱼的铸型,是人们目前所知相对完整的化石鱼类中最老的。它来自玻利维亚,属于晚奥陶纪。该标本总长度不到30cm。

---

① 某个种被首次描述的时候所使用的单一物种个体就是正模标本。——译者注

成对的松果体开口。它的头部两侧还各有一个圆盘。它的身体上覆盖着许多细长的鳞片,虽然缺少成对鳍或中鳍,但它的尾巴很长,有一条长腹叶。

北美洲的星甲鱼和*Elptychius*多年来都被当作最早的鱼类化石,第一个描述它们的人是19世纪末的查尔斯·杜立特尔·沃尔科特(Charles Doolittle Walcott)。它们数量繁多的遗体来自科罗拉多州的哈丁砂岩,是各自孤立的小骨骼碎片。大卫·埃利奥特(David Elliott)在20世纪80年代后期描述了一个几乎完整的*Eriptychius*标本。它的身体看起来与*Sacabambaspis*相似,不过有更粗糙的菱形鳞片覆盖在尾巴上。它的护盾由多个多边形单位组成,叫镶嵌物。这些化石的意义在于它们的骨骼保存状况十分良好,这让它们在探究原始骨骼演变的过程中扮演了重要角色。星甲鱼的骨骼有四层:第一层是外部的薄珐琅质层,它覆盖了牙本质组成的第二层;第二层形成了骨板外面的脊和结节;第三层是多孔或海绵状骨骼;第四层为aspidin基底层,这是一个缺乏骨细胞的分层硬组织。

虽然这些原始的奥陶系无颌鱼与异甲类很相似,但是它们缺乏该族群的一个独特特征——拥有单个外部鳃裂开口(异甲类是我们接下来将描述的志留纪和泥盆纪主要无颌鱼)。从其他许多方面来看,它们仍非常类似于异甲类。比如说具有由许多骨板所组成的护盾,尤其是大的腹部和背部骨板。它们还拥有与之相似的骨骼结构。异甲类从这些古代生物那进化而来的可能性最大(多诺霍和阿尔德里奇,2001)。

异甲类:一个伟大的辐射分化物种

异甲类是多种多样、无比神奇的一些古代无颌鱼,在志留纪和泥盆纪时期十分兴盛。人们很容易就能识别出它们的化石来,因为它们有组成了护盾的几块骨板,有单个鳃裂开口,骨骼表面还有独一

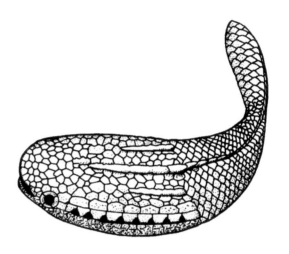

星甲鱼是北美地区已知最古老的脊椎动物之一,最初是19世纪90年代,由查尔斯·杜立特尔·沃尔科特对科罗拉多州晚奥陶纪哈丁砂岩发现的骨骼碎片进行描述的。近年来,人们找到了更加完整的化石材料,能够对这种鱼进行新的重构了。(以大卫·埃利奥特的研究为基础)

这是*Liliaspis*鱼的骨质盾,它是来自早泥盆纪俄罗斯的异甲类。请留意它独特的脊状凸起纹饰。(感谢莫斯科鲍里斯雅克古生物研究所的奥列格·列别德夫提供图片)

无二的精致图案。它们通常有两块覆盖头顶和头部下方（背侧和腹侧护盾）的大骨板，及一整块覆盖铠甲侧面每个鳃部开口的骨板（可能有多个或单个鳃板，因为它们可能会融合成一块骨板）。它们的眼部周围（如眼眶、眼窝和侧板）可能会形成较小的分隔板，嘴部也可能排列着不寻常的口板。感觉线与骨板交叉，形成了骨骼中或直或弯的沟槽，或者位于表面的装饰性脊部与包状凸起之间，人们能用肉眼观察到。

在志留纪早期，异甲类发生了主要的辐射分化。在整个泥盆纪时期，欧美大陆（包括西伯利亚）地区普遍存在着这一生物，它在早泥盆纪达到多样性高峰。最大的异甲类是巨大的扁平psam-mosteids鱼，人们估计它有1m长，但是大多数异甲类要小一些，大约有10到20cm长。

来自加拿大北极地区和英国的traquairaspids鱼有形状相对简单的护盾，并且有非常精细的表面装饰，人们能凭借这些特征轻松地将其区别出来。它们是原始的异甲类，缺乏后代谱系中发育出的复杂脊椎，尾部只有几片大的鳞片。其中有一些保存状况非常好，是外观美轮美奂的一整条鱼，如加拿大西北地区德罗尔梅集群的志留纪鱼类 *Aethenaegis*（意思是"雅典娜之盾"）。*Aethenaegis* 是一种约5cm长的小鱼，它的嘴部下唇上有一个V形的前部，可能是用于捕食浮游生物或食物碎屑的。其他一些cyathaspids鱼类，如 *Traquairaspis*，*Cor-*

无颌鱼没有下巴，但这并未影响到它们种类多样这一事实。其中有许多物种拥有得到细致装甲保护的头部板和厚的骨质尾鳞，如英国赫里福德郡韦恩·赫伯特采石场的一种早期泥盆纪异甲类（*Errivaspis waynensis*）（A）。*Errivaspis* 的重构图像（B）。

最常见的甲胄鱼（Pteraspid）化石是护盾的一部分，如早期泥盆纪怀俄明的这个 *Protaspis transversa* 标本的背部护甲表面（A），以及另一个标本（B）的腹部表面和尾部鳞片。在组成第二个样本护盾的骨板中，我们可以清楚地看到同心的生长线。

环甲鱼（Anglaspis）的护盾，这种鱼是一种来自早泥盆纪英格兰的cyathaspid。

vaspis，*Tolypelepis* 和 *Lepidaspis* 则具有非常独特的表面装饰，其中包括了许多精心雕琢出来的多边形骨质脊单位。cyathaspids在志留纪后半期十分兴盛，但在泥盆纪早期已经灭绝了。

泥盆纪的异甲类中最成功的一个群体是Pteraspidiforms（这个词来自希腊语的"*pteros*"和"*aspis*"，前者的意思是"翅膀"，后者的意思是"盾牌"）。之所以这样称呼它，是因为它的护甲两侧拥有翅膀一样的尖刺，这种刺叫做"角"。Pteraspidiforms有一块比cyathaspids更复杂的护盾，拥有相互分离的喙部、松果体和背部圆盘，这些结构组成了护甲的上半部分。包括挪威斯匹次卑尔根的*Doryaspis*在内的一些形态，则在其甲胄前端演变出了奇怪的凸起（*Doryaspis*的喙状凸起位于腹侧，是向外伸展很开的翅膀型结构）。而包括加拿大的*Unarkaspis*在内的其他物种也拥有较宽的腹侧刺和较高的背脊刺。法国古生物学家阿兰·比列克（Alain Bleick）最近将人们曾经认为归于甲胄鱼这个属的生物，细分成了许多不同的属。他对pteraspidiforms的研究表明，它们在对挪威斯匹次卑尔根、欧洲其他地区、俄罗斯西部和北美的泥盆纪岩石进行年龄测定时非常有用。英国古生物学家埃罗尔·怀特

（Errol White）在早些时候进行的研究中，首先确立了一套详细的地层分区法，他使用到了异甲类化石。一些著名的pteraspidiforms包括了来自英国和法国的*Erriваспis*（人们用怀特的名字来给它命了名），欧洲和北美的*Rhinopteraspis*（这种生物拥有拉长的喙状凸起），以及在德国莱茵兰的亨斯鲁克板岩发现的大型扁平镰甲鱼（*Drepanaspis*）。

其他具有奇异装甲的巨型异甲类生物还包括了俄罗斯岩层中独有的amphiaspids。这些生物拥有由一块骨头制成的宽而圆的盔甲，其中一些护盾类似于飞碟。它们当中大多数拥有长约10～18cm的护盾，最大的约40cm长。*Lecaniaspis*和*Elgonaspis*头部的前方有骨质饲管或铲状器官，可能起着泵的作

Unarkaspis（曾经叫*Lyktaspis*）*nathorsti*，是一种不寻常的甲胄鱼，来自挪威斯匹次卑尔根，拥有很长的喙。这是它的铸型。

用，能从泥巴里吸入小生物体。amphiaspids的眼睛非常小，或者完全就不存在，因为它们住在泥泞的栖息地，需要躲藏在海床中，远离捕食者的目光。它们也拥有精细的侧线系统，这也能很好地帮助它们检测到即将到来的危险。一些双足类化石的身上有一些伤口愈合的痕迹，这表明它们会受到居住于同一浅海区域的有颌鱼袭击，但又经常能幸免于难。

缺甲鱼亚纲：七鳃鳗的先驱？

缺甲鱼亚纲是简单的、受横向压缩的鳗鱼型

镰甲鱼的重建图片，它是一种大而扁平的异甲类，来自早泥盆纪的德国，这是侧视图。

第三章　无颌的神奇动物 | 039

Elgonaspis是来自早泥盆纪俄罗斯的异常异甲类。它拥有管状的嘴巴，这可能是种过滤器，用于吸入浮游生物和有机物碎片。（感谢莫斯科鲍里斯雅克古生物研究所的奥列格·列别德夫提供照片）

这是Olbiaspis，它是来自早泥盆纪俄罗斯的碟形无颌鱼。（感谢莫斯科鲍里斯雅克古生物研究所的奥列格·列别德夫提供照片）

无颌鱼，它们的身体可能覆盖了细长的鳞片，也可能没有。尽管人们在加拿大的早志留纪岩石中发现了一些巨大的缺甲鱼亚纲鳞片，但它们的鳞片一般都很小，很少超过15cm长。这个群体在志留纪和泥盆纪的早期都十分兴旺，阿莱克斯·里奇所做的描述提供了很多关于其解剖学的信息（里奇，1964，1980）。它们具有沿着身体的背脊和腹脊分布的简单翅片，并且包括莫氏鱼（Jamoyti-

（左图）这是 Psammosteus 的角板，它是一种大型无颌鱼，来自晚泥盆纪的俄罗斯地台。这些巨型无颌鱼可能有近1m长，是最后一个幸存的异甲类科。（感谢莫斯科鲍里斯雅克古生物研究所的奥列格·列别德夫提供图片）

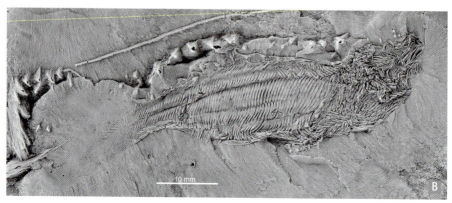

（下图）来自志留纪苏格兰的长鳞鱼（Birkenia），一种由薄鳞片覆盖的缺甲鱼亚纲。化石印痕（A）；得到漂白处理的铸型，显示出了覆盖于其上的鳞片细节（B）。（感谢瑞典乌普萨拉大学的赫宁·布罗姆提供图片）

第三章 无颌的神奇动物 | **041**

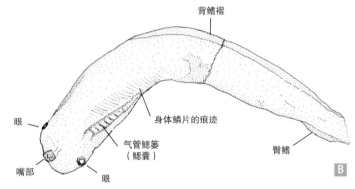

（左图）电子显微镜扫描的一条缺甲鱼躯干鳞片图像，显示出了详细的表面雕塑（图像放大了10倍）。（感谢瑞典乌普萨拉大学的赫宁·布罗姆提供图片）

（右图）晚志留苏格兰纪的缺甲鱼亚纲莫氏鱼的化石遗骸（A），图（B）显示的是这一标本的主要特征。

us）和喉鳞鱼属（*Pharyngolepis*）在内的一些物种则具有形态良好的腹侧鳍，这些鳍得到了桡骨支撑。来自中志留纪苏格兰的*Cowielepis*则表明沿着身体的每一侧，所有的缺甲鱼可能都有一条长的腹外侧鳍（布罗姆，2008）。尾部由身体轴线支持，往下垂去，并具有薄的背侧（上脊索）叶。*Birkenia*和*Lasanius*的背部鳞片则精细地分布于身体的脊部。它们跟骨甲鱼和七鳃鳗一样，头顶上有一个鼻脑垂腺开口。它们的侧面有一排鳃孔，数量从6到15对不等。所有已知的化石缺甲鱼亚纲都居住于古代的欧美大陆，它们的遗体主要分布于苏格兰、挪威、爱沙尼亚和加拿大的遗址中。

人们最近在加拿大索梅纳克湾的晚泥盆纪岩石中发现了一种类似缺甲鱼亚纲的生物，叫做恩德奥鱼（*Endeiolepis*）和泥盆纪缺甲鱼（*Euphanerops*）。菲利普·让维耶和马里乌斯·阿尔森诺特（Marius Arsenault）指出，缺甲鱼亚纲是与现代七鳃鳗关系最近的化石祖先。让维耶怀疑*Endeiolepis*也可能与*Euphanerops*是同一种生物，因为人们现在了解到*Endeiolepis*的"腹外侧鳞片"是*Euphanerops*鳃篮的内部结构。来自加拿大的化石形式表明，它们都拥有一排可能延伸到尾巴的长鳃弓，*Euphanerops*可能有多达30对鳃。

赫宁·布罗姆（2007）完成了对北半球的birkeniid缺甲鱼亚纲所做的重大修订。他的这个专题研究描述了15个新物种、10个新的属和2个新的缺甲鱼亚纲科，并为这些族群提供了详细的系统发生框架。

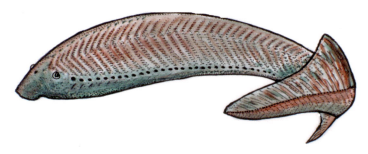

恩德奥鱼（*Endeiolepis*）的重建图片，它将早期的化石缺甲鱼亚纲与现存的七鳃鳗连接在了一起。（根据菲利普·让维耶和毛里斯·阿森诺特的作品改编而成）

这是来自晚泥盆纪加拿大魁北克地区埃斯屈米纳克的幼发雷诺鱼，它是缺甲鱼亚纲的一种。该标本显示出其身体和一部分尾巴的轮廓。

这些缺甲鱼亚纲可能与七鳃鳗的生活方式很像，要么寄生在活鱼身上，要么就靠进食碎屑为生。然而除了在苏格兰发现的物种之外，它们的遗骸大多处于海洋沉积物中，苏格兰的这些物种可能生活在淡水里。当然，这一发现并未排除掉这样一种可能性：像某些七鳃鳗一样，这些缺甲鱼可能会在海洋环境中度过它们生命中的一个重要阶段。

腔鳞鱼亚纲：鳞片讲述着一段故事

腔鳞鱼亚纲（这个词的意思是"乳头状牙齿"）在化石记录中，主要以它们独特的鳞片而为人所知。这些鳞片有一个十分独特的冠层，它由闪亮的牙本质所组成，位于一个骨质基底上，下面存在一个大的髓腔，这个髓腔给基底穿了很多孔。腔鳞鱼亚纲的鳞片形态不一，具体取决于它们来自鱼的哪个部分。头部鳞片是粗短的，到了躯干上时会变成修长的，而鳍上的鳞片与身体内部的咽喉鳞片则都是形状多样的。构成鳞片的组织也十分多变。罕见的整块腔鳞鱼亚纲化石显示，其中大多数是扁平而具有宽翼状胸鳍褶皱的鱼类，没有桡骨，与缺甲鱼亚纲一样。它们的头也很大，在腹部有一排鳃孔，例如图里鱼（*Turinia*）。腔鳞鱼亚纲的长度可达近1m，但大多数是小鱼，一般小于15cm。

马克·卡德威尔（Mark Caldwell）和马克·威尔逊1993年所描述的加拿大西北领地保存完整的腔鳞鱼亚纲表明，这个群体实际上已经辐射分化出了许多不同的形式，其中一些成了福尔卡类鱼（Furcacaudiformes），具有大的分叉尾巴和小三角背鳍，体

第三章 无颌的神奇动物

型较宽，*Sphenonectris*鱼便属此类。福尔卡鱼（*Furcacauda*）这类体型较宽的鱼最显著的特征是：它们的胃部很大——人们认为无颌鱼中不存在这种器官，因为现存的七鳃鳗等生物形式并没有胃。

在西伯利亚发现的最古老腔鳞鱼亚纲化石来自晚奥陶纪时代，当晚泥盆纪的弗拉斯阶地质阶段结束时，该族群便灭绝了。在欧美大陆上，大部分腔鳞鱼亚纲在早泥盆纪末期便灭绝了，但位于冈瓦纳大陆，属于图里鱼属和*Australolepis*鱼属的那些则又多存续了一段时间。它们的鳞片大小在0.5到2mm之间，每一条腔鳞鱼都有几千张鳞片覆盖在身体上，在嘴和鳃裂的内侧也排列着一些鳞片。这导致它们各自拥有许多不同的鳞片形状，因此只有研究腔鳞鱼亚纲的专家才能单靠鳞片来弄清其主人所属的物种。

花鳞鱼（Thelodus）是发现于晚志留纪苏格兰雷斯马哈戈遗址的一种完整的腔鳞鱼亚纲。

腔鳞鱼亚纲的生活方式可能十分多样。世界顶尖腔鳞鱼亚纲专家之一的苏·特纳（Sue Turner）认为，像图里鱼这种较大、较扁平的鱼类可能是移动速度缓慢的底栖动物，它们可能会在泥土中翻找无脊椎动物，或者伏击各种路过的小型猎物，就跟现在的扁鲨（*Squatina*）一样。来自加拿大的宽体腔鳞鱼亚纲可能是更活跃的游泳者，它们以过滤方式进食，或者捕捉在水中自由浮动的猎物。椎鳞

来自南极中部的泥盆纪阿兹台克粉砂岩的躯干鳞片，其中包括冠层（A）和拥有髓腔的基底（B）。鳞片约2mm大小。（感谢维多利亚博物馆的肯·沃克提供图片）

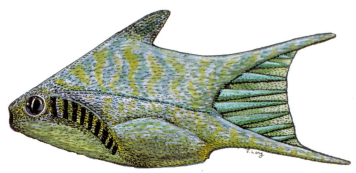

（上图）来自早泥盆纪加拿大的MoTH地区的*Sphenonectris turnerae*，这是一种尾部有分叉的腔鳞鱼亚纲。（感谢加拿大阿尔伯塔大学的马克·威尔逊提供图片）

（左图）早泥盆纪加拿大MoTH地区的叉尾腔鳞鱼亚纲*Furcicauda*的重建图像。

鱼（*Lanarkia*）等一部分腔鳞鱼亚纲的身上有很尖的刺，这些刺平时可能会平躺在身体上，当鱼儿将自己充满气，膨胀起来时，这些刺也会朝外伸出去，起到防御作用，如同现在的河豚一样（特纳，1992）。

在加拿大发现的完整鱼类化石都支持着这样一个观点：腔鳞鱼亚纲比人们以前想象的要先进很多，要么跟有颌鱼的关系更近些，要么就是异甲类的近亲。它们与有颌鱼间的联系以这一情况为基础：早期腔鳞鱼亚纲的原始鳞片与早期鲨鱼的原始鳞片非常相似，原始的腔鳞鱼亚纲甚至也具有十分成型的胃部（不过*Euphanerops*这种缺甲鱼亚纲也拥有胃部）。另外，一些腔鳞鱼亚纲（*Loganellia*）的咽部有小齿，就与有颌脊椎动物一样。它们与异甲类之间也存在联系，这种联系的基础是它们之间十分相似的独特叉状尾鳍结构。这种结构也见于加拿大西北部的irregulariaspidid异甲类上（佩莱林和威尔逊，1995）。实际上，腔鳞鱼亚纲可能并不是天生的单系群（单系群有着相同的祖先，具有相同的主要特征）——举例而言，其中有一些成员接近于异甲类，另一些则接近于有颌脊椎动物。

盔甲鱼亚纲：神秘的东方无颌鱼

盔甲鱼亚纲（意为"头盔面罩"）生活于构成今日的中国华南和越南北部的古代岩层上，是这些地方所特有的一个灭绝的无颌鱼族群。这些古老的大陆块长期与世隔绝，或许正是如此，盔甲鱼亚纲才发展出了一种与其他无颌鱼完全不同的甲胄风格，其中有些鱼的遗体是所有已知鱼类中外貌最离奇的。包括东方鱼（*Dongfangaspis*）在内的一些物种有45对鳃孔。盔甲鱼亚纲的甲胄由单独的一块骨板构成，除了头部侧面的甲胄以外，

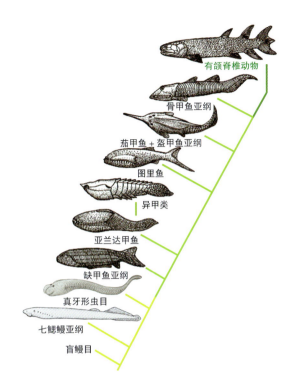

以菲利普·让维耶和其他人最近的研究成果为基础，编排出来的主要现存无颌鱼族群。

其他甲胄是一体的，不存在分隔，具体的例子包括骨甲鱼亚纲和茄甲鱼（pituriaspid）。盔甲鱼亚纲的独特之处是：它的盔甲上有一对容纳了双眼的孔，这两个孔的中间有一个较大的中孔，名为中背孔。在大部分盔甲鱼亚纲中，这个孔是非常大的，正好位于成对鼻腔的正下方。研究者最近对该族群进行了一次系统发生分析，发现有两个谱系独立进化出了这个孔，一个是多鳃鱼类（polybranchiapsids），另一个是华南鱼（huananaspidi）（朱敏，盖志琨，2006）。

盔甲鱼亚纲是一个多样的群体，拥有80多个已知种类。它们的头部软组织周围有着层状软骨化骨所组成的管道，保存状况良好，让我们对它们的软体解剖学特征有了更好的了解。它们有复

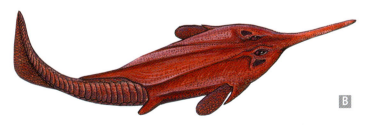

加文·杨于1992年描述了一种来自澳大利亚中部的新脊椎动物"纲"的代表，即茄甲鱼（*Pituriaspis doylei*）（A），这是其护盾的化石印痕，在这一化石中，它所有的骨骼都已经遭到了风化。茄甲鱼的还原图像（以乳胶皮为基础）（B）。

多鳃鱼类（*Polybranchiaspis*）骨质护盾的印痕，这是常见于早泥盆纪中国和越南北部的盔甲鱼亚纲无颌鱼。

这种早泥盆纪中国的盔甲鱼亚纲护盾印痕，清楚地展现出了为它的双眼所留的圆孔、长长的中背孔，以及代表感觉管的许多凸起的线条。

杂的大脑和发达的内耳，内耳里有两个垂直的半圆形管道。这一族群在志留纪之初进化了出来，在早泥盆纪达到多样性的顶峰，大部分在中泥盆纪时灭绝了（在这一族群中，人们只发现了一个存活于埃姆斯期的物种，以及一个存活于艾斐尔阶的物种。朱敏，2000）。最后，人们还在泥盆纪最末期的中国宁夏岩层中找到了一个属于中间形态的盔甲鱼亚纲，而在泥盆纪结束时，这一族群已经灭绝了。

包括多鳃鱼类在内的一般盔甲鱼亚纲具有简单的卵形盾，其顶部表面装饰有感觉管的凹槽所组成的辐射型图案，这些图案十分精致。三尖鱼（*Tridensaspis*）等鱼类是三角形护盾的代表，而我们在汉阳鱼（*Hanyangaspis*）中则可见到几乎呈半圆形的宽阔护盾（该属现在被认为是基本形式之一。朱敏和盖志琨，2006）。华南鱼和龙门山鱼（*Lungmenshanaspis*）则发展出了极端的形状，在甲胄的正面和侧面，它们的骨骼都变得更窄，延长了不

早泥盆纪中国云南的西屯动物群鱼类图片。几只盔甲鱼亚纲的无颌鱼位于前景中，它们在海床上游动，而大型硬骨鱼杨氏鱼（Youngolepis）（后）和斑鳞鱼（左）则追逐着它们。我们可以在右后方的海底看到小的云南鱼（yunnanolepid）胴甲鱼（antiarch），远处有两只早期的棘鱼。（感谢布莱恩·朱提供图片）

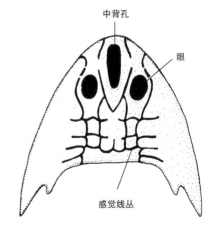

显示盔甲鱼亚纲头部结构的中华盔甲鱼（*Sinogaleapis*）护盾。

少。在三岔鱼（*Sanchaspis*）等其他物种之中也有这种情况，三岔鱼有一条向前伸出的管，管子的末端变大，成了一个球形物。多鳃鱼（*Polybranchiaspis*）是第一批得到命名的盔甲鱼亚纲之一，在中国和越南北部都有发现。

茄甲鱼：自成一派

茄甲鱼类（Pituriaspids）这个名字来自澳大利亚原住民语言中的"pituri"，这是一种含有麻醉药品成分的植物的名称（我有那么一点想弄些过来，种在自己家的花园里），有时澳大利亚中部的土著居民会使用这种药品。这些化石很奇怪，以至于发现它们的加文·杨认为当时他可能出现什么幻觉了。茄甲鱼类来自澳大利亚昆士兰州西南部的托克山脉。它们差不多生活于中泥盆纪初期，留下了泥盆纪澳大利亚无颌鱼的唯一一批躯干化石。茄甲类独特的特点是：它们有一个长长的骨质甲胄，在头部和躯干区域周围有一条管道，而甲胄在眼孔下方则有一个大的开口。甲胄的前部有一条长长的、向前突出的骨头，叫做喙状凸起。茄甲鱼和尼亚巴鱼属（*Neeyambaspis*）是其中已知的两个形态，后者具有更宽、更短的护甲。人们认为茄甲鱼具有发育良好的胸鳍，因为其甲胄两侧拥有成对的开口，而且也应该具有强壮的肩状骨骼，以保护鳍的前缘。

目前来看，我们对茄甲类解剖学知识的了解，要比其他化石无颌鱼少，但是从它们的整体外观来看，我们可以将它们与骨甲鱼放在一块。杨（1991）将茄甲类放到了辐射分化表的底部，其中也包括了骨甲鱼亚纲和盔甲鱼亚纲。茄甲类的主要特点是：它们有一块类似头甲类的护盾，上面没有任何背部鼻脑垂腺开口。

骨甲鱼亚纲：无颌类成就的巅峰

骨甲鱼亚纲（意思是"骨盾"）曾经被称为甲胄鱼类（ostracoderms）。它们是一个拥有坚固

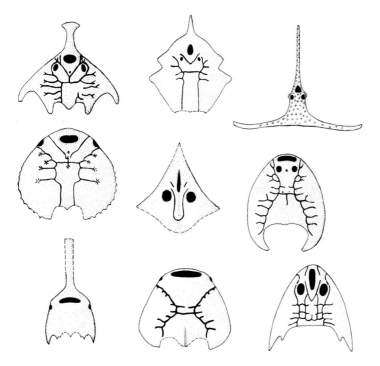

盔甲鱼亚纲头部护盾形状的多样性。一个完整的骨甲鱼标本。

Cephalaspis pagei，来自早泥盆纪英国。（感谢莱斯特大学的罗伯·桑瑟姆以及伦敦自然历史博物馆提供图片）

护盾的无颌鱼群体，种类十分多样，分布范围限于古代欧美大陆之内。而它们的化石主要位于英国的老红砂岩露头①，挪威斯匹次卑尔根和欧洲其他地区，俄罗斯西部和北美。它们有一个大的骨盾和两个圆形的眼孔，一个较小的钥匙形鼻部器官开口，以及位于眼睛之间的一个微小的松果体开口。护盾两侧有很大一片区域，可能是感觉场，而护盾顶部则有一个类似的感觉场。许多物种的护盾发育良好，一般会向后凸出。护盾一开始是棋盘格子般的较小板块，它们会不断生长，在成熟时融合到一起，形成坚固的护盾。骨甲鱼的胸鳍发育良好，附

一条骨甲鱼*Zenaspis selway*的头部护盾，显示出护盾是由许多多边形骨骼单位组成的。请读者留意眼睛之间的中央鼻脑垂腺开口。

---

① "露头"是地质学术语，指的是露出地面的岩层。——译者注

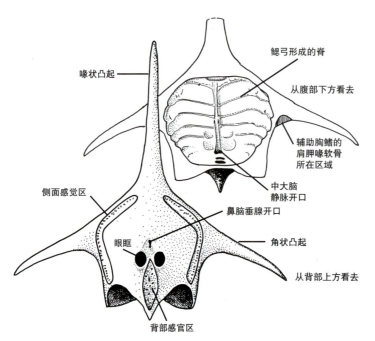

一个骨甲鱼（*Boreaspis*）头部护盾的基本结构。

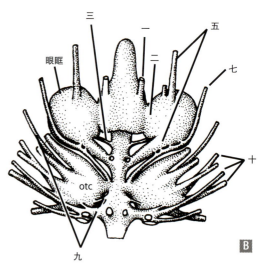

骨甲鱼（*Norselaspis*）头部护盾的内部（A），显示了大脑周围的软组织通道，这些通道由精致的软骨化骨保护。骨甲鱼（北甲鱼）的头部重建图像（B）。两者都来自早泥盆纪的挪威斯匹次卑尔根地区。（感谢来自巴黎自然历史博物馆古生物部门的D.塞尔维特提供图片）

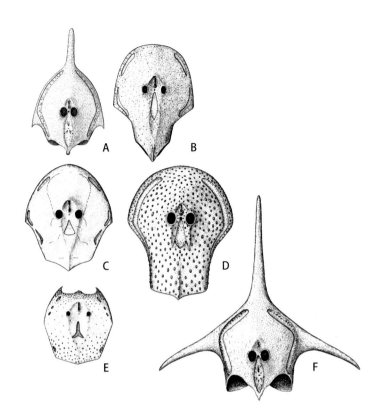

骨甲鱼不同形状的头部护盾，显示出了这一族群的多样性。

着在简单的内部骨化胸带骨上，上面联结着简单的桨形软骨支撑物。

在一些骨甲鱼（例如*Tremataspis*）中，成对的鳍二次消失，使得护盾成了橄榄形。它们在身体上有一条背鳍，有时有两条，如苏格兰的*Ateleaspis*所示。在嘴部和鳃部的下方，护盾化石一般都留有较大的开口，但在活着时则会被许多拼在一起的小板块覆盖。一些十分罕见、保存完好的化石显示出了这种情况。它们最多有10对鳃裂口，这是通过护盾下方成对的小开口数目所判断出来的。在一些骨甲鱼化石中，可以看到大脑留下的印痕，其中的神经、动脉和静脉通道由薄软骨化骨保护着。从这些化石中，我们得知鱼类只有两个形成内耳的半圆形管道，而高等脊椎动物中则有三个，同时其脑神经和血管为头部供养的总体模式也类似于七鳃鳗幼体（让维耶，1985）。骨甲鱼的眼睛周围也有发育良好的硬化骨骼，有些骨甲鱼的嘴部前方有小的口腔区域，长满结节，明显有助于抓取食物。

阿法纳西瓦（Afanassieva，1992）将骨甲鱼类的生活方式重构为两种。第一种基本是底栖的，拥有厚厚的护盾，而又没有配对的鳍，因此移动性较差。*Tremataspis*等物种要想移动，就必须挪动它们的短尾巴。它们的护盾骨化程度极高，这让它们拥有了一定的体重，能轻松地躺在海底捕食泥浆中的食物。另一组骨甲鱼则是游泳健将，它们的胸鳍发达，还有长尾巴（如头甲类及其亲属）。包括*Parameteoraspis*的这类鱼有时拥有奇怪的宽盾，用以防御掠食者。如果需要的话，它们显然能迅速摆脱

这是 *Tremataspis*，它是一种来自晚志留纪瑞典奥塞尔岛的骨甲鱼，拥有长长的护盾。该标本的长度不到4cm。

危险。骨甲鱼骨骼中的孔道系统可能都是一种用来分泌黏液的器官，当鱼类在游泳或者沿着水底移动时，这种黏液能减少阻力，让它们游得更自在。所有尾巴保存完好的骨甲鱼化石都有厚的鳞片，它们通常排列成一系列垂直的长方形单元，顶上是一系列小一些位于背部的鳞片脊，腹部下方也有这么一系列鳞片脊。

在早泥盆纪中，骨甲鱼类经历了一次大规模辐射分化，产生了多种多样的形态，从具有简单的半圆形头盾（例如头甲类）一直到具有突出背棘（如 *Machairaspis*），或者拥有长护盾，覆盖了大部分躯干的形态（*Thyestes*，*Dartmuthia*，*Nectaspis*）。罗伯特·桑瑟姆（2009）的作品很好地阐明了骨甲鱼的系统发生情况。在晚泥盆纪

早期，骨甲鱼类灭绝了。

与第一批有颌鱼的联系

腔鳞鱼亚纲和一种骨甲鱼是两种灭绝了的无颌鱼，它们都可能是有颌鱼的祖先。在确定有颌类的姊妹群时，人们曾经更偏好选择腔鳞鱼亚纲。因为该物种保存完好，来自加拿大的叉状尾标本（Furcacaudiformes）显示出了发育良好的胃，这一特征目前仅在现存的有颌类和高等脊椎动物中出现过。此外，这些腔鳞鱼亚纲显示出了更宽阔的胸鳍和发育良好的尾鳍，人们可以将其看作晚于骨甲鱼尾部出现的进化产物。腔鳞鱼亚纲的鳞片与原始有颌鱼的牙齿相似，并且在咽部存在小齿，这是其他一些可以将它们与早期有颌类（特别是鲨鱼）联合在一起的特征。

在这场竞争中，目前大多数古生物学家更青睐的是骨甲鱼亚纲，因为它们更接近有颌脊椎动物的进化线。菲利普·让维耶（2001，2007）凝练地总结了骨甲鱼和有颌鱼之间的特征，具体如下：拥有成对的鳍（包括拥有骨化肩胛喙软骨和鳍软骨骨架的胸鳍），头部拥有开放的内淋巴管，眼部附近拥有骨化的骨骼（巩膜骨），外部和内部骨化中细胞骨，两条背鳍，一条尾鳍，以及狭缝状的鳃部开口。威尔逊等人（2007）也表明，骨甲鱼鳃上腔的成对鳍更类似于有颌类的腹鳍，而非无颌鱼其他形式的鳍。盔甲鱼亚纲还与骨甲鱼以及有颌类一样，拥有在软骨膜处出现骨化（或钙化）的内骨骼，在外部有开口的内淋巴管，一条大的背颈静脉以及在头盖骨处发育出来的枕区，它环绕着迷走神经的出口。尽管人们目前对茄甲鱼的了解很少，但由于头部护盾和胸鳍与骨甲鱼类存在整体相似性（可能也和盔甲鱼亚纲存在关系），所以人们认为它与这两类鱼存在关联。

通过发育生物学领域的发现，我们可以看到

第三章　无颌的神奇动物 | 053

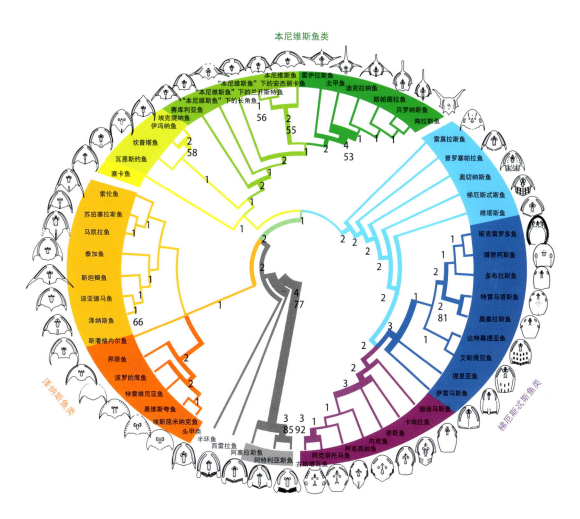

眼部骨骼的出现与颌骨的起源之间的重要联系。通过对发育中的鸡胚胎进行研究，加拿大哈利法克斯大学的布赖恩·霍尔确定，形成了某种芽的组织也是形成下颌骨时不可或缺的部分。这种芽会发育成覆盖眼部外围的巩膜硬骨。这条进化路径或许就是给颌骨骨化的副产品所准备的。一系列连接基因在创造出硬化骨骼之后，可能意外开始生产起了下颌软骨，这种骨头可能是强化现有口腔部件的手段。这种发展模式表明，在支撑用颌骨进化出来之前很久，口腔里的牙状结构就可能进化出来了。不同群体的化石无颌鱼表明，其中有一些的口腔区域里确

罗伯·桑瑟姆（2009）最近提出的一种骨甲鱼的相互关系。不同的阴影和数字指的是不同的分支（详见桑瑟姆，2009）。

实有可用的骨板，它们会拿这些板来捕食死尸，也可能会捕食活着的猎物。支撑这些嘴部器官的是麦克尔软骨，一种骨化的支撑物。它之所以会出现，可能是为了保护双眼。值得注意的是，在所有无颌类生命形式中，只有骨甲鱼的巩膜骨拥有较高的骨化程度，这给下颌的发育提供了一定的潜力。

人们最早认为鲨鱼等软骨鱼是最早的有颌鱼，

因为它们的鳞片比其他任何一个群体的历史都要悠久，可追溯到晚奥陶纪/早志留纪的北美。软骨鱼的两个特征中，有一个是拥有棱形钙化软骨，这方面最早的证据来自晚泥盆纪，但某些软骨鱼单独存在的牙齿化石则来自洛赫柯夫期。人们推测属于早志留纪或晚奥陶纪"鲨鱼"的化石碎片可能是任何东西，不过包括晚志留纪的爱伦托鲨（Elegestolepis）在内的某些鱼类鳞片，则可能是盾鳞状的，而鲨鱼身上的鳞片也是这种样式。有颌类最早的清晰证据来自晚奥陶纪的棘鱼类鳞片，但目前人们还缺乏完整的躯干化石来对此进行确认。来自早志留纪中国的盾皮鱼是进一步的证据，证明这一族群仍有可能是第一批有颌类。研究早期脊椎动物的许多研究人员支持这样一个观点：盾皮鱼最有可能是最基础的有颌脊椎动物（参见第4章的进一步讨论）。

被称为"mongolepids"的早期鲨鱼类动物鳞片是否属于长有牙齿和颌骨的鲨鱼呢？这个问题至今尚无定论，因为直到早泥盆纪时，人们才在同一沉积物中发现鲨鱼的牙齿和鳞片。因此，我们在骨甲鱼中看到的这种高度的解剖学复杂性，为鱼类进化过程中的下一场大革命搭好了舞台，这场大革命就是有颌鱼的崛起。当颌骨和牙齿发育出来之后，捕食者和被捕食者的军备竞赛便开始了，鱼类世界中的生死大战将在整个泥盆纪时期和之后的时代中不断打响。

无颌帝国的终结

在泥盆纪晚期开始时，原始无颌鱼中有许多科已经灭绝了。少数幸存者包括加拿大埃斯屈米纳克遗址中发现的4种骨甲鱼，中国宁夏的一种可能（但不确定）的盔甲鱼亚纲，澳大利亚的一种腔鳞鱼亚纲属，同样来自埃斯屈米纳克遗址的七鳃鳗状缺甲鱼亚纲，以及数个来自欧洲的大型扁平psammosteid异甲类物种。目前来看，当时无颌鱼多样性急剧下降的一个可能原因是有颌鱼的多样性迅速增加，这可能导致一些无颌鱼失去了栖息地，或者要靠吃掉自己的幼鱼和卵来生存。

在志留纪中，无论从多样性还是生物量上看，无颌鱼都是主要的鱼类，因为早期有颌鱼比较少见。在泥盆纪开始的时候，所有主要的有颌鱼都出现了，包括有颌类棘鱼在内的一些枝干，在早泥盆纪的最后阶段达到了高度的多样性。到了泥盆纪中晚期，许多有颌鱼达到了多样性的顶峰，如盾皮鱼，孔鳞鱼（porolepiforms），tetraopodomorph鱼和肺鱼类（dipnoans）。

从它们相似的身体形状中，我们可以清楚地看到，这些盾皮鱼中有一些可能已经占领了无颌鱼空出的位置，后者已屈从于不断增加的捕食压力。例如，当扁平的psammosteid无颌鱼一灭绝，扁平的叶鳞鱼目盾皮鱼就出现了。这一结论是根据它们在波罗的海东部的同时代化石而下的。拥有长护盾的

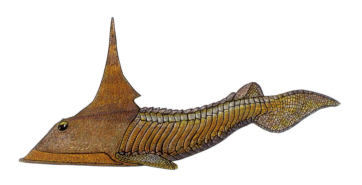

拥有高耸护盾的骨甲鱼Meteoraspis的复原图。

异甲类在竞争中可能输给了拥有长护盾的早期盾皮鱼,后者可以更好地防御掠食者或更快地游泳。以碎屑为食的底栖无颌鱼可能被许多新生的底栖盾皮鱼挤走了位子,比如说胴甲鱼。在泥盆纪于3.55亿年前结束时,只有七鳃鳗和八目鳗还存活着,它们没有受到身体护甲的拖累,成了曾经强大的无颌类脊椎动物帝国的扛旗手。

第四章

甲胄鱼和长着胳膊的鱼

长有甲胄，统治着泥盆纪海洋、河流和湖泊的盾皮鱼

盾皮鱼生物是一组不同寻常的有颌鱼，它们拥有骨板组成的护甲，大约在4.3亿年前的早志留纪出现，主宰了泥盆纪时期的水道，并在那个时代结束时灭绝。它们是有史以来最奇异的脊椎动物之一，其中包括胴甲鱼，它的特点是拥有由外骨骼覆盖的"胳膊"，而它们当中还包括世界上第一批超过8m长的恐鱼科（dinichthyids）巨型猎食者。在进化树上，大部分盾皮鱼位于无颌的骨甲鱼之后，并位于第一批鲨鱼之前。它们的进化速度快，多样化程度高，这意味着其中单个物种的存在时间一般都不长。人们往往可以用它们的骨骼化石来精确测定泥盆纪岩石的年龄。一些世界上保存状况最完好的盾皮鱼化石来自澳大利亚。早泥盆纪澳大利亚东南部的石灰岩中保存着原始盾皮鱼的美丽的化石标本，这些标本显示出这些原始有颌鱼令人称奇的种种细节。西北澳大利亚的戈戈构造区拥有许多各式各样的先进盾皮鱼的立体化石，它们的保存状况堪称完美，显示出了这些鱼类为适应珊瑚礁生态系统而做出的复杂适应。一些戈戈盾皮鱼揭示出了关于它们性生活的秘密，显示出它们会通过交配来繁衍后代，还有一些会直接将幼鱼生下来。

盾皮鱼（*placoderm*）这个词来自希腊语，意思是"配有甲板的皮

第四章 甲胄鱼和长着胳膊的鱼 | 057

休·米勒1841年为苏格兰老红砂岩的尾骨鱼类盾皮鱼所画的"粗糙的图画"。图上的胸鳍位于眼窝中,表明当时的人们对这一族群并没有多少认知。瑞士研究者路易斯·阿加西斯[1]看到了米勒的发现,他成了第一个对该族群进行详细研究的科学家。

晚泥盆纪澳大利亚戈戈构造区的槽甲鱼属（*Incisoscutum*）盾皮鱼的基本解剖结构。

肤",暗指它们的头部和躯干上覆盖着一层层拼接而成的重叠骨板,这是它们独特的特征。人们已经研究了100多年的盾皮鱼化石了,那些来自苏格兰老红砂岩露头的化石更是受到了高度关注。人们一开始对盾皮鱼所做的一些重建表明它们是无颌鱼,具有独特的翼状胳膊和异常大的头。休·米勒（Hugh Miller）"粗糙的图画"尤其出名,这是他在1838年画出来的复合复原图像,他将尾骨鱼（*Coccosteus*）和兵鱼属（*Pterichthyodes*）这两种不同的苏格兰盾皮鱼给搞混了。在对化石标本进行了进一步研究后,事实表明盾皮鱼具有真正的下巴,也有跟其他鱼类很像的鳍。对盾皮鱼类最早进行的详细研究是由著名古生物学家,法国人路易斯·阿加西斯（Louis Agassiz）进行的。他在1833年到1843年间发表了总计5册的论文集,名为 *Recherches surles poissons fossiles*（法语"对鱼类化石的研究"）,说明了多种形式的盾皮鱼。一些早期自然学家甚至认为胴甲鱼这种盾皮鱼是类似于大型甲虫的无脊椎动物,或者把它们看作一种化石乌龟,因为它们的背后有盒子一样的壳。

盾皮鱼类的起源和关系

盾皮鱼研究的革命发生在20世纪30年代初,当时,斯德哥尔摩自然历史博物馆的瑞典教授埃

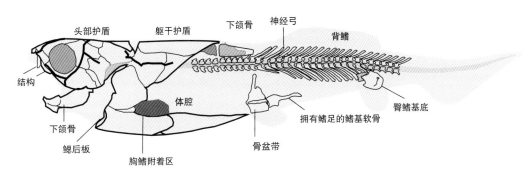

---

[1] 原文如此。阿加西斯出生于瑞士,在法国学习过一段时间,后来前往美国。——译者注

化石鱼类研究人员，摄于1968年瑞典斯德哥尔摩自然历史博物馆。从左到右：德国的汉斯-彼得·舒尔策（Hans-Peter Schultze），挪威的托尔·洛尔维格（Tor rvig），瑞典的汉斯·比耶林（Hans Bjerring），瑞典的埃里克·斯坦修，美国的加雷思·纳尔逊，中国的张弥曼，加拿大的雷蒙德·托尔斯泰因森（Raymond Thorsteinsson），瑞典的埃里克·亚尔维克（erik Jarvik），前苏联的艾米利亚·沃罗比耶娃（Emilia Vorobjeva）和德国的汉斯·耶森（Hans Jessen）。（瑞典自然历史博物馆准许本书使用这张图片）

里克·斯坦修开始研究起盾皮鱼的解剖细节。斯坦修选取了一些盾皮鱼骨骼样本，它们的头盖骨完整地保存在岩石之中，他将石头腐蚀掉，用蜡质模板印出十分之一毫米宽的横截面，每个横截面都比原始剖面尺寸大10倍。当这些部分被组装起来时，就形成了一个头骨的三维大型模型，清楚地显示了神经、动脉和静脉管道。这种方法运用到了去除各层的酸液蚀刻技术，发明者是英国人威廉·索拉斯（William Sollas），故得名索拉斯研磨技术。斯坦修会利用到骨骼缺失处的底板，将其看作大脑的软组织部分，然后再制作出一个脑腔模型，里面有大脑各部分的软组织。他的详细研究开启了一个新纪元，自此以后人们开始大胆地研究盾皮鱼和化石鱼类。大体而言，人们主要描述的是软组织解剖状况，并将盾皮鱼看作与今日的鲨鱼之间可能存在关系的有颌鱼。

近年来，这种酸腐蚀技术使我们能够从岩石中制备三维的标本，从而确认了斯坦修的许多研究成果是正确的，并让我们发现了许多关于盾皮鱼解剖学和关系的新信息。今天，人们认为盾皮鱼是能解决许多地质问题的重要族群。如上所述，我们可以把它们看作确定泥盆纪沉积物年龄的标准化石，而且有些群体具有不同的生物地理分布范围，因此可以让我们了解某些大陆在过去地质时代中所处的位置。

第四章 甲胄鱼和长着胳膊的鱼 | 059

一个由放大的切片组成的蜡质模型，由一系列取自头骨、受蜡质板放大的磨片组成，显示了20世纪30年代由瑞典的埃里克·斯坦修制作的一个早泥盆纪盾皮鱼 Wijdanowiaspis 鱼的脑腔。

长期以来，古生物学家一直在争论盾皮鱼的亲缘关系。瑞典科学家埃里克·斯坦修认为盾皮鱼和鲨鱼之间关系比较亲近，因为他通过使用一系列较为细致的化石磨片，对盾皮鱼的解剖学进行了不少次重建。然而，目前对盾皮鱼进行研究的许多人声称，斯坦修在重建盾皮鱼解剖情况时是以鲨鱼模型为基础的，从而使它们看起来更像鲨鱼。这促使包括布赖恩·加迪纳（Brian Gardiner）在内的一些科学家争辩说，盾皮鱼可能与真正的硬骨鱼类祖先密切相关。鲍勃·舍费尔（Bob Schaeffer）和加文·杨则认为，盾皮鱼在鲨鱼、棘鱼或硬骨鱼出现之前很久就诞生了，是一切有颌鱼的原始祖先。

近年来对盾皮鱼的这场争论不断升温，出现了一些新的观点。有些人同意斯坦修的观点，他们认为应将盾皮鱼与鲨鱼和鳐鱼分到一块（分到一个名为板鳃亚纲Elasmobranchiomorphii）的超类中。其他人则认为盾皮鱼与硬骨鱼密切相关。许多人所共有的最新观点是这个：盾皮鱼所占据的位置比这两种观点所认为的都要原始，它们是所有有颌鱼辐射分化的基础。一个多世纪以来，人们一直认为盾皮鱼类是一个天生的单系群，具有独特的特性，这是加文·杨和丹尼尔·古杰最近在他们的论文中提出的观点。

2009年初马丁·布拉佐（Martin Brazeau）提出盾皮鱼是一个并系物种，意思是说其中有一些是同一祖先的后代，而另一些则不是。在他看来，应该将一些盾皮鱼看作是有颌类，而包括节甲鱼在内的其他一些物种则形成了单系群。确实，包括胴甲鱼在内的一些盾皮鱼完全缺乏骨盆带和鳍。这是个强有力的证据，证明如果拥有这一重要特征的话，那一些盾皮鱼或许就能与软骨鱼以及硬骨鱼之间联合起来，让胴甲鱼成为有颌类的一员。

我和我同事最近的研究表明，一些类型的盾皮鱼具有复杂的生殖行为，像现代鲨鱼和鳐鱼一样交配，有些会生下发育良好的活体幼鱼（朗等人，2008，2009）虽然它们可能无法因此与鲨鱼之间产生直接联系，但这表明在第一批鲨鱼出现之前，这些鱼类可能就进化出复杂的繁殖策略了。

现在出现的一些证据表明，与人们过去所想的相比，拥有复杂生殖行为的盾皮鱼数目要多些。其中包括节甲鱼和ptyctodontids的两性异形特征，即雄性使用类似于现代鲨鱼的鳍足对雌性进行体内授精，不过这些鱼类的鳍足上覆盖着真皮骨。这表明外部鳍足是一个特化功能，鲨鱼演化出了这一功能。或许所有盾皮鱼也演化出了这种功能，并且这还暗示着所有盾皮鱼中原始地存在着的鳍足在一些盾皮鱼族群中可能丢失了，或者还未被人们发现。

戈戈鱼和酸制备技术

世界上最好的盾皮鱼化石来自西北澳大利亚州金伯利地区的戈戈和圣诞溪地区的晚泥盆纪珊瑚礁生物群。戈戈构造区代表深度更高的安静水域,它离高能量的礁前区域很远。这些化石遗址中的鱼类十分多样,本书多处都有提及。由于后来缺乏地质活动,这个地方的化石保留了精致的细节。缺乏地质运动也使得该地区没有强烈的地壳运动,这些地壳运动通常让这个时代的化石出现变形,受到压缩。

在古代礁石生态系统更深的礁内凹陷处中,泥泞的Limerich沉积物在生物的尸体上缓慢堆积起来,其中有许多生物在活着的时候可能就栖息在珊瑚礁周围或者珊瑚礁上面。死后(无论死因如何),鱼的尸体往往会漂浮一段时间,然后沉入泥泞的海底,在此期间随时可能被打扫干净。因此,在细泥岩中发现的戈戈鱼残骸包括完整的骨骼、孤立的骨头或尸体的碎片。戈戈鱼被迅速包裹到了细的泥质土中,这些泥土在鱼被埋葬后不久便形成了坚硬的方解石晶体。这个过程保护到了易碎的骨骼,让它们不会被头顶日积月累的沉积物压碎。

实地寻找戈戈鱼是一项艰苦的工作,研究者要用锤子击打数以千计的石灰石结核,直到找到宝藏为止。有时候敏锐的研究者能够发现因风化而露出结核的一点骨头,在这种情况下,他们不需要破坏石灰石结节。如果一条鱼的样本的中间已经裂开,或者被锤子打碎成了几块的话,那么我们可以使用多种技术来制备样本。一种方法包括将各块碎片的正反面嵌入环氧树脂板中,然后对各块碎片进行酸性浸体。这就显示出了这条鱼的正反面来,各块骨头都连接到了一块,就跟鱼被埋葬时一样。或者可以用耐酸的环氧树脂将碎片粘合在一起,然后将整个结合溶解在酸中。这造就了一个完好无损的骨架,不过在一些骨骼断开的位置上,会留下几条可见的痕迹。

酸蚀工艺使用到了(约10%的)弱乙酸或甲酸溶液。在每次进行处理时,都需要用流水来进行大规模清洗,所以整个制备过程可能会花上几个月。在制备过程中,每次进行完酸处理和水洗后,曝露在外的骨头都会被晾干。然后用塑料胶水浸渍它,化石骨骼会吸收这些胶水,使得它们的内部更为坚实。当骨头正根据需要来尽可能吸取塑料胶水时,我们可以将样品放回酸液中,以进一步溶解包围着它的岩石。

当化石鱼岩板脱了岩石包围之后,我们就可以将它们组装起来(就像建造模型飞机一样),以完美的三维形态复原盾皮鱼的外部骨架。本章使用了很多,作为例子,以展示它们的整体外观和解剖特征。

有一些解剖学特征曾经支持着"鲨鱼与盾皮鱼之间存在亲缘关系"这一理论,例如连接到眼球和头颅的眼柄;胸鳍和腹鳍的结构(它们是肉质的宽阔身体结构,胴甲鱼的除外,它们的胸鳍和腹鳍是骨质的);和形状类似的大脑——目前大多数研究者认为,这些特征要么是广义的有颌类特征,要么就是趋同特征。鼻部附近存在着较小的软骨环,名为"环状软骨",在斯坦修看来,这是鲨鱼和盾皮鱼之间重要的一个相似之处。尽管他从来没有在任何化石中看到过这样的结构,但他发现这两种族群的口鼻部区域整体外观存在相似性,他将这种相似性当作了自己理论的基础。来自戈戈的一条保存完好的麦克纳马拉鱼(*Mcnamaraspis*),它证明了一些盾皮鱼中确实存在环状软骨。此外,尾骨鱼等掠食性盾皮鱼一般拥有宽阔的胸鳍,它们身体的大致形状使人想起了鲨鱼,并让人们觉得它们之间拥有类似的游泳形式和内部解剖学结构(没有鱼鳔这种类似气球的器官,通过充满气体来增加浮力)。目前,大多数古生物学家的整体想法是这样的:盾皮鱼确实是非常原始的有颌脊椎动物,位于软骨鱼和

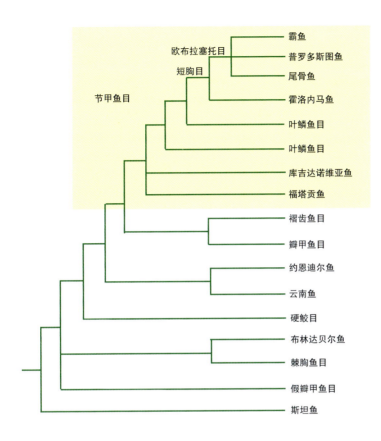

这是主要盾皮鱼族群的一张关系图，以加文·杨、丹尼尔·古杰和文森特·杜佩雷（Vincent dupret）最近的研究为基础。

硬骨鱼下方的分类树底端（古杰和杨，2004）。

有大约240个已知的盾皮鱼属存在，分为七个主要的目，其中最大的目是节甲鱼（字面意义是"有关节的颈部"），其成员占所有已知盾皮鱼物种的60%以上。所有这些群体都是在泥盆纪出现的，而胴甲鱼和节甲鱼则出现于中志留纪，它们大部分都一直存活到了泥盆纪末期。当人们在辨别不同的目时，主要会去识别组成外部甲胄的骨板上的图案，以及某些族群骨板上演化出的奇异而多半复杂的骨质表面装饰。

罗杰·迈尔斯和加文·杨（1977）长期以来都有这样一个主张：褶齿鱼目、硬鲛目和acanthothoracids是最原始的盾皮鱼，而胴甲鱼和节甲鱼（包括phyllolepids）则是最先进的目。其他一些目则位于这两组极端之间。近年来人们提出了很多各物种间相互关系方面的可能性，但是关于某些目的确切关系，特别是胴甲鱼目瓣甲鱼目方面的关系，仍是人们所不断争论的话题。最近的研究表明胴甲鱼可能是所有盾皮鱼里最原始的，因为它们缺少腹鳍和肢带骨（布拉佐，2009）。然而杨（2008）展示了令人信服的证据，证明胴甲鱼在胸鳍方面的特化程度很高。罗伯特·卡尔（Robert Carr）及其同事（2009）最近提出了盾皮鱼的一种系统发生可能，这种理论同意它们是一个自然的（单系）族群，但还是把胴甲鱼放在了盾皮鱼谱系图靠近底部的位置。这种关系方案在本书稍后部分又会得到重现，是盾皮鱼系统发生的一种代表。

斯坦鱼目和假瓣甲鱼目：早期的谜团

斯坦鱼目和假瓣甲鱼目是原始的盾皮鱼，身上

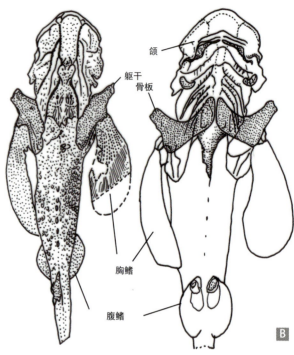

（上图）来自德国赫恩斯鲁克页岩的早泥盆纪奇梦鱼（*Gemuendina*），人们认为它是所有盾皮鱼（A）中最基本的物种之一。（B）显示*Stensioella*主要特征的草图。

（左图）位于澳大利亚新南威尔士的早泥盆纪泰马斯石灰岩地区的加文·杨，该地是发现许多重要的早泥盆纪鱼类的地方。

的甲胄还没怎么成形。它们宽阔的翼状胸鳍令人想起了鳐鱼，而它们身上则有许多装饰用的小齿或盾鳞，都位于皮肤上方。这些群体的关系还不清楚。菲利普·让维耶（1996）认为它可能与软骨鱼类的全头鱼（holocephalan）有关。其他人则认为它们是位于盾皮鱼族群之外的有颌类物种。大多数研究者认为它们是所有盾皮鱼中最原始的，因为它们缺少许多在其他物种中发现了的骨头。这个族群中

盾皮鱼的基本结构

大多数盾皮鱼的特点是拥有特殊的甲胄。这种甲胄由一系列重叠的骨板组成，具有面积较大而又平坦的重叠表面，在头部周围形成了一个保护罩（头部护盾），而且也在鱼的身体前部形成了一个环绕的不可动骨质环（躯干护盾）。大多数盾皮鱼的头部和躯干护盾由把手状骨质结构和凹槽联结，不过在极少数例外情况下，这两部分护盾可以融合为一个复合护盾。

有七个主要的盾皮鱼目，每组盾皮鱼都是按照它们自己的骨板图案来得到分类的，这些骨板组成了它们的护甲。在识别各块护甲骨板时，人们可以通过判断它们的形状、相邻板块的重叠区域、感觉线渠道是否存在、以及名为真皮装饰物的外部表面层来作出区分。广义上讲，盾皮鱼都有简单的疣状结构作为外部装饰，这种结构叫做结节。再细分的话，它们可能会展现出复杂的线性或网状网络模式，叶鳞鱼目就是一个例子。

所有早期盾皮鱼的头盖骨的骨化程度都很高，有多层软骨化骨。但那些更晚出现的物种的头盖骨完全是由软骨组成的，其中就包括晚泥盆纪的戈戈鱼在内，它们可能是为了减轻体重而进化

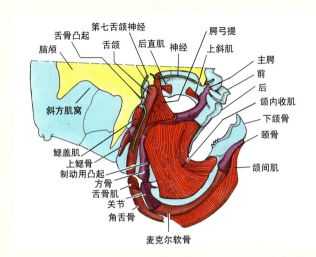

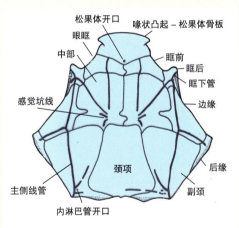

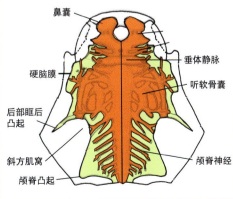

（上图）麦克纳马拉鱼节甲鱼头骨的解剖特征，其中一些软组织得到了复原（以朗1995年的研究为基础）。

（左图）早泥盆纪布查诺斯泰斯的节甲鱼头骨，显示了外部真皮骨骼（左上图）和颅内特征（左下图）。

出这一特性的。它们的颌骨几乎总是简单的骨棒，可能有用以咬住猎物的尖牙。其中有一些物种要捕食长有硬壳的猎物，它们的颌骨可能具有增厚的结节区域，该区域在假定依靠过滤方式来进食的动物（例如霸鱼）中则是光滑的。颌骨关节很简单：节甲鱼的下颌与一个把手状方骨联结着，后者一般会跟颧骨融合，但褶齿鱼目的方骨则是独立的骨化结构。它们的眼睛周围是一个简单的骨骼环，由三到五个硬化骨板组成，并通过眼柄连接到头盖骨处。头部护盾可能有各种各样的骨骼图案，其中一些物种的头部侧面有眼窝，而包括胴甲鱼和硬鲛在内的另一些，在头骨的中部拥有一个中间开口，同时容纳了眼睛和鼻孔。

盾皮鱼的身体通常是鱼雷型的，跟鲨鱼一样。不过也有较为扁平的例外，比如叶鳞鱼目和硬鲛目。埃里克·斯坦修做了很多错误的重建，他的重建总是有两条背鳍，而实际上这些鱼类只有一条背鳍。它们有成对的胸鳍和腹鳍以及单个臀鳍，而节甲鱼和acanthothoracids的尾鳍则是歪尾状的，胴甲鱼则似乎从来没有过腹鳍。褶齿鱼和一些节甲鱼[叶鳞鱼，槽甲鱼属（*Incisoscutum*）]显示出了两性异形特征，雄性有精细的骨质鳍足，它们会将鳍足插入雌性身体内。

它们身上覆盖着一层厚厚的原始小骨板，类似迷你的真皮骨，每块鳞片上经常会有类似的装饰物。在先进的盾皮鱼谱系中，躯干鳞片可能会缩小，或者消失不见，这与骨骼上下各处的整体趋势类似，是为了减轻鱼的重量。

只有少数几个物种存在，而且所有已知的标本都来自早泥盆纪德国莱茵兰的黑色页岩（赫恩斯鲁克-舍费尔）（Hunsrück-Schiefer）。

硬鲛目和棘胸鱼目：拥有精细甲胄的鱼类

硬鲛目是一组类似于斯坦鱼目的扁平盾皮鱼，它们的相似之处在于都具有非常大的翼状胸鳍，以及覆盖在头骨上、数量多变的真皮骨，这些真皮骨主要由小的多边形骨板组成。所以它头骨顶部的样式与其他盾皮鱼头骨骨骼的并不相同，后者要更大一些。它的躯干护盾很短，尾部有许多不同大小的骨板。目前已知的该族群化石都来自早泥盆纪欧洲和北美的海洋沉积物中。奇梦鱼（*Gemuendina*）等硬鲛目现在常被分到接近棘胸鱼目（Acanthothoraci）（字面意思是"多刺的盾牌"）的分类中去，后者以极度骨化的护甲为特征，具有精美的装饰。事实上，在这些鱼的化石板之中，有一些的表面图案可谓是脊椎动物真皮骨骼中最为美丽的了。棘胸鱼目的特点是拥有独特的头骨骨骼样式和短小的躯干护盾。

澳大利亚新南威尔士的泰马斯和维-贾斯帕附近，以及维多利亚州布坎附近的早泥盆纪石灰岩中，都有许多具有代表性的棘胸鱼目的鱼化石。这

这是早泥盆纪澳大利亚新南威尔士泰马斯地区的一种棘胸鱼目盾皮鱼（*Murrindalaspis*）的眼囊化石。

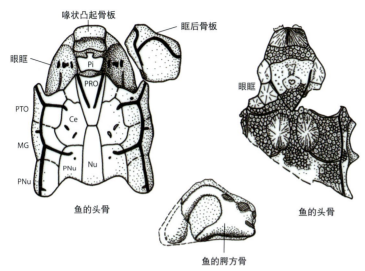

棘胸鱼目盾皮鱼的头骨解剖学特征。ce=中央；MG=边界；nu=颈背；Pi=松果体；PNu=颈片；PRo=眶前；PTo=眶后。

些是它们三维形态的头骨和躯干护盾，而且其中通常能保存下来一些令人惊讶的结构，例如围绕盾皮鱼眼球的骨质覆盖物。人们在泰马斯附近发现了一块这样的巩膜囊化石，证明了盾皮鱼的眼睛具有七块眼外部肌肉。这是一种不寻常的样式，不同于七鳃鳗和所有现存的有颌鱼，它们有六块标准肌肉（杨，2008）。然而与大多数现代鱼类不同的是，它们的眼部有许多骨骼，每个眼球通过名为眼柄的骨或软骨茎连接到脑部。鲨鱼和盾皮鱼的另一个特征便是拥有眼柄。

来自澳大利亚东南部的最著名棘胸鱼目化石是拥有长口鼻部的 *Brindabellaspis* 和 *Weejasperaspis* 以

Brindabellaspis stensio 的头骨，它是种拥有长口鼻部的棘胸鱼，来自早泥盆纪澳大利亚新南威尔士州的泰马斯。

及 *Murrindalaspis* 这两种拥有高高的冠的鱼类。这些化石的大脑和颅神经周围的空腔都得到了极好的保存，并且揭示了原始盾皮鱼的软组织解剖特征。在东欧、俄罗斯和加拿大北极地区的早泥盆纪沉积物中，还发现了其他保存完好的棘胸鱼化石。

胴甲鱼：始终与胳膊差不多长

胴甲鱼通常是长约20～30cm的小盾皮鱼，最大尺寸差不多为1m长。它们的特征是会用骨质管道包围胸鳍，名为胸部附肢（有时则称为"胳

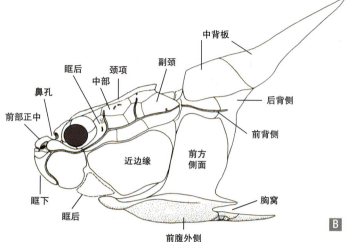

早泥盆纪加拿大北极地区的棘胸鱼目盾皮鱼类（Romundina stellata）的头骨顶部（A）。同一物种真皮甲胄的侧面复原图像（B）。（感谢丹尼尔·古杰提供图片）

膊"）。大多数先进的胴甲鱼的胳膊都分为几个部分，但桨鳞鱼（Remigolepis）等成员的胳膊则是短的，拥有桨状结构。胴甲鱼的头部护盾为眼睛、鼻孔和松果眼在中间开了一个口，相对它们的总长度而言，所有胴甲鱼的躯干护盾都十分的长。胴甲鱼的躯干护盾有两块板，名为中背板。该族群首先出现在志留纪的中国（如Silurlepis），并在早泥盆纪时期的中国发展壮大，在中泥盆纪时分布广泛，在晚泥盆纪达到了物种多样性的高峰。

人们在中国云南的志留纪-下泥盆纪岩石中发现了最早而最为原始的胴甲鱼，这里发现的化石十分具有代表性，而人们也正是在这里发现最早期的胴甲鱼的，所以它们便得名云南鱼（yunnanolepids）。它们有一个螺旋桨一样的胸鳍，没有发展出其他大多数胴甲鱼所拥有的球窝式关节。这些小鱼的甲胄一般短于5cm，覆盖着疣状结构。其中一些更先进的物种（如Procondylepis）则有一个初级的胸部关节，真正的胴甲鱼肩部关节是这个基本结构所进化出来的。

sinolepids（意思是"中国鳞鱼"）是一组特殊的胴甲鱼，它们的头很大，拥有长而分段的胸鳍。在不久之前，这一族群中只包括一个名叫中华鱼（sinolepis）的属，这个属来自晚泥盆纪的中国。此后人们又在早泥盆纪的中国和越南北部的许多地点发现了其他一些sinolepids，例如Dayoushania。中华鱼的头部结构与更为原始的云南鱼类似，但躯干护盾较小，并且较长且有分段的腹部附肢也出现了缩水。在澳大利亚新南威尔士州的格伦费尔附近发现了格伦费尔鱼（Grenfellaspis）这种sinolepid。这一发现提供了强有力的证据，证明泥

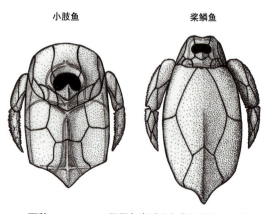

两种asterolepidoid胴甲鱼类盾皮鱼背侧的真皮甲胄。

第四章 甲胄鱼和长着胳膊的鱼 | **067**

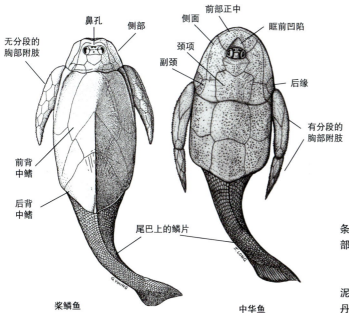

（左图）两条胴甲鱼的真皮甲胄，一条是sinolepid，另一条则是沟鳞鱼（从背部上方往下看）。

（下图）云南鱼的头骨，这是位于早泥盆纪中国和越南的原始胴甲鱼。（感谢丹尼尔·古杰提供图片）

盆纪晚期时中国和澳大利亚地体之间距离很近，使得各个鱼类动物群能来回迁徙。

最成功的盾皮鱼族群是在中晚泥盆纪的世界各地繁衍生息的沟鳞鱼和星鳞鱼（asterolepids）。星鳞鱼的头很小，有长长的躯干护盾以及短而分段的胸部附肢。最著名的例子是来自欧洲、格陵兰和北

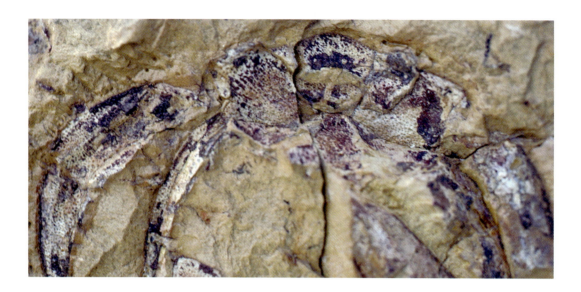

*Dayoushania*这种来自早泥盆纪中国的sinolepid的头骨和上部躯干甲胄。

美的星鳞鱼,以及来自中国、格陵兰和澳大利亚的桨鳞鱼(来自希腊语中的"划手"一词)。桨鳞鱼拥有缺乏关节、短而粗壮的胸部附肢,这一点特别不寻常。世界上的其他地方也有很多星鳞鱼,例如来自中泥盆纪苏格兰老红砂岩的兵鱼属和来自澳大利亚的*Sherbonaspis*。星鳞鱼首先出现在海洋环境中,并在不久后侵入了淡水河流和湖泊系统。在泥盆纪末期,它们被赶出了竞争激烈的海洋领域,成为淡水河流和湖泊的居民。

有史以来最成功的盾皮鱼毫无疑问是沟鳞鱼。它是一种小胴甲鱼属,具有长而分段的胳膊。人们在包括南极在内的每个大陆的中晚泥盆纪岩石里都发现过它,目前已知的该类物种超过了100个。沟鳞鱼的头骨具有一个特征,这可能是其成功的关键:在眼睛和鼻孔开口的下方拥有单独的骨骼分区,包围了名为"眶前凹陷"的鼻囊。沟鳞鱼的连续切片标本显示其甲胄内部具有成对的"肺状"器官和螺旋的肠道,里面充满有机沉积物,与化石周围的沉积物类型不同。其他一些观点则认为这些器官也可能是淋巴腺。

沟鳞鱼可能是一种会挖掘泥浆的鱼类,它摄入了富含有机质的泥土,以此为食。它也可能会用自

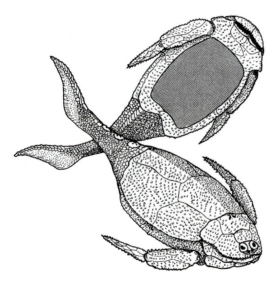

晚泥盆纪澳大利亚胴甲鱼类(sinolepid)的格伦费尔鱼的重建图像(感谢加文·杨提供图片)

己长长的腹部附肢来让自己更进一步深入到泥土中去,以进行捕食。另一种解释是这些鱼会用长臂从水里爬出来,在水体外用"肺"进行呼吸,侵入没有食肉动物和腐烂植物的新水池。沟鳞鱼主要保存在淡水沉积物中,在海洋遗址中也有一些十分少见的样本,比如西澳州戈戈地区的泥盆纪珊瑚礁等地。它在泥盆纪时之所以能遍及全世

(上图)星鳞鱼是在中泥盆纪欧洲、亚洲和北美广泛存在的胴甲鱼属。这个标本来自拉脱维亚著名的罗德采石场。(感谢拉脱维亚的埃尔文斯·鲁克塞维茨提供图片)

(下图)桨鳞鱼的胸鳍,来自晚泥盆纪澳大利亚艾登附近地区。

界，是因为它穿过了浅海，从这里出发，侵入了河流系统。也许与许多现代鱼类一样，它会在海中度过生命中的很大一部分，然后向河流上游移动，繁衍后代，最后死亡。化石记录表明，大多数沟鳞鱼物种无论居住在哪里，最终都死于淡水栖息地里。

（上图）沟鳞鱼是所有泥盆纪鱼类中最为成功的鱼类之一，在每个大陆都有超过100种沟鳞鱼物种存在。这些极好的三维标本来自西澳大利亚的戈戈构造区。从腹部下方往上观察的标本（A）；（B）从侧边观察的标本，显示出了甲冑，但是胸鳍不见了。

（下图）来自加拿大魁北克埃斯屈米纳克构造区的加拿大沟鳞鱼（*Bothriolepis canadensis*）。

第四章 甲胄鱼和长着胳膊的鱼 | 071

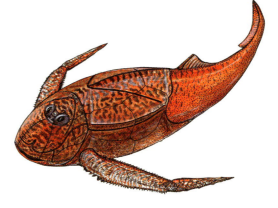

（上图）这份化石乳胶皮展示了来自澳大利亚维多利亚州的高冠沟鳞鱼（*gippslandiensis*）的侧视图。

（左下图）来自波罗的海国家的巨型沟鳞鱼（*Bothriolepis maxima*）是已知最大的胴甲鱼之一，长度约1m。（感谢莫斯科鲍里斯雅克古生物研究所的奥列格·列别德夫提供图片）

（右下图）中晚期泥盆纪越南的长沟鳞鱼（*Vietnamaspis*）的重建图片。

褶齿鱼目：拥有坚硬的牙齿和多刺的鳍足

褶齿鱼目是一组不同寻常的盾皮鱼，它们的颌骨拥有强壮的碾压用骨片。它们身体修长，拥有鞭子般的尾部和长有大眼睛的大头，在许多方面都与现代的chimaerids和whipfishes相似。它们的躯干护盾很短，头部骨骼的覆盖面积更小，特别适合捕食位于海洋底部的硬壳生物。它们是唯一一批显示出了两性异形的盾皮鱼——雄性具有用于对雌性进行授精的抱握用真皮器官。在雌性艾登堡鱼母属*Materpiscis*和*Austroptyctodus*属中发现的胚胎证实了这一点（朗等人，2008，2009）

人们在新南威尔士州附近的泰马斯-维-贾斯帕石灰岩处发现了一些孤立的牙齿片，并在西澳大利亚的戈戈珊瑚礁遗址处发现了一些保存状况极度良好、拥有关节的晚泥盆纪生物化石。这些都让人们了解到了澳大利亚的褶齿鱼目动物。戈戈发现的化石有三种形态：长约20cm，拥有尖利齿板和较低的躯干护盾的*Austroptyctodus gardineri*鱼。还有*Campbellodus decipiens*，它的最大长度约为30~40cm，并有一块不寻常的躯干护盾，背上位于背鳍前方的三块骨板形成了高耸的背脊。人们在德国找到了年代类似的岩石中*Ctenurella*的样本，它的整个身体都得到了保存，显示出了这种鱼的轮廓和鱼鳍的位置，本书中使用的*Campbellodus*重建图就运用到了这些信息。有趣的是，*Campbellodus*的身体似乎覆盖着精细而重叠的鳞片，而来自世界各地的其他标本身上都没有这种鳞片。包括*Materpiscis*和*Austroptyctodus*在内的其他戈戈鱼类样本也有保存完好的头骨部分，这表明盾皮鱼的这一结构有了很大的改进——不再只是个带有神经和动脉孔的骨质盒子，而是一个由多个骨化结构组成的复杂单元。

中泥盆纪欧洲、北美和俄罗斯的化石遗址中也有许多褶齿鱼目化石。英国古生物学家D.M.S.沃特森（D.M.S.Watson）和罗杰·迈尔斯（Roger Miles）（迈尔斯，1967a）首次研究了小型褶齿鱼目的钩齿鱼（*Rhamphodopsis*）的整个骨架，展现出了盾皮鱼的两性异形特性。而对钩齿鱼的描述则来自苏格兰。在许多情况下，代表褶齿鱼目的只是它们独有的齿盘而已。来自北美这些孤立的化石表明，最大的褶齿鱼目物种（*Eczematolepis*，来自晚泥盆纪的纽约）具有约15~20cm长的齿盘，表明其总长度约为2.5m。

瓣甲鱼目和它们奇怪的亲属

瓣甲鱼目是种不寻常的小盾皮鱼，拥有大张开来的胸鳍，而且它们所有的真皮骨都有独特的、排成行的小结节作为装饰。它们的骨头中拥有容纳感官线神经的厚管道，而这些管道在颅骨的内表面中可谓一目了然。人们在欧洲、北美洲、南美洲、亚洲和澳大利亚发现过瓣甲鱼目化石。它们在早泥盆纪达到了多样性的顶峰，但只有少数能存活到晚泥盆纪。人们还在中国发现了奇怪的瓣甲鱼，它的名字叫"准瓣鱼"（quasipetalichthyids），这体现出在与世隔绝的华南大陆块上，这一族群出现了一

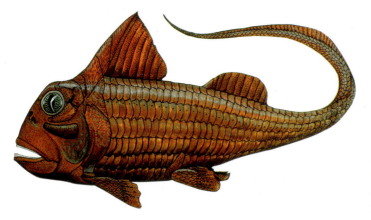

褶齿鱼（*Campbellodus decipiens*），西澳大利亚戈戈构造区相对完整的三维样本让人们认识到了这种鱼的存在。这一复原图显示出一条雄鱼在展示腹部的鳍足。

第四章 甲胄鱼和长着胳膊的鱼 | 073

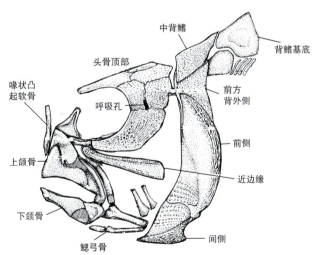

（左上图）*Campbellodus*的躯干甲胄正视图，展示了腮后层内发育良好的星形结节，它排列在鳃腔内部。

（右上图）来自中泥盆纪苏格兰的褶齿鱼目钩齿鱼。它的腹鳍没有鳍足，而一般雄鱼则都有。

（左图）来自澳大利亚戈戈的褶齿鱼*Austroptyctodus*的真皮甲胄以及内脏骨骼的重建图。

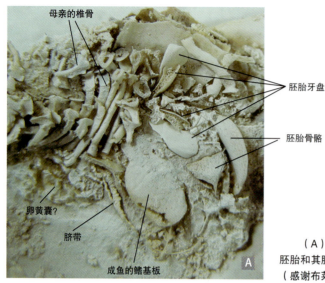

（A）澳大利亚戈戈的褶齿鱼目艾登堡鱼母未出生的胚胎和其脐带喂食结构。（B）正在生产的艾登堡鱼母。（感谢布莱恩·朱提供艺术作品）

次较小的局部辐射分化。

一些保存状况最好的瓣甲鱼头骨来自澳大利亚新南威尔士州泰马斯附近的早泥盆纪灰岩。人们在这个地区描述了几个物种，包括*Notopetalichthys*，*Shearsbyaspis*和*Wijdeaspis*，欧洲和俄罗斯也有最后这种鱼的化石存在。瓣甲鱼目最优秀的化石来自早泥盆纪德国的黑色页岩，该化石将整条鱼保存了下来。月甲鱼（*Lunaspis*）是最著名的例子，中国和澳大利亚也有它的遗骸存在。瓣甲鱼目可能是在海底缓慢游动、以寻找猎物的底栖生物。不幸的是，人们目前还没有发现瓣甲鱼目的嘴部化石，所以我们只能猜测它们的饮食习惯。

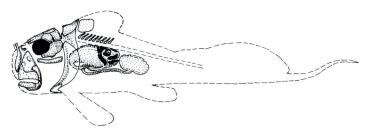

（上图）显示出艾登堡鱼母子宫内的大胚胎。

（中图）澳大利亚戈戈地区的雌性*Austroptyctodus*，体内有三个胚胎。胚胎位于主躯干护盾后面，是那些脆弱的骨头碎块。

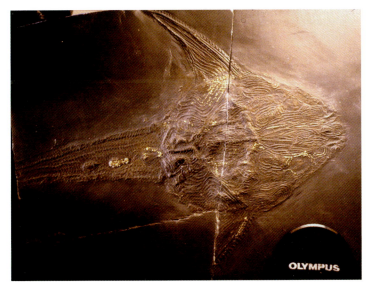

（下图）月甲鱼是早泥盆纪德国莱茵兰地区赫恩斯鲁克–舍费尔（赫恩斯鲁克页岩）发现的最知名鱼类之一。

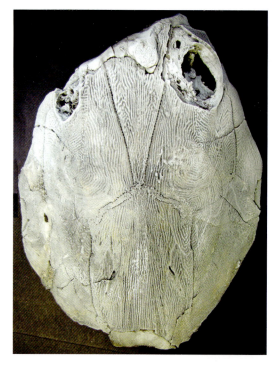

（左上图）最近发现的早泥盆纪新南威尔士泰马斯地区的瓣甲鱼头骨，视角为从背部上方往下观察。（感谢澳大利亚国立大学的加文·杨提供图片）

（右上图）早泥盆纪澳大利亚泰马斯的瓣甲鱼目 *Shearsbyaspis* 图片，可以观察到内脏。

（左图）中泥盆纪中国的拟瓣鱼（*Quasipetalichthys*）头骨铸型，突出了它与标准的瓣甲鱼目头骨模式之间的差别。

节甲鱼目：伟大的盾皮鱼分化群体

节甲鱼（有时被称为Euarthrodira）是唯一一个具有两对上颌齿盘（称为超颌）的盾皮鱼族群。其头骨有一种规则的骨骼模式，特点是眼睛位于头部两侧，还有一个单独的脸颊单位，这个单位跟头骨顶部的侧面铰接在一块。所有先进的节甲鱼头部

第四章 甲胄鱼和长着胳膊的鱼 | 077

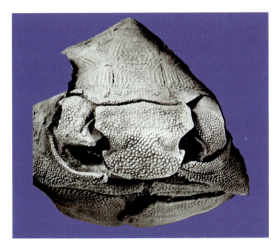

和躯干护盾都是由一个球窝式关节连接在一起的；最基础的那些节甲鱼也是一样（Actinolepidoidei类群；迪普雷（Dupret）等人，2009），它们有一个滑动的颈部关节。

一般来说，节甲鱼都具有梭形的鲨鱼身体，

（左图）新南威尔士州早泥盆纪泰马斯地区的节甲鱼*Buemsosteus*前视图。（感谢澳大利亚国立大学加文·杨提供图片）

（下图）*Buchanosteus*的头盖骨，观看角度为腹面观。请读者注意，有小的结节状副蝶骨附着在颅骨前方附近的颅内层里。

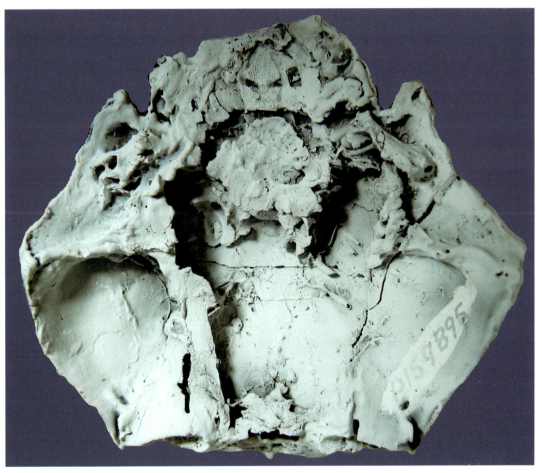

一个背鳍，一对宽阔而多肉的胸鳍和腹鳍，以及一个臀鳍。尾巴被原始多边形骨小板所组成的不重叠鳞片所覆盖，这些小鳞片通常具有结节装饰物，但其中许多高级物种的尾巴则是裸露在外的。有许多不同的节甲鱼科存在，但总的来说，它们被划分成两组：原始组，具有长的躯干护盾，上面有大的脊椎板（antarctaspidids、wuttagoonaspidids、actinolepids和叶鳞鱼目）；先进组（如phylctaenids），后者的躯干护盾更短，脊椎板减小，有些成员的胸鳍没有完全被无脊椎板的躯干护盾包围。在世界各处泥盆纪的岩石中，淡水和海洋沉积物里都有节甲鱼的身影。

最原始的节甲鱼是拥有长护盾的antarctaspidids和wuttagoonaspidids，其中包括文森特·杜佩雷和其同事描述的一些奇特的早泥盆纪中国古代生物干群，例如节甲鱼类（*Yujiangolepis*）。与它关系最近的是中泥盆纪南极的*Antarctaspis*。这两个物种都有与头骨的松果体板相接触的长而窄的颈板。来自澳大利亚和中国的wuttagoonspidids（彝民鱼）（*Yiminaspis*）十分奇怪，它们代表下一个族群，因为它们跟其他节甲鱼都一样，颈板和松果板之间都缺乏接触。阿莱克斯·里奇于1973年首先详细描述了*Wuttagoonaspis*，它是长达1m左右的大型鱼类。它奇怪的头部护盾中拥有其他盾皮鱼头骨中不存在的异常小骨头。其精致的线性装饰使得一些研究人员觉得*Wuttagoonaspis*和扁平的叶鳞鱼目之间存在早期联系。*Wuttagoonaspis*拥有软弱的下颌，这表明它可能是种在水底捕食的动物，在较浅的河口或海水中寻找小蠕虫或其他猎物。文森特·杜佩雷和朱敏（2008）也记录了中国早泥盆纪的Wuttagoonaspidids。

actinolepids是一组原始的盾皮鱼，主要来自欧美大陆，以早期泥盆纪物种为代表，如怀俄明州熊牙孤峰地区的*Aethaspis*，该物种由罗伯特·丹尼森在20世纪50年代描述。这个时代最著名的节甲鱼可能是来自早泥盆纪波兰波多利亚的*Kujdanowiaspis*，由埃里克·斯坦修在20世纪40年代左右描述，他根据一系列磨片做出了详细的描述。当Actinolepis出现于早泥盆纪的俄罗斯和加拿大北极地区时，各物种的颈板开始变得更短而更宽，这是大多数先进节甲鱼的特点。人们是通过保存状况及其良好的标本而了解到挪威斯匹次卑尔根的盾皮鱼类（*Dicksonosteus*）的，这些标本显示了由丹尼尔·古杰（1984）详细描述的头盖骨及其内部解剖结构的细节。

这些早期的泥盆纪actinolepidoid类节甲鱼缺乏一个真正的球窝颈部关节，而是拥有一个简单的滑动颈部关节。头部护盾则位于一个平坦的骨质平台上，这个平台从躯干护盾中凸了出来。phlyctaeniid节甲鱼是该类物种里第一批进化出原始球窝关节

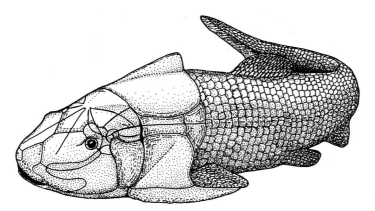

早-中泥盆纪澳大利亚的基本节甲鱼*Wuttagoonaspis*的重建图像。

(左图)早泥盆纪怀俄明州的原始节甲鱼Aethaspis的头部护盾,为背视图。

(下图)丹尼尔·古杰在挪威斯匹次卑尔根的早泥盆纪木湾生物群寻找盾皮鱼化石。(感谢法国国家自然历史博物馆的丹尼尔·古杰提供照片)

的鱼类,使其头部护盾有了更好的垂直移动性。因此,它们能够更轻易地张开嘴巴,捕捉猎物,这同时还提高了它们的呼吸能力。其中一些,如古杰在斯匹次卑尔根发现的早泥盆纪*Sigaspis*,*Lehmanosteus*和*Heintzosteus*则具有向外张开程度极高的脊椎板,流线型程度很高。叶鳞鱼目(下文将会进行描述)等物种的下颌有很多小牙齿,这可能是用来抓取软体蠕虫等猎物的工具。

叶鳞鱼(意思是"叶子般的鳞片")是扁平的甲胄鱼,人们长期以来都认为它们是无颌的,直

*Sigaspis*是丹尼尔·古杰所描述的一种来自早泥盆纪斯匹次卑尔根的原始节甲鱼，它拥有长的护盾。

到1936年埃里克·斯坦修证明它们是真正的盾皮鱼为止。1984年，我描述了澳大利亚东南部霍威特山的第一批完整叶鳞鱼目样本中的一个。它们长有牙齿的颌骨得到了保存，这毫无疑问证明了它们与盾皮鱼存在亲缘关系。叶鳞鱼目拥有平坦的甲胄，它们的甲胄是由一整块头上和躯干上的骨板组成的，其边缘有一系列有规则的骨板，这些骨板要更小一些。人们能通过这一特征很轻易地识别出叶鳞鱼来。其最具特色的特点是每块骨板都有上都有一种由脊状凸起和结节组成的辐射状图案。

人们最近在澳大利亚和南极洲有了新发现，填补了叶鳞鱼目进化过程中的空白，在那之前人们只知道叶鳞鱼属（*Phyllolepis*）这一个属的存在。晚泥盆纪（法门阶）的欧洲和北美存在叶鳞鱼，而澳大利亚的叶鳞鱼*Austrophyllolepis*（意思是"南方的叶鳞"）和*Placolepis*（意思是"板鳞"）出现的时间似乎早于前者（吉维特阶-弗拉斯阶），而且似乎比叶鳞鱼目要原始很多。*Cowralepis*是近期发现的另一种叶鳞鱼目，人们在澳大利亚新南威尔士州的卡诺温德拉附近发现了它，在2005年由阿莱克斯·里奇进行了描述。像南方叶鳞鱼（*Austrophyllolepis*）一样，它有一个中腹板，但是它们之间头部护盾的骨板排列形状则是不一样的。罗伯特·卡尔和他的同事（2010）最近对*Cowralepis*的鳃弓和觅食机制进行的研究表明，这是一种能够吞食猎物的伏击掠食者，能够通过强大的口部泵机制来帮助吞食猎物，类似于扁鲨（*Squatina*）的捕猎方法。

澳大利亚维多利亚州的霍威特山有两个*Austrophyllolepis*物种，而南极洲也有它零星的遗骸。相比来自其他遗址的样本而言，这些样本揭示了更多关于叶鳞鱼解剖情况的信息，因为它们显示出了整条鱼的轮廓，以及颌骨、骨盆带、腭骨（副蝶骨）和部分脸颊的印痕。通过这些研究，我们建立起了叶鳞鱼目的图像，它们是扁平的猎食者，潜伏在

第四章 甲胄鱼和长着胳膊的鱼 | **081**

（左图）这个来自苏格兰杜兰登的*woodward*叶鳞鱼是这个不寻常的盾皮鱼族群中的唯一拥有关节的样本，人们在几乎100年前就已经了解到这一族群了。

（下图）中泥盆纪澳大利亚霍威特山的*Austrophyllolepis*的化石在受到描述时拥有完整的颌骨和尾部，这对所有叶鳞鱼目而言还是第一次。这是颌骨和副蝶骨的乳胶铸件。

来自新南威尔士州梅里加诺瑞遗址的科瓦鱼（*Cowralepis*），它的腮骨是所有节甲鱼中保存状况最好的。这是一个样本的铸件，是护甲的侧视图。

泥泞的湖底，等着毫无戒备心的鱼儿游过它们的头顶。然后它们会用自己特别长的尾巴向上推，用它们抓握力强的颌骨捕捉猎物。叶鳞鱼目可能看不见东西，因为它们缺乏让眼睛旋转的骨头，并且其头部护盾也跟大多数盾皮鱼不一样，并没有给眼睛留出开口。它们拥有特别发达的辐射型感官线模式，可能有助于它们察觉到在头上游动的猎物，而自己则隐藏在水底下方的一层沉积物中。最大的叶鳞鱼只有约50～60cm长。

中国最近的发现表明，叶鳞鱼目可能起源于早泥盆纪云南的*Gavinaspis*等物种。文森特·杜佩雷和朱敏（2008）认为这个族群起源于中国，并在中泥盆纪时扩展到东冈瓦纳大陆（澳大利亚，南极），最终在泥盆纪晚期到达北半球。最近的研究表明叶鳞鱼目的腹鳍可能出现了变化，拥有长叶，以便于雄性进行交配。

短胸目是节甲鱼最先进的族群。它们的特点是有一个带有球窝关节的头部护盾。这个族群最基础的成员是*Holonema westolli*，迈尔斯进行了描述（1971），其代表是西澳戈戈遗址保存状况极好的三维化石。*Holonema*有一个长桶形护盾，头部有不规则的凹下颌骨齿板以及平行的凸起牙本质脊。人们在它的肠道内发现了许多小石头，这让我觉得它可能是一种藻粒体的捕食者，会从它所栖息的古老热带珊瑚礁的前礁斜坡上舀起藻球（朗，2006）。

其他众所周知的原始短胸目包括布坎鱼属（groenlandaspids）（以共同属*Groenlandaspis*命名）。这是一个拥有高冠中背板的族群，最早出现在早泥盆纪（*Tiaraspis*），并且在中泥盆纪时盛行于冈瓦纳大陆东部，泥盆纪末期则遍布世界各地。

澳大利亚拥有第一批先进的古代节甲鱼的优秀化石记录，从早泥盆纪的新南威尔士州泰马斯和维多利亚布坎附近极好的三维骨板及头骨开始算起。人们在这些岩石中发现了许多物种，从20cm左右的小型物种一直到头骨近40cm长的巨人，头骨这么长意味着全身大概有3m长。

澳大利亚东南部最常见的物种是*Buchanosteus*，名字来源于发现它的布坎地区。维多利亚国家博物馆的弗雷德里克·查普曼（Frederick Chapman）首先描述了这个物种，他误认了这个物种。墨尔本大学的埃德温·希尔斯（Edwin Hills）认为它是一条节甲鱼，并开创了一种用酸去除标本的方法。不幸的是他用到了盐酸，这也损害了标本，但在此之前他仍提取了大量关于脑部结构的新信息。

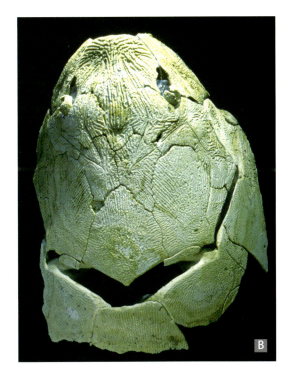

晚泥盆纪西澳大利亚戈戈构造区的Holoma westolli的头部，（A）为侧视图，（B）为顶视图。

虽然希尔斯认为这个物种是节甲鱼，但他却谨慎地把它分配到了苏格兰著名的尾骨鱼属中。瑞典的埃里克·斯坦修于1945年将希尔斯的标本重新分配给了一个新的属。

在20世纪70年代后期，澳大利亚地质调查局的加文·杨发表了一篇关于*Buchanosteus*解剖学的详细研究报告，用醋酸制备了新标本，从而重建了大部分脑部和颅骨的解剖结构。他利用这些数据提出了一个关于节甲鱼相互关系的新理论，从而预示着盾皮鱼研究的一个新时代的到来。目前人们在中国和俄罗斯发现了节甲鱼*Buchanosteid*，人们将其看作躯干护盾缩水的先进节甲鱼族群最为原始的辐射分化成员。

人们随*Buchanosteus*一道发现的其他盾皮鱼包括拥有精细装饰的*Errolosteus*，之所以取这个名字，是为了纪念大英博物馆的古生物学家埃罗尔·怀特（Errol White），他是研究泰马斯-维-贾斯帕盾皮鱼的先锋；人们还发现了*Arenipiscis*，这是一种有着细长头骨顶部，以及精细的沙粒状装饰的物种（其名字的字面意义是"沙鱼"，这也就是为什么这么叫它的原因了）。人们在泰马斯发现

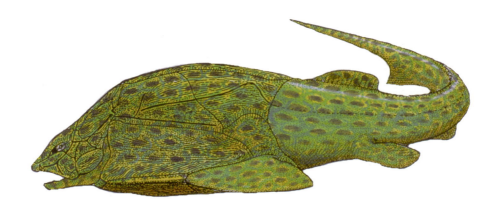

（上图）*Holonema*的重建图片。之所以选择这种颜色方案，是因为绘图者假定它是一种在珊瑚中栖息的鱼。

（左图）*Dhangurra*的部分头骨，这是早泥盆纪澳大利亚新南威尔士州维−贾斯帕的一种非常大的homostied节甲鱼。重建图像显示整块头骨大约有55～60cm长。

（上图）*Groenlandaspis* 头部护盾的下面显示出了其下颌，这种鱼是中–晚泥盆纪岩石中常见的一种节甲鱼。

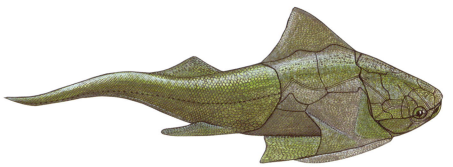

（中图）根据完整标本重建的 *Groenlandaspis*，尾部保存于澳大利亚的霍威特山。

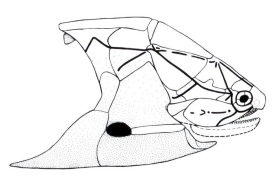

（下图）Buchanosteid 重建的甲胄图像，侧视图。（根据维多利亚州博物馆样本而绘制）

（上图）*Fallacosteus*，晚泥盆纪西澳大利亚戈戈构造区的一种节甲鱼，拥有较长的口鼻部和流线型的身材。

（左图）*Incisoscutum sarahae*是一种伊斯曼鱼属（durophagous）类节甲鱼，可能以古珊瑚礁生态系统中的硬壳无脊椎动物为食。

的最大的节甲鱼头骨属于一个叫做homosteids的族群，杨将其命名为*Dhungarra*。它有一个大约40cm长、大而扁平的头骨，前部有一个小的T形喙状凸起，这个特征将早泥盆纪一般较为原始的节甲鱼与中泥盆纪更为先进、遍布四周的节甲鱼们联系了起来。Homosteids是相当大的节甲鱼，有些能达到3m长。它们的下颌很弱，并且没有牙齿，可能是早期的滤食性动物，与鲸鲨类似。

晚泥盆纪西澳大利亚的戈戈动物群包括20多种不同的节甲鱼，其中有一些的科是它们所独有的。在古代的戈戈礁上，camuropiscid和incisoscutid这些小型节甲鱼可谓人丁兴旺。它们的特点是拥有细长的纺锤形护甲，大眼睛和能够碾碎东西的牙板。甲胄拉得非常长，看起来像*Rolfosteus*和*Tubonasus*

鱼的护甲一样，后面这两种鱼演变出了管状的鼻子，以提升流线型程度。这些鱼只有30cm左右长，可能是活跃的顶层水体食肉动物，在温暖的热带水域中追逐跟虾差不多的小型甲壳类动物。*Incisoscutum*的躯干护盾被切了开来，从而让胸鳍摆脱了骨骼的环绕，这可能提高了其胸鳍的活动性。这是戈戈地区最常见的盾皮鱼之一，它也有像camuropiscids那样用于碾碎食物的强硬齿板。

人们在戈戈地区发现的节甲鱼中，最多样化的是小型掠食者plourdosteids。该族群得名于*Plourdosteus*鱼，它来自泥盆纪的加拿大和俄罗斯，为人所熟知。戈戈出现了许多不同种类的Plourdosteids鱼，每种都有独特的头骨骨骼或齿列（例如*Torosteus*、*Harrytoombsia*和*Mcnamaraspis*），人们能通

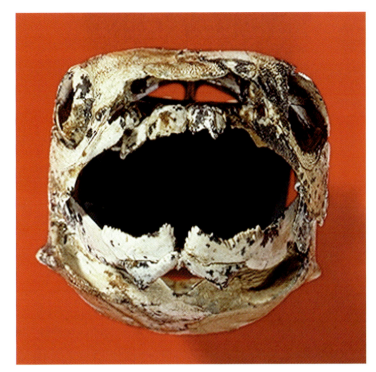

（左图）晚泥盆纪西澳大利亚戈戈构造区的 *Compagopiscis*，显示出了下颌和牙齿。（感谢西澳大利亚州博物馆的K.布里梅尔提供图片）

（下图）这是一只雌性 *Incisoscutum* 节甲鱼，它的身体里有一只胚胎。胚胎的骨骼是成体骨骼的微型复制品。

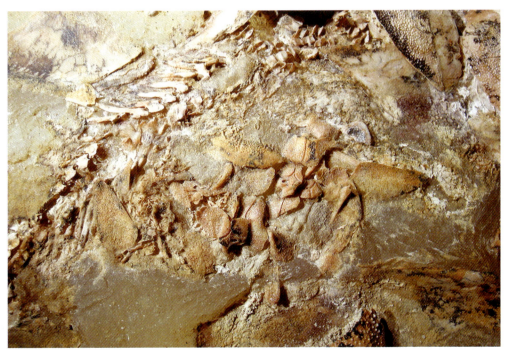

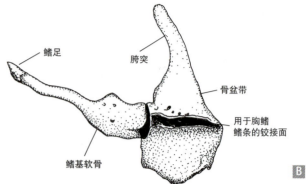

（上图）雄性 *Incisoscutum ritchiei* 的鳍足和骨盆带（A）；附着于骨盆带上的鳍足复原图（B）。

（左图）唯一一种成为政治运动中心的盾皮鱼。在1995年，戈戈的 *Mcnamaraspis kaprios* 被宣布为西澳州的官方化石标志。

过这些特征来轻松地辨别它们。其下颌拥有几处发达的尖角和齿状区域，颌骨相交的中线处则排列着许多牙齿。另外，它们还有发育良好的骨质支撑物，支撑着软骨质头盖骨，提升了它们的咬合力。它们是肉食鱼类，大小在30～50cm之间。它们的护甲十分宽阔，看上去十分坚固，这表明它们在海底附近或在古代礁石的洞穴内进行捕猎，在小鱼或甲壳类动物身后徘徊。

戈戈动物群中也包括巨大的掠食者，它们的下颌上有巨大的匕首般尖角，这些掠食者包括了约3m长的 *Eastmanosteus calliaspis* 以及许多小型掠食者，它们的下颌上则有尖锐的齿状结构。*Eastmanosteus*（意思是"可怕的鱼"）向我们展示了最大的盾皮鱼——恐鱼——所采用的身体基本样式。在最近的分析中，人们确定戈戈的鱼类是更大，更凶猛的一些生命形态的原始姊妹物种。在俄亥俄州克利夫兰页岩和纽约州页岩，以及摩洛哥北撒哈拉沙漠中的石灰岩中都发掘出了这些怪物的大型头骨和骨板。其中最大的那些有1m多长的颅骨顶部，显示总长度为6～8m。包括邓氏鱼（*Dunkleosteus*）和惧鱼（*Gorgonichthys*）在内大多数物种的上下颌的牙盘上都有尖角。菲尔·安德森（Phil Anderson）进行的生物力学研究表明，邓氏鱼的咬合力在所有生物中都数一数二，它能够在下颌后部施加高达5300N的力量。来自摩洛哥的霸鱼至少有7m长，但是它的下颌很弱，且缺乏恐鱼所拥有的尖端，所以可能跟现代的鲸鲨一样，是巨大的过滤捕食者。埃尔加·马克-库里克（Elga

Mark-Kurik)提出,有一种更早的大型盾皮鱼存在,即homosteids。对克利夫兰页岩的巨型盾皮鱼的研究表明,它们可能会捕食其他的节甲鱼,或者靠吃尸体为生。也许它们会试图捕捉与它们栖息在一块的裂口鲨(cladoselachian shark),但这种拥有厚重甲胄的掠食者似乎很难捕捉到一条流线型的小鲨鱼。

尽管体型和其他一些特征让盾皮鱼们能与鲨鱼和硬骨鱼等新兴群体竞争,但是在大约3.55亿年前的泥盆纪末期,盾皮鱼神秘地消失了。尽管如此,它们在近6000万年中主宰了水体里的脊椎

(上图)另一种来自戈戈的节甲鱼*Latocamurus*,它具有流线型的身材,还有强大的下颌,上面有用于碾碎带硬壳猎物的齿板。

(下图)在世界各地发现的几个*Eastmanosteus*物种。这个种类(眼睛和下巴在右边)的长度估计有2.5m,是戈戈构造区中已知最大的盾皮鱼。

动物,我们必须将其视为有史以来最成功的脊椎动物之一。

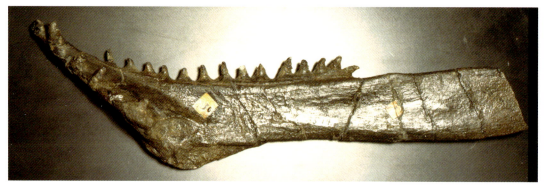

（上图）巨型邓氏鱼盾皮鱼，长达4～5m，上泥盆纪俄亥俄州克里夫兰页岩中有几个非常好的化石标本，人们通过这些化石标本更好地了解了邓氏鱼。这个标本（A）位于克利夫兰自然历史博物馆。丹麦的埃斯本·霍恩恢复的邓氏鱼模型（B），显示它是种看上去很可怕的鱼。（感谢埃斯本·霍恩提供图片）

（中图）*Diplognatus*的下颌，这是来自晚泥盆纪俄亥俄州克利夫兰页岩的一种大型猎食性节甲鱼。

（下图）*oxyosteus*，来自上泥盆纪德国维尔东根站点的节甲鱼，它拥有管状的口鼻部。

第五章

鲨鱼和它们的软骨亲属

历史悠久的杀手

鲨鱼是大自然最成功的物种之一。自从它们在至少4.2亿年前首次出现以来,就几乎没有产生什么变化,只不过是在通过发展更有效的进食结构以及培养流线型程度更高的体形,来提高它们的捕猎和收集食物能力。

鲨鱼的基本身体模式经历了两次成功的重大改造:一次是在石炭纪开始时,当时全头类[银鲛(chimaera)和蓝子鱼(rabbitfishes)]首次出现;另一次则是在侏罗纪时期,当时进化出了扁平的鳐鱼。软骨鱼类进化的顶峰位于中古生代,紧随盾皮鱼的消亡而来。古生代的鲨鱼形态光怪陆离,其中一些带有锯齿状的牙齿,另一些的背鳍上拥有巨大的骨骼结构。今天全球已有超过970种鲨鱼、鳐鱼和全头鱼存在(全头鱼是一个包括现存银鲛的族群),而地球上体型最大,长达15m的大型滤食性鱼类鲸鲨也包含在其中。大白鲨等巨型食肉动物现在的长度超过7m。而在过去,有一种贪婪的掠食性鲨鱼存在,它与大白鲨类似,最大有15m长,它们在200万年前最终灭绝,是有史以来最可怕的水下死神。

鲨鱼也许是所有鱼类中最令人害怕但又最有趣的。尽管我们可能觉得鲨鱼是会无情攻击人类的高效杀人机器,但人类吃鲨鱼的速度比

原始鲨鱼皱鳃鲨（*Chlamydoselache*）的下颌，显示出了一排排的牙齿。终其一生，这些牙齿后方都会长出新牙来，将旧的牙齿替换掉。一些鲨鱼在一生中会掉落2万颗牙齿。这向人们解释了它们的牙齿和鳞片化石为什么这么丰富。

鲨鱼吃人的速度要快数百万倍：人们每年大约杀死7300万只鲨鱼，鲨鱼杀死的人大约有20~30人。在已知的现存鲨鱼和鳐鱼中，只有一小部分有过袭击人类的记录，而且能伤害人类的鲨鱼和鳐鱼也不多。包括大白鲨在内的一些会吃人的鲨鱼则通常以海豹或大型鱼类为食，如果人类进入其猎场的话，偶尔也会遭到它们的捕猎。但鲨鱼的历史十分悠久，如果从这一角度看待鲨鱼的话，那我们看到的会是一个完全不同的故事。鲨鱼是十分成功而高效的捕食者，它们自降临到这个世界起就几乎没有什么变化。

鲨鱼是已知最早出现的有颌鱼之一。我们对鲨鱼进化情况的了解主要来自它们的牙齿、脊椎和鳞片的化石记录，其中偶有一两个显示出头骨的特殊标本，而在罕见的情况下还会有全身都得到了保存的化石样本。人们在早志留纪的岩石中发现了它们的鳞片，在奥陶纪晚期的沉积物中记录到了可能属于似鲨鱼型生物的鳞片。然而，在这个时候发现的鲨鱼鳞片旁都没有与之相关的牙齿化石，这证明早期的原始鲨鱼可能不一定有牙齿，甚至不一定有下颌。第一批鲨鱼是怎么进化出来的呢？这仍是一个未解之谜。它们是不是来自腔鳞鱼之类的一种拥有厚重鳞片的无颌鱼族群呢？还是说来自一种人们尚未发现的远古鱼类？也许它们与早期的棘鱼密切相关（见第6章）。目前的化石证据仍不完整，但这些化石记录似乎更支持后一种情况。

如果要想弄清鲨鱼古老的祖先是谁，那最好的线索将来自最古老的完整鲨鱼化石中奇异的解剖

（上图）大白鲨长达6.5m，是海中的顶级掠食者之一。该物种已经存活了大约1500万年，不过它史前的亲戚能有15m长。（感谢西澳大利亚州博物馆的克雷·布莱斯提供图片）。

（左图）早泥盆纪玻利维亚 *Pucapumpella* 鲨鱼的头骨。这是迄今为止已知的三维鲨鱼头骨化石中最早形成的。（参照梅西的研究成果，2007）

结构，其中包括来自早泥盆纪加拿大不列颠哥伦比亚省MOTH地区的一些神秘物种（例如 *Seretolepis* 和 *Kathemacanthus* ），以及魁北克省艾姆西安地区的一份早期软骨鱼类（*Doliodus*）鱼样本（米勒等人，2003）。这两个地方的物种都显示出在最古老的那些鲨鱼当中，有很多成员的鳍脊要早于全部或者部分鳍出现。

由于鲨鱼是一群存续至今的鱼类，所以我们对许多鲨鱼物种的解剖学、生理学特征和生活方

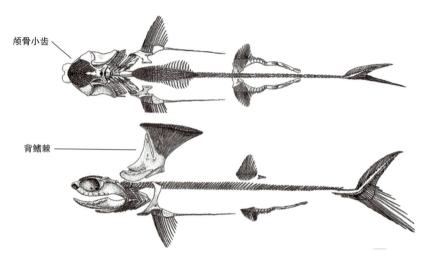

　　Akmoniston（A）的重建骨骼，这是一种早石炭纪的胸脊鲨（stethacanthid）。请读者注意，它的前背鳍脊发育出了齿状的小刷子型结构。下石炭纪苏格兰贝尔斯登的海洋景观重建图（B），显示了Akmoniston鲨鱼（中心），以及大的根齿鱼（Rhizodus）（左上，位于背景中）。在一只原始的十足目（decapod）甲壳动物（右下）的旁边，我们看到了早期的条鳍鱼（中间左，右侧）和棘鱼（中下处）。（感谢迈克尔·科亚特斯提供图片）

叶吻银鲛（*Callorhynchus*）的头部，这是一种现存的银鲛（全头鱼）。这一软骨鱼族群拥有与头骨融合到一块的上颌，并且拥有硬骨板所组成，咬合力强的齿列。它们也拥有鳃拱，这些鳃拱被一层鳃盖皮肤所覆盖着。

式都有着深入的了解。研究表明，鲨鱼比我们以前想象的要先进得多。例如说，现代的一些鲨鱼会产下鱼卵，让幼鱼自己孵化出来；而另外一些则会产下活的幼鱼，并具有相当于哺乳动物的胎盘一样的器官。一些鲨鱼甚至有相当复杂的交配行为和仪式。所有的鲨鱼都拥有极其敏感的口鼻部器官，里面容纳着许多含有劳伦氏壶腹的特殊器官，使它们能够发现敏感的电场，从而能够找到猎物，即使猎物被埋在海底表层的沙子下也无所谓。鲨鱼的化学感应器官如此精细，以至于它们能可以检测到一公里以外的水中浓度仅有十亿分之一的血液。双髻鲨（Hammerhead shark）的两眼之间距离十分之大，人们现在认为，它之所以进化出了这种奇怪的头部，是因为这使得它们的壶腹部覆盖了更大的范围，增加了它们在觅食时的电敏感性。比如说，在捕捉藏在沙子里的鱼和螃蟹时，这种功能就会发挥作用。

鲨鱼生活在各种各样的栖息地里，从河流和近岸礁石一直到开阔的大海之中。从水域表层一直到深海平原之中都有鲨鱼的存在，赞比西河鲨鱼（Zambesi river shark）在内的一些物种，能在内陆游动数百公里。大白鲨在内的一些鲨鱼是代谢过速的，意思是让身体四周的体温比周围的海水略高，这是一种生理上的进步，使它们能够以极快的速度移动肌肉并调节体温，而不管周围水体的变化。

鲨鱼、鳐鱼以及它们的表亲银鲛都被归类于软骨鱼类（Chondrichthyes）之中，因为在它们的骨架中，软骨占到了主导地位，并且骨骼中只保留有少量的骨组织。它们所拥有的矿化脊椎、牙齿和鳞片总是由牙本质组织（半牙质或正牙质）组成，其中一些早期形式（例如*Akmonistion*）存在残留的无细胞软骨化骨组织。这表明鲨鱼一度有发育出骨骼的可能性，但最终在其进化过程中丧失了这种特性（科亚特斯等人，2002。）它们的进化过程令人着迷，更类似于一台完美机器的长期微调，而不是周期性地进行大飞跃，变成新的模型。鲨鱼自初登生命舞台起，就似乎走上了一条正确的道路。

鲨鱼的起源

鲨鱼的起源仍然被一层神秘的面纱所笼罩。一些科学家认为鲨鱼是一切有颌鱼中最原始的，而另一些科学家则认为鲨鱼是高度特化的生命形式，并不需要其他鱼类族群所采用的复杂骨化结构。鲨鱼似乎与已经灭绝的盾皮鱼有密切的关系（见第4

原始软骨鱼的基本结构

鲨鱼鳐鱼和蓝子鱼属于软骨鱼类，因为它们的体内缺少骨化的骨骼，而是拥有一种特殊的球形钙化软骨，形成了头骨、颌部、鳃弓、椎骨和鳍支撑结构。它们身上为数不多的硬骨组织位于防御性的鳍脊、牙齿和鳞片上。尽管许多生物学家曾经认为鲨鱼的软骨状况十分原始，是真正骨骼演化之路上的先驱，不过现在，人们则认为它们提升了鲨鱼身体机能的效率，是一种高度特化的结构。形成鲨鱼内部骨架的软骨可以得到针状方解石的强化，能让软骨十分坚固，而又不至于增加不必要的重量。鲨鱼的体内没有鱼鳔，这意味着它们要通过其他方式来调节自身浮力，例如长出一个充满油脂的大肝脏来，并大大降低骨骼的重量。它们拥有宽阔的翼状胸鳍，这给它们提供了流体动力升力。

鲨鱼的颌骨较为简单，包括了主要的上下颌软骨（麦克尔软骨和腭方骨），并"武装"着许多排不断生长的牙齿，它们会取代前排受损或脱落的牙齿。鲨鱼和鳐鱼的牙齿通常由一小层似釉质（或现代鲨鱼群体中的多层似釉质）组成，位于一个正齿质冠上方，这个冠的基底是小梁牙本质，有时会被各种管道刺穿。对于那些要嚼碎猎物的鲨鱼而言，构成它们碾磨用平面的，则可能是pleuromic牙本质和小梁牙本质。软骨鱼有盾鳞状鳞片，这些鳞片与牙齿具有相似的组织学特征。与此同时，这些鳞片虽说会处于皮肤之中，但通常不会彼此重叠。鳞片可能有着简单的叶片状结构，或者十分复杂，每一层基底都经历了数代的发展历程。

将软骨鱼与其他鱼区分开来的特征之一是：软骨鱼通过体内受精来进行繁殖。雄性具有附属于腹鳍的器官，名为鳍足。它们会把这些插入到雌性的泄殖腔中，使雌性的卵子受精。石中都有鳍足存在，并且在早石炭纪美国蒙大拿州熊峡石灰石中也有许多保存完好的鲨鱼化石，雄性和雌性鲨鱼之间表现出明显的身形和鳍差异。雄性不仅有位于腹部的鳍足，还可能具有精心设计的背部鳍脊，以及或用于交配的刷子状结构（如*Falcatus*鲨鱼）或协助交配行为的颅部鳍足（如全头鱼）。

章），这两个群体可能都来自早志留纪之前的一种覆盖了鳞片的无颌祖先。这一年代以及较早年代（奥陶纪晚期）鲨鱼类鳞片的出现，以及它们与无颌腔鳞鱼间的惊人相似性，使得一些研究人员认为腔鳞鱼和鲨鱼可能是近亲。人们在加拿大发现了拥有叉状尾部的腔鳞鱼，这一卓越的发现支持着这一观点，不过它并未解释鲨鱼独特的颌部和牙齿的起源。

早志留纪蒙古的鲨鱼状鳞片——如*Mongolepis*和*Polymerolepis*——与现代鲨鱼简单的盾鳞状鳞片相似，但其内部结构不一样，前者拥有复杂的多牙，它们生长于基底处，形成了细长的管状牙质组织，其中没有名叫"薄层"的小管子（卡拉塔朱特-塔利马，1995）。早些时候的古生物学家曾经提议，将具有这种鳞片的鱼分到一个叫Praechondrichthyes的族群中。人们也在北美洲的哈丁砂岩（史密斯和桑瑟姆，1998）和澳大利亚中部（例如*Areyongia*；杨，1997）发现了晚奥陶纪生物的鲨鱼型特征，但它们在基本的组织学特征上又存在不同，因此它们并不是真正的鲨鱼。

第一批毫无疑问属于软骨鱼类的生物来自下志留纪（Llandoverian），人们通过研究它的鳞片而发现了这一点。像*Elegestolepis*和*Ellesmereia*这样的物种显示出真正的牙质材料构成了它们的鳞片。然而鳞片并不会长大，随着鱼不断生长，它们会脱落掉，并被更大的鳞片取代。在早期泥盆纪末期，

第五章　鲨鱼和它们的软骨亲属 | **097**

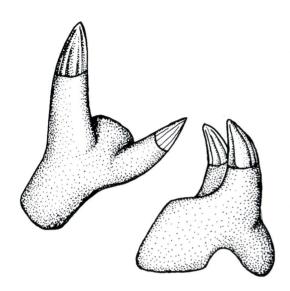

这些双叉牙齿（大小约2~4mm）来自早泥盆纪西班牙莱昂附近的*Leonodus*鲨鱼。

以鲨鱼为代表的一些鱼类拥有真正会生长的鳞片，其中的代表是俄亥俄鱼属（*Ohiolepis*）和其他物种。已知最古老的鲨鱼牙齿可追溯到早泥盆纪的开端。这些微小牙齿（4mm以下）的鲨鱼被命名为莱昂鲨（*Leonodus*）（得名于西班牙的莱昂），并在欧洲的几个地方被人们发现。其他早泥盆纪的化石鲨鱼记录来自沙特阿拉伯。

人们在加拿大的MOTH地区发现了完整的，拥有关节的鱼类，比如说*Seretolepis*，它有鲨鱼般的鳞片以及多种多样的鳍脊，或是成对分布，或是位于中间（汉克和威尔逊，2004）。来自早泥盆纪加拿大的*Doliodus problemticus*鲨鱼进一步表明，早期的鲨鱼已经拥有了成对的胸-鳍脊，如盾皮鱼、棘鱼和早期硬骨鱼（比如鬼鱼）。

最古老的鲨鱼包括加拿大新不伦瑞克省埃姆西安（早泥盆纪晚期）的多里阿鲨（*Doliodus problematicus*），以及早泥盆纪的*Ptomacanthus*。人们一开始发现的*Doliodus*化石都是单个的牙齿，所以起初觉得它是棘鱼，现在人们发现它拥有成对的胸鳍脊。它的头骨中具有脑前囟门，缺少腹侧耳裂，但身体后方有内淋巴囟门。它的这些特征是一些其他有颌脊椎动物不具备的鲨鱼基本特征。在埃姆西安-普拉格尼安边界附近的旧沉积物中，人们发现了*Doliodus*孤立的牙齿。*Doliodus*住在河口与淡水之间的栖息地中，但其他大多数早泥盆纪鲨鱼遗骸则位于海洋沉积物中。*Ptomacanthus*多年来都被分为棘鱼，直到最近马丁·布拉佐

一颗鲨鱼的牙齿（高3mm），来自弗拉斯阶戈戈构造区的一种尚未得到描述的新物种。（感谢维多利亚博物馆的肯·沃克提供图片）

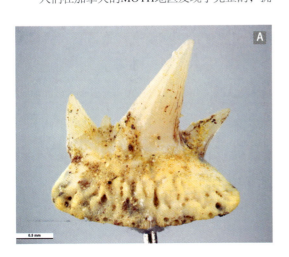

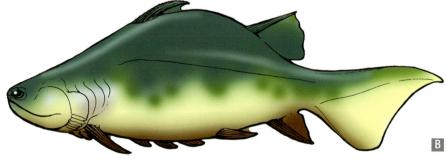

一条早泥盆纪鲨鱼（Ptomacanthus）的下颌，牙齿和部分头部，最初被描述为一条棘鱼（A）；Ptomacanthus的重建图（B）。（感谢柏林大学的马丁·布拉佐提供图片）。

（2009）重新描述了它，并分析了它的头盖骨，显示它是最为原始的已知软骨鱼，或者是跟鲨鱼关系更近的有颌类物种。布拉泽乌在对棘鱼进行的分支系统学分析中提出，鲨鱼可能是从多个早期棘鱼群体中的一个里分离出来的，而这个较大的群体可能来自类似盾皮鱼的祖先。

其他早泥盆纪的鲨鱼化石包括来自南非埃姆西安的一颗单独出现的头颅（梅西和安德森，2001；梅西等人，2009。）标本显示，原始的鲨鱼头部也有一些人们过去觉得只能在基本硬骨鱼中发现的特征（如腹侧耳裂，后背部囟门和腭基颌关节）。

最早的一组鲨鱼牙齿来自中泥盆纪南极的阿兹台克砂岩，其中至少囊括了五个分类群，其中包括了 *Portalodus bradshawae*，具有大约2cm高的双尖牙（朗和杨，1995）。*Mcmurdodus* 等其他鱼类的牙齿具有复杂的冠部与许多尖。

1991年底至1992年初，我在南极的南维多利亚地进行了一番艰苦的野外考察，收集了一些鱼类化石。在这之后我意识到，鲨鱼在中泥盆纪的南极洲进行了一次早期的辐射分化。我当时正在拉什利山脉中搜索化石，在那之前20年，加文·杨和阿莱克斯·里奇发现了世界上最古老的、带有部分关节的鲨鱼的遗骸。杨发现了一条长约40cm的小鲨鱼，他将其命名为 *Antarctilamna*（"来自南极洲的鼠鲨"）。在澳大利亚、委内瑞拉和沙特阿拉伯也发现了南极鼠鲨（*Antarctilamna*）的头盖骨印痕，它的鳍脊和牙齿。*Antarctilamna* 的大背鳍前有一条强壮的鳍脊，它的牙齿上有两个大张开来的尖端，中间还有一个小一些的尖。它也可能有配对的胸鳍脊（米勒等人，2003）。它们的牙齿结构表明，在它们的正齿质牙冠之上有一层薄珐琅质，而牙冠的基底则是小梁牙本质（汉佩和朗，1999）。伦敦自然历史博物馆的埃罗尔·怀特于1968年将南极阿兹台克砂岩的另一颗奇特小牙齿的主人命名为 *Mcmurdodus*。最近，人们也在澳大利亚中部地区的早泥盆纪岩石中发现了这类牙齿。这些牙齿长达5mm左右，并有几条锋利而扁平的牙尖，大致对称地排列在宽阔的根部之上。*Mcmurdodus* 的重要性来自于苏·特纳和加文提出的观点：其多层级的冠层表明，它是所有现代鲨鱼所属的neoselachian族群中最早的已知成员。*Mcmurdodus* 的根部结构中具有穿透性强的管道，这是现代鲨鱼牙齿的另一个特征。

几乎所有这些早-中泥盆纪物种都表明，最古老的真正软骨鱼——那些肯定具有独特形态和组织类型的牙齿——来自冈瓦纳大陆，这里也可能是发生了第一次大的鲨鱼辐射分化的地方。人们确定最古老的鲨鱼牙齿化石是 *Leonodus* 鲨鱼的牙齿，它来

来自中泥盆纪澳大利亚的Mcmurdodus鲨鱼的牙齿（宽4mm）显示了一些早期鲨鱼牙质的复杂性。

在南极维多利亚地南部的拉什利山脉寻找鲨鱼化石。1970年,澳大利亚科学家加文·杨和阿莱克斯·里奇在这里发现了当时最古老的,带有部分关节的Antarctilamna鲨鱼的遗体。来自加拿大早期泥盆纪的Doliodus现在是最古老的带关节鲨鱼的化石。

自洛赫科夫阶-布拉格阶的西班牙,当时西班牙还是冈瓦纳大陆的西部地区(阿莫里卡)。这些牙齿比加拿大艾姆西安的Doliodus至少早了1000万年。

中泥盆纪的鲨鱼在世界各地迅速传播,由于人们发现了它们中许多不同属的孤立牙齿和鳞片,所以也广为人知。在德国的吉维提安沉积物中发现的带关节头骨,是名为Gladbachus adentatus的鱼类头骨。起初人们认为它代表了一种原始的无牙鲨鱼,但芝加哥大学的迈克尔·科亚特斯最近的一项研究表明,它拥有许多微小的牙齿。到中泥盆纪后期,许多不同的鲨鱼群体都各自演化出了独特的牙齿类型。来自北美洲的Omalodus鲨鱼代表了最早的phoebodontid鲨鱼。Xenacanthid鲨鱼也出现在这个时候,其中的代表是Dittodus,而典型的裂口鲨(cladoselachian)也是如此。

到了晚泥盆纪,鲨鱼已经成为真正遍及世界的鱼类,有80多种以牙齿和鳞片而闻名的物种,还有大约十多个分类群是拥有完整或部分完整的遗骸

*Portalodus*是中泥盆纪南极洲阿兹台克砂岩最大的鲨鱼之一。这颗牙齿的高度差不多有2cm，可能来自接近2m长的一条鲨鱼。

的。在晚泥盆纪的美国俄亥俄州和宾夕法尼亚州的黑色页岩中，人们发现了许多完整的化石鲨鱼和孤立的鲨鱼残骸的精细标本，它们属于大约二十几个不同的物种，但最常见的是著名的裂口鲨属。一些标本可能长达2m。裂口鲨拥有梭型的身体，大的翼状胸鳍和两条三角背鳍，每条前面都有一条短而粗壮的鳍脊，这让它看上去很像现代鲨鱼。一些克利夫兰页岩鲨鱼化石得到了极佳保存，在一些情况下显示出了肌肉带，甚至显示出了鲨鱼生前的最后一餐。裂口鲨有五条长鳃缝，它强有力的下颌有许多排小的multicuspid大臼齿。这种类型的牙齿有一个位于中间的主尖和两个位于两侧的小尖，它通常被称为"cladodont"型（得名于裂口鲨），并适于

吞食猎物整体，而不是把猎物刨或者抓出来。许多现代鲨鱼也会吞食猎物。

克利夫兰自然历史博物馆的迈克·威廉姆斯（Mike Williams）的研究表明，在53只内脏得到保存的化石鲨鱼中，约64%以小鳍条鱼作为其最后一餐，大约28%吃掉了类似虾的*Concavicaris*，9%捕食的是牙形虫，在一个标本中还发现了另一条鲨鱼的遗体。猎物的方向表明鲨鱼会先抓住猎物的尾巴，然后吞下整只猎物。另一条晚泥盆纪克利夫兰页岩鲨鱼*Diademodus*看起来与裂口鲨相似，但具有独特的牙齿，齿根上有数个大小相同的尖。随着泥盆纪接近结束，鲨鱼也在不断崛起。它们一定是游泳健将，这才能避免被居住在这些海域的巨型掠

Antarctilamna的头部正模标本（A），来自南极洲。鳃裂缝位于头部的两侧，在样本上可以看到孤立的牙齿绕圈排列。来自中泥盆纪澳大利亚新南威尔士邦加河床的Antarctilamna（B）头盖骨。Antarctilamna的重建图片，它可能长这个样子（C）。

食性盾皮鱼（如邓氏鱼）所捕获。

人们对大部分已知泥盆纪鲨鱼的了解都只来自于它们的牙齿。各种各样的牙齿类型表明，它们采取了多样化的捕食策略。原始鲨鱼的每颗牙齿上往往有两个主牙尖（如*Doliodus*、*Leonodus*、*Antarctilamna*、*Portalodus*），而晚泥盆纪的鲨鱼在每颗牙齿上则有多个主牙尖。一个极端的例子就是我在泰国发现*Siamodus*（意思是"来自暹罗的牙齿"）的奇特牙齿，它的牙根呈十分明显的拱形，牙上有八个大小一样的尖（朗，1990）。

人们对另一组常见的晚泥盆纪鲨鱼的了解完全来自它们的牙齿化石，它们就是亮齿鲨属（*Phoebodus*）。牙齿根尖发达，可能会很明显地凸出来，牙冠上则有三个主牙尖，两侧或许有较小的中牙尖。波兰的米海尔·金特对中-晚泥盆纪波兰的岩石进行了研究，报告了很多亮齿鲨属的物种，人们会利用它们的出现来判断岩石的年龄。在后来（石炭纪和二叠纪）被归为亮齿鲨属的物种目前正受到人们的审核，它们实际上可能属于一个不同的属。不寻常的亮齿鲨包括了*Thrinacodus*和

第五章　鲨鱼和它们的软骨亲属 | 103

（上图）俄亥俄州克里夫兰页岩的一处露出，这里埋藏着一些晚泥盆纪鲨鱼的化石，这些化石的保存状态最为完好。

（下图）俄亥俄州晚泥盆纪克里夫兰页岩的裂口鲨，该物种有数百个保存状况极佳的样本，使得它成了人们了解最全面的早期鲨鱼之一。

Jalodus。*Thrinacodus*最初是由苏·特纳在澳大利亚描述的,现在已经在全球范围内得到认可。这种鱼类的牙齿很像小抓钩。*Jalodus*的牙齿位于深水相,而*Phoebodus*的牙齿则一般出现于开放的大陆架环境中。浅海平台的主宰是拥有宽牙齿的原齿鲨(*Protacrodus*)(金特,2001)。

在泥盆纪结束时,鲨鱼在世界各地的海洋和淡水栖息地已经站稳脚跟了。其中最不寻常的晚泥盆纪鲨鱼是来自法门阶南非的*Plesioselachus*。它有一条非常高的背脊,也拥有短而深的体形,让人联想到后来的全头鱼。不幸的是该物种标本并没有得到很好的保存,无法让人确定该把它放在哪个主要的软骨鱼类群中(安德森等人,1999)。

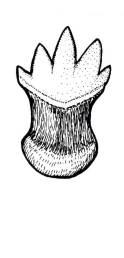

这些不寻常的牙齿属于一些小鲨鱼(约50cm长),即*Ageleodus*和*Ctenoptychius*。毫无疑问,这种特化的牙列意味着它们有着不寻常的捕食方式。

原始软骨鱼的牙组织

由于对大多数软骨鱼的了解主要来自化石记录中的牙齿和鳞片,所以在确认它们的所属物种时,它们的牙组织性质是最重要的。鲨鱼在数百万年来进化出了几种组织,使牙齿更坚硬且更耐用。

透明牙质:牙齿的珐琅质外层(赞格尔,1981),但是在一些族群(例如xanacanthids)中则不存在。主牙尖由牙髓腔上的一种牙质和由海绵状小梁牙质组成的基底构成。

正齿质:这种牙质的特征在于拥有平行于牙齿表面的明显生长线(欧文线)。沉积在牙髓腔周围。

*Pallial*牙质:在牙本质初步形成期间发育出来的牙质,在横截面上是一块密度较低的区域。可能形成高矿化的牙本质区。

小梁牙本质:海绵状牙本质,其中散布着较大的空间,有时其空洞(凹陷)从横截面上看去可能是平行或半平行的。

Pleromin:高度矿化的牙本质基质(=pleromic硬组织),这是塔尔洛(1964)首次用在无颌鱼Psammosteid鳞片上的术语。

晚古生代软骨鱼的辐射分化

在早石炭纪之后,随着带有甲胄的盾皮鱼和其他主要鱼类群体急剧灭绝,软骨鱼又经历了另一次重要的辐射分化。其中出现了许多新的科和级别更高的群体,包括第一条全头鱼在内,我们接下来将分别讨论它们。鳐鱼也是鲨鱼的一种特殊形态,但直到中生代才出现。

古生代鲨鱼的种类繁多,远胜于现存的鲨鱼。胸脊鲨从晚泥盆纪一直生存到了二叠纪,具有独特的刷子状骨骼结构,装饰着主背鳍。胸脊鲨和 *Akmonistion* 的背部有一个巨大的刷子,上面有许多尖锐的小齿,而 *Damocles* 和 *Falcatus* 等其他鲨鱼则有狭窄的圆柱型背鳍脊。由爱丁堡的化石收集者斯坦·伍德(Stan Wood)在格拉斯哥附近的贝尔斯登矿床发现的一个完整的 *Akmonistion* 化石标本,并由迈克尔·科亚特斯和桑迪·赛奎亚(Sandy Sequoia)(2001)描述。现存于亨特伊安博物馆。人们对整个晚古生代中的胸脊鲨的了解大多来自于它们的牙齿,这些牙齿具有独特的宽齿根,中部主牙尖的侧翼也有许多小尖角。来自早石炭纪北美的牙齿高达7cm,齿尖高约4cm。如果假定某只鲨鱼的嘴里存在数量规则的牙列(每排大概12颗),那估计它的嘴部宽度大概接近1m,身长有6m或者6m以上。这种巨型猎手在海中徘徊,成了当时海中最大的脊椎动物,而在内陆水体中,与它们地位相仿的猎手则是6~7m长的rhizodontiform鱼。

石炭纪和二叠纪的其他早期鲨鱼包括以栉棘鲨属(*Ctenacanthus*)(来自希腊语的"ctenos",意思是"梳子",acanthos,意思是"脊")为代表的栉棘鲨族群。这些鲨鱼的鳍刺突起上装饰着许多排精细的结节,使它们呈现梳状外观。人们在早石炭纪苏格兰爱丁堡附近的地区发现了 *Goodrichichthys* 和栉棘鲨的完整化石。它们通常是短于50cm的小鲨鱼。

肋刺鲨目(Xenacanth)鲨鱼是晚古生代和中

镰鳍鱼(*Falcatus*),一种石炭纪早期的鲨鱼,它的保存状况完好,出土于蒙大拿州熊峡石灰岩处。这是一条雄鲨。(感谢卡内基博物馆的理查德·伦德提供图片)

生代早期另一个成功的族群。Xenacanth具有独特的牙齿，上面有两个主牙尖，齿根上有一颗发育良好的纽扣型骨头（称为舌骨隆凸）。我们从二叠纪-三叠纪的西欧完整化石中了解到了Xenacanthus，而来自得克萨斯州红床的完整头骨和脊柱也让我们增加了对它的了解。它有一条大的锯齿状防御脊柱，从它的脖子上凸出，而且它的尾巴是直的，大多数鲨鱼的尾巴却是歪尾的。Xenacanth主要是从海上侵入河流系统的淡水掠食者，人们之所以了解这一点，是因为在海洋沉积物中也有很多它们的化石。人们在澳大利亚新南威尔士州戈斯福德附近的三叠纪萨默斯比鱼类遗址处也发现了几乎得到了完全保存的Xenacanthid鲨鱼遗体。

Edestoid鲨鱼是外貌最怪异的鱼类之一。这些鲨鱼相对较为完整的躯干化石表明，它们拥有流线型身段，还会快速地在水中游动，如法登鲨（*Fadenia*）。旋齿鲨（*Helicoprion*）和剪齿鲨（*Edestus*）等其他鲨鱼则演变出了复杂的牙齿涡旋，这些涡旋盘旋在自己的身上，可能是从下颌悬垂下来的。它们在生活中如何使用这些螺纹呢？人们的猜测很多。有人觉得它们这是为了模仿菊石，菊石当时是数量很多、且带有螺旋花纹的贝类，因此如果以特定的方式使用这种螺纹的话，或许就能吸引到猎物。看起来这些鲨鱼更有可能在冲向鱼群或菊石群时使用锯齿状的牙齿涡旋，并且会横冲直撞，用

栉棘鲨，一种具有强壮鳍脊的早石炭纪鲨鱼。这个来自克利夫兰自然历史博物馆的标本显示出了肩带和背鳍脊。

第五章　鲨鱼和它们的软骨亲属　　**107**

（上图）早二叠纪德国西南部萨尔-纳赫盆地一种保存完好的化石鲨鱼（*Xenacanthus meisenhei-mensis*）。（感谢柏林自然博物馆的卡罗拉·拉德科提供图片）

（左图）来自石炭纪捷克共和国和德国的xenacanth类*Orthacanthus kounoviensis*鲨鱼带有双分叉的牙齿。（感谢柏林的奥利弗·汉佩提供图片）

凸出的齿列撕碎猎物。今天的锯鲨（saw shark）使用的是类似的捕食方法。尽管人们尚不知道关于其牙齿螺旋的奥秘，但这一群体非常成功，在二叠纪中期传播到了世界各地。在俄罗斯、北美、日本和澳大利亚也发现过旋齿鲨带有涡旋的牙齿。

　　Orodontid鲨鱼的身体细长，没有长什么刺，并且具有宽而圆的独特牙齿，主要用于碾碎猎物。Orodus的牙齿常见于世界各地的石炭纪化石遗址中。petalodonts是生活在晚古生代的各种扁平鲨鱼，与鳐鱼比较类似。人们目前发现的主要是它们的牙齿，不过也有一小部分保存完好的标本存在。来自美国蒙大拿州熊峡石灰岩的*Belanstea montana*具有较为扁平的身形，大的羽毛状腹鳍和背鳍。朱那鲨（*Janassa*）也有一条宽阔的圆形胸鳍，跟鳐鱼一样。人们在识别大多数petalodonts时主要依靠的是辨别它们的牙齿。独属于它们的牙齿会遭到强

这种奇怪的牙齿（A）属于旋齿鲨，一种二叠纪鲨鱼，它的下腭前有这些致命的环状结构。鲨鱼可能会用这些环状结构来抓住鱿鱼般的生物或其他鱼类。该标本来自莫斯科鲍里斯雅克古生物研究所的奥列格·列别德夫，是他所恢复的二叠纪俄罗斯的旋齿鲨（B）。

烈的压缩，表明其主人以带有硬壳的无脊椎动物为食。在它们带有关节的牙列中，每只颌骨中只有几颗牙齿。*Petalodus*等鲨鱼的牙齿很有特色，它们是宽而扁的，其底部被折叠的环状珐琅质给分隔开来了。*Ctenoptychius*和*Ageleodus*是两个典型的属，它们的牙齿位于扁平的宽根上，而牙齿上则有4～30个小尖（唐斯和达斯勒，2001）。另一种极端则是*Megactenopetalus*，它有一颗大的多尖上齿和一颗大的三角形尖利下齿，它俩组成了整个齿列（汉森，1978）。

白手起家的现代软骨鱼

在整个中生代，鲨鱼一直在持续进行着规模宏大的辐射分化，到那个时代结束时，大部分现代鲨

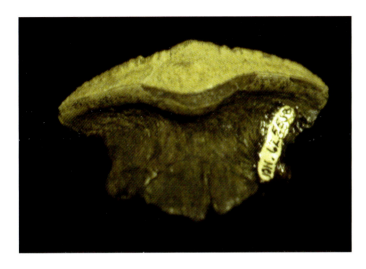

下石炭纪petalodont鲨鱼奇怪的牙齿（约6mm宽）。

鱼家族都已经出现了。在中生代上半部分时，有一个族群成就斐然，那就是hybodontids。这些鲨鱼最早在石炭纪出现，以石炭纪苏格兰的一块美丽而完整的化石为代表。

来自堪萨斯州的汉密尔顿鱼（Hamiltonichthys）是另一个很好的例子，是早期hybodontid鲨鱼的代表。它的头脊发育良好，变得更大，拥有粗壮的背侧鳍棘，宽阔的多尖牙齿，以及特殊的鳞片形状。最能代表这一族群的是Hybodus，它是一种长达2.5m的钝头鲨，在整个中生代时期居住于欧洲、非洲、亚洲和北美洲的海洋里。许多hybodonts的牙齿都排列在宽阔的齿根上，牙齿上则有许多牙尖，但是其中有一些的牙列几乎都是扁平牙齿所组成的（如弓鲛和Asteracanthus），以便碾碎猎物。口腔前部有较小的牙齿，用于抓住猎物。Triodus是一种白垩纪hybodont，它完美的三维颅骨化石显示出了下颌和头盖骨，让人们对它有了了解。

人们曾经认为最古老的euselachians或真正的板鳃类鱼（selachians）要追溯到下侏罗纪（梅西，1977）的原始整鲨（Palaeospinax），但人们现在认为该族群属于基本的galeomorphs（克鲁格，2009）。

中生代时期出现的七鳃鲨（seven-gilled sharks），属于六鳃鲨（Hexanchiformes）目。现存的皱鳃鲨（frilled sharks）和cowsharks、六鳃鲨、七鳃鲨和哈那鲨（Notorhynchus）都是原始的

*Hybodus*的重建图，它是一种常见的中生代鲨鱼，长度可达2m左右。（以约翰·梅西的工作为基础）

六鳃鲨Notidanus的牙齿化石。注意上下牙的不同形状。（感谢大卫·沃德提供图片）

形态，身上只有一条背鳍和6到7对鳃缝。它们的牙齿根部宽阔，有许多扁平的尖，上颌和下颌牙列之间有明显的差异。它们大多居住在深海地区，主要以鱼类为食。该组化石的牙齿表明，六鳃鲨等物种自早侏罗纪起就已经存在了。

中生代时进化出了许多种鲨鱼。在世界各地的白垩纪中发现的一些最常见的牙齿化石，包括牛鲨（噬人鲨属）狭窄弯曲的牙齿和更宽的lamnids属鲨鱼（Cretolamna），白垩刺甲鲨（Cretoxyrhina）的牙齿。这样的例子还有很多，在此不一一列举了。就鲨鱼的进化而言，此时进化过程已经差不多走到终点，许多现存的鲨鱼科已经出现。除开牙齿外，其他常见的鲨鱼残骸包括它们的椎骨，由于软骨得到了高度钙化，它们便得到了保留。巨大的lamnid鲨鱼在白垩纪时出现，人们通过其牙齿和大型椎骨化石而辨识出了这一族群，其中包括米米卡埃尔·西维森（Mikael Siverson）描述的来自西澳大利亚的 *Cardabiodon*，它约5～6m长，跟一些爬行动物中的顶尖掠食者同时在海洋中巡游。这些掠食者包括鱼龙（ichthyosaurs），沧龙（mosasaurs）和蛇颈龙（plesiosaurs）。巨口鲨（megamouth shark）*Megachasma*是另外一条大型lamnid，人们刚开始了解它时，依靠的也是来自白垩纪的牙齿化石。

第三纪时期进化出了剩下的各个现存鲨鱼属，包括栖息于深水中的剑吻鲨（goblin shark）和尖吻鲛（*Mitsukurina*）这样的稀有形态，人们能通过追踪其牙齿化石，来判断它们首次出现的时间段。有史以来最大的掠食性鲨鱼是在距今约2300万年前的中新世之初进化出来的。人们曾经认为这些巨型杀手是大白鲨的祖先，它们的演变过程现在受到了激烈的辩论。最常见于中新世和上新世全球各地沉积物中的灰鲭鲨（mako）化石是鲭鲨属（*Isurus*）*hastalis*的，它可能6～8m长，如果它的牙齿发育出

目前世界上有两种体型最大的鱼,其中一种是鲸鲨(Rhinodon typicus),它有15m长,而另一种则是它的表亲姥鲨,这种鲨鱼依靠过滤来捕食。(感谢IStock提供图片)

巨型鼠鲨目鲨鱼巨牙鲨的牙齿高达18cm,表明这种鱼的最大尺寸约为15m。这也许是有史以来最大的掠食性鲨鱼。人们不仅发现了它巨大的牙齿,还发现了它的椎骨化石。人们不认为它是现在的大白鲨(Carcharadon carcharias)的祖先,而是认为它与现代濒临灭绝的灰鲭鲨之间存在亲缘关系。(感谢大卫·沃德提供图片)

了锯齿状结构的话,那它可能就是大白鲨的先祖了(艾赫雷特等人,2009)。中新世以及中新世之后世界各地的岩石中,有很多鲭鲨属物种的化石,其中包括现存物种尖吻鲭鲨(Isurus oxyrinchus)的牙齿。

已经灭绝的物种巨牙鲨(C. megalodon),安格斯迪鲨(C. angustidens)和C. auriculatus都属于噬人鲨属。对那些认为大白鲨是巨牙鲨及其亲属的后代物种的人而言,这些已灭绝的物种应该全部被放到噬人鲨属之中去。这些研究人员认为有一些噬人鲨比带有锯齿的中间牙要更早出现,追踪DNA变化速率的分子钟测算法则确定,噬人鲨属和鲭鲨属大约在4300万年前出现了分化。英国欧尔平顿的

大卫·沃德向我展示了过渡阶段的牙齿，显示了耳齿鲨（*Otodus obliquus*）与噬人鲨属物种之间的联系，它们的牙都一样带有锯齿。

史上最大的掠食性鲨鱼巨牙鲨的牙齿，它高达17cm。虽然人们所做的早期估计大大夸大了这种鲨鱼的最大长度，觉得它们有25m或更长，但现在我们有可能做出更精确的估算了。可以根据鲨鱼生长方面的知识，以及它们的牙齿与身长的比例关系，来推断出它们的长度。巨牙鲨的最大尺寸约为13~15m长，几乎是有史以来捕获的最长大白鲨（不到7m）的两倍。这只怪物的大三角形锯齿牙存在于世界各地的中新世和上新世岩石中。巨牙鲨从早期的大型物种，渐新世的安格斯迪鲨（*Carcharocles angustidens*）演化而来。安格斯迪鲨及其后代据信来自耳齿鲨的鼠鲨科分支，这是一种在晚古新世/早始新世期间于海中兴风作浪的大型物种。耳齿鲨的牙齿能达到8cm或更长，这显示出这种早期鼠鲨可能有6m长。

最大的噬人鲨属物种在大型滤食性须鲸出现的同时进化了出来，这也许并非巧合。随着中新世开始，第一批鲸鱼降临，越来越多的噬人鲨属物种正在进行一场类似军备竞赛的争斗。近来一些报道显示有10m多长的巨型大白鲨存在，导致一些科学家认为噬人鲨属动物可能还存活于某处，不过我认为大多数渔人对于"侥幸逃脱了我鱼钩的鱼"长度

这种罕见的完整化石鲨鱼 *Galeorhinus cuvieri* 是现存的翅鲨（*Galeorhinus galeus*）的亲戚。该标本来自始新世，来自意大利著名的蒙特布兰卡遗址。（感谢维罗纳的洛伦佐·索尔比尼提供图片）

的估量可能有所夸大。如果巨齿鲨这种巨物今天还存活着，那人们几乎肯定会在距今相当近的海相沉积物中发现它的牙齿。但根据地层年代测定来看，在距今250万年及之后的岩石中，人们都没有发现它们的化石。人们只能去猜想这些强大的杀手为什么会灭绝。预示更新世冰期的首次剧烈的气候变冷过程开始于距今约260万年的上新世晚期。也许它们无法适应气候变化，而温血海洋哺乳动物可能也无法适应，后者是它们可能的猎物。人们最近在南极发现了同属这一时代的鲸鱼化石，此时南极水域中开始出现了大型鲸鱼。它们为什么要来这？是为了捕食，还是为了逃避那些无法应对南极水域的冷血食肉动物（南极的水体温度接近零度）？

全头鱼：一种早期的辐射分化？

全头类（holocephalomorphans）包括现存的银鲛（全头鱼）和一大堆神奇的灭绝物种，例如iniopterygians。它们都是软骨鱼类，跟鲨鱼一样拥有与头骨融合了的上颌，而鳃部也一样被一张柔软的大鳃盖覆盖着。最近的系统发生分析指出，类似

第五章 鲨鱼和它们的软骨亲属

美国蒙大拿州的峡石灰岩中生活于早碳纪的一条雌 *Echinahimera*。[感谢理查德·伦德·卡内基（Richard Lund，Carnegie）供图]。

*Falcatus*或*Damocles*鱼的鲨鱼状祖先可能在早期辐射分化出了全头类（科亚特斯和西奎拉，2001）。研究者缺乏来自其他关键物种的数据，使得这一进化分支图没有那么稳固，所以说，它们也可能是板鳃类鱼（鲨鱼）的姊妹群体。

全头类是一个小亚类，包括了34个物种，如姥鲨（elephant shark），银鲛和蓝子鱼。像鲨鱼一样，它们内部的骨架也是软骨组成的，在繁殖时采取体内受精，雄性的腹鳍附近有着鳍足，面部也有一个中鳍足。然而与其他软骨鱼类不同的是，全头类有覆盖着鳃弓的鳃盖，而且它们的上颌也与头骨融合到了一起，使得它们的盘状牙列拥有了强大的咬合力，可以咬碎猎物。它们的身体修长，且带有鞭状的尾巴，人们经常在极深的深海平原中发现它们。它们通过挥动胸鳍并让尾部缓慢进行横向运动来游动。

在阿德菲大学的迪克·伦德（Dick Lund）于蒙大拿州的熊峡石灰岩中获得了一项大发现之前，人们对全头鱼的早期历史可谓一无所知。瑞典博物馆的托尔·洛尔维格提出的早期理论，认为它们是褶齿鱼目的盾皮鱼进化而来的。这些理论并没有被古生物界所广泛接受，因为人们在一段时间前就已经知道褶齿鱼目是盾皮鱼的一个有效单系群了（古杰和杨，1995）。虽然曾经有人认为全头鱼和鲨鱼是从一个共同的祖先中分离出来的，但我们从化石记录中可以清楚地看到，全头鱼与主流的泥盆纪鲨鱼之间分道扬镳的时间较早，后者的基本祖先包括*Akamistion*等胸脊鲨（科亚特斯和西奎拉，2001）。

蒙大拿州的熊峡石灰岩中有着非常多样的完整全头类化石。在过去的30年中，人们发现了40多种新的类型，而且在每个考察季期间，人们几乎都能再获得一些新发现。*Harpagofutator*等物种是简单的鳗鱼型生物，雄性的附肢上拥有精致的棘，这些附肢垂在脸上，可能是用于交配的。一个最重要的发现是宫齿鲛（*Delphyodontos*），人们对这一物种的了解都以两只刚出生的、长约5cm的胎儿化石为基础，这些化石显示出这一鱼类会直接生下幼

来自早石炭纪蒙大拿州熊峡石灰岩的iniopterygian类 *Rainerichthyes zangerli*。iniopterygians是奇怪的晚古生代全头鱼,具有高背鳍和强壮的尖鳍脊。(感谢卡内基博物馆的理查德·伦德提供图片)

鱼,而且早在40万年前可能就存在子宫内竞争①了(伦德,1980)。

cochliodontiforms是一个多样的族群,人们对它们的了解主要来自牙齿和脊椎化石。它们的身体拥有明显的凸面,经常有多结节的齿板,用于碾碎猎物。*Cochliodus*、*Deltodus*和*Sandalodus*等物种在石炭纪欧洲和北美的化石遗址中随处可见。人们认为*Psammodus*这一物种有多达12颗近似的砖状齿板,它们紧密结合在一起,形成了一列能够碾碎猎物的"道路"。人们认为*Copodus*等Copodontids类生物的每块颌骨上只有两颗用于碾碎猎物的齿板。

menaspiform鱼类包括了一些保存状况良好的鱼类样本,它们的头部扁平,有骨板存在,并且还有发育良好的头部棘,一些物种的头部棘会强烈地向外凸出,例如颊甲鲛(*Menaspis armata*)。人们对三角褶鲛(*Deltoptychius*)的了解来自石炭纪苏格兰贝尔斯登遗址中的化石。它的身体被鳞片覆盖,头部由甲胄所环绕,这些甲胄由数层牙本质组成,表面有厚厚的装饰层,并有雕饰。这种鱼可达45cm长,有一条短的锥形尾巴。其背部受到一排粗壮且多刺的鳞片保护。

银鲛是主要以贝类和甲壳类动物为食的底栖鱼类。它们在石炭纪首次出现,在中生代时成了一个成功的族群,在早白垩纪达到了多样性的高峰。来自蒙大拿州石炭纪的麦尔登棘托银鲛(*Echinochimaera meltoni*)是早期的银鲛类生物,具有与现代银鲛非常类似的独特身形。它拥有一条鞭状长尾,附近不远处有一条臀鳍。它的头很大,上面有一对大眼睛。每条背鳍前都有一条大的骨质脊。雄性的

---

① 指鲨鱼幼体在母体子宫内相食。——译者注

第一条背脊上有一个刷状结构,在眼睛上则有几条羽毛状的刺。雌性的眼睛上只有一根刺,第一条背鳍则更宽些。

*Squaloraja*生活在侏罗纪的欧洲,是最不寻常的鳐鱼状鱼类。一条长长的三角形喙状凸起,从它的面部延伸出来,这块凸起由一条两倍于其头骨长度的喙状软骨支撑。它有两对上颌齿板,下牙列上则有一对齿板。其他拥有长喙状凸起的银鲛包括侏罗纪德国的*Acanthorhina*等多种myriacanthids科鱼类。

更具代表性的银鲛化石是来自中生代和新生代海相沉积物中的齿板化石,这些银鲛包括了*Edaphodon*属和硬齿鱼属(*Ischyodus*),人们对它们的了解都来自许多不同的物种。它们中的一些成员属于大型鱼类,长度可达3m或以上。这些鱼类中的典型牙列包括成对的下颌大齿板,它们形成了下颌。而上颌的两侧则有腭板和犁骨板。现存的银鲛主要是小型的深水鱼类。在新西兰等一些国家,这些物种受到了商业捕捞,人们会将它们当作"怪鱼"来卖掉。*Callorhynchus*和银鲛等现存银鲛属的化石记录表明,它们自中生代以来就基本没有产生什么变化。

Iniopterygians是一小群看起来很怪异的小鱼,其下只有五个属,它们都栖息于晚石炭纪的北美。人们一度认为它们是一个完全独立的软骨鱼类群体,现在人们则认为它们是一种高度特化的全头鱼。它们都有粗壮的胸鳍,这些胸鳍高高耸立,指向肩带,有些物种则具有较大的胸鳍(如*Promexyele*)。其中一些物种的上下颌是自由的(例如*Polysentor*),而大多数物种的上颌则会与头骨融合到一块。下颌前部存在牙齿涡旋,显示出了骨骼融合的痕迹。牙列由带有尖角的简单锥体或拥有较小的侧面尖角的更宽牙齿组成。研究者最近进行了一项令人赞叹的研究,他们用同步粒子加速器生成了一张距今3亿年的iniopterygian鱼的头骨化石,该化石位于一块岩石内部。研究者发现头骨内实际上存在大脑化石(普拉德尔等人,2009)。

"鳐"向新时代

第一批化石黄貂鱼(stingrays)(batomorphs)起源于侏罗纪,多为扁平的鲨鱼。它们增大了胸鳍,缩短了尾巴。有许多种鲨鱼为适应底栖生活而做出了各种适应。现存的天使鲨(扁鲨属)是在海中游弋的活跃鲨鱼和扁平的鳐鱼间的中间形态。鲨鱼和鳐鱼间的主要区别在于,鳐鱼依靠其翅膀或胸鳍的波浪式运动来游动,而鲨鱼则仅靠尾巴来推

来自始新世英格兰的已灭绝银鲛硬齿鱼的下颌齿板。(感谢大卫·沃德提供图片)

动自己。鳐鱼跟典型鲨鱼间存在不同的其他特征如下：鳐鱼的嘴朝向下方，具有扁平的、用于碾碎猎物的梳状牙齿和成熟的尾部脊（实际上是改良的背鳍脊）。

尽管鳐鱼的身体结构较为保守，但它们也得到了进化，能够利用无数种取食生态位。像蝠鲼（manta ray）这样的巨物就跟鲸鲨和姥鲨一样是过滤捕食者。电鳐等其他鳐鱼则进化出了投射强大电场的能力，能够震晕它们所捕食的鱼类，或者威慑攻击者。许多鳐鱼只会单纯沿着海底移动，利用高度发达的电感系统来监测猎物，并捕食甲壳类动物和贝类。

最古老的化石鳐鱼包括*Spathiobatis*，人们在法国发现了它们的完整化石标本，了解到它是一种吉他状的鱼类。代表早侏罗纪德国的*Jurabatos*鱼的是一颗单独的牙齿化石。中侏罗纪有几个鳐鱼属存在。人们对早-晚侏罗纪的*Spathobatis*的了解来自晚侏罗纪法国保存完好的化石。来自法国的*Belmnobatis*和来自德国的*Asterodermus*是其他年代相似、保存完好的鳐鱼。所有这些早期的鳐鱼都属于犁头鳐科（Rhinobatidae），其中包括几种现存物种，如龙纹鲼（shovel-nose ray）和犁头鳐（guitarfish）。它们都有比较长的、鲨鱼般的身体。

鲼科（Myliobatidae）或鹞鲼（eagle rays）在晚白垩纪初露头角，在整个第三纪迅速扩散，今天仍然人丁兴旺。鹞鲼有复杂的路面型牙列，由几排较宽的扁平齿板组成，用于碾碎食物，两侧有许多较小的多边形单元。它们用这些来碾碎螃蟹和贝壳等食物。*Myliobatis*等化石鳐鱼，以及许多其他已知的鳐鱼科化石常见于世界各地的第三纪海相沉积物之中，以它们独特的破碎板以及偶尔出现的化石刺（改良的背鳍脊）和鳞片为代表。

人们在著名的早始新世怀俄明州绿河页岩中发现了*Heliobatis*鳐鱼完整的身体化石，于是乎便确定鳐鱼在第三季早期时开始入侵淡水河流和湖泊（卡

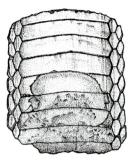
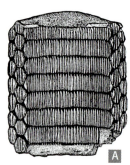

已经灭绝的鹞鲼（鲼）的扁平破碎板，人们在4000多万年前的海洋沉积物中发现了这些化石（A）。现代黄貂鱼（B）与世上首批化石黄貂鱼之间很相似，后者包括了来自德国索伦霍芬的侏罗纪犁头鳐。大部分化石鳐鱼与现存的亲缘之间存在密切的关系。（感谢英国的大卫•沃德提供图片）

这条保存状况极好的化石黄貂鱼 *Xipohotrygon* 来自始新世怀俄明州的绿河页岩。

维略等人，2004）。当海平面上升，以至于海水倒灌进湖水的时候，*Heliobatis* 可能侵入到了湖泊系统之中，所以这就是人们为什么不认为绿河黄貂鱼主要是淡水鱼的原因了。

自从大约4.2亿年前首次出现以来，鲨鱼和它们的亲属就一直在演变和发展，产生了各种各样的形态。它们活过了四次大规模灭绝，现已成为几乎所有海洋食物链的组成部分，并位于食物链的头尾两端，有最高端的捕食者，也有巨大的过滤进食者。它们发展出了扁平的身形，这在它们所取得的巨大成功之中是离现在最近的，目前鳐鱼的种类数量超过了鲨鱼和银鲛的总和。银鲛目之所以能从石炭纪一路存活至今，而又没有什么大的变化，主要是因为它们适应了深水栖息地的生活。尽管如此，我们几乎在全球各地都依赖这些鲨鱼和它们的亲属，将它们看作食物。面对人们日益增长的肉类需求，以及仅为获得鲨鱼鳍而进行的不可持续捕猎行为，我们接下来面临的挑战将是保护并培育现代软骨鱼类动物。

第六章

颌部长有棘的鱼

早期颌鱼的奇异混合体，
如棘鱼和其亲属

棘鱼是一个不寻常的群体，其中大多数是小鱼，出现于志留纪时期，并在泥盆纪达到了多样性的高峰。它们是唯一一种在所有鳍前装饰着骨棘的鱼群，而其小鳞片则大多拥有球根状的肿胀基底。有三个主要的棘鱼族群存在：栅棘鱼目（Climatiiformes），坐棘鱼目（Ischnacanthiformes）和棘鱼目（Acanthodiformes），它们或存在或不存在支撑胸鳍的骨质甲胄，存在一条或两条背鳍，牙齿和鳞片的结构也存在不同，这是区分它们的方式（丹尼森，1979）。

其中最早的物种可能没有鳍脊，比如志留纪的 *Yealepis*；或只有中鳍脊，如早泥盆纪的 *Paucicanthus*。在泥盆纪早期的动物群中占主导地位的是栅棘鱼目棘鱼，它具有精致的骨质肩带和许多尖刺（迈尔斯，1973b）。坐棘鱼目是一种牙齿与颌骨紧紧融合到了一块的掠食者。棘鱼中存在时间最久的是棘鱼目。这些快速游动的过滤捕食者的颌骨没有牙齿，让食物经由鳃耙穿过鳃腔，从而对其进行过滤。在二叠纪末期，地球上出现了一场生物大灭绝，被认为是有史以来最严重的灭绝事件，棘鱼是其中的一个受害者。根据人们的估计，大约有90%以上的海洋物种在此次事件中灭绝了。

1844年，法国古生物学家路易斯·阿加西首先描述了棘鱼。他

Broachmonadnes，一种早泥盆纪棘鱼，来自加拿大西北的MoTH地区，身上有许多防御性的棘。（感谢马克·威尔逊提供图片）

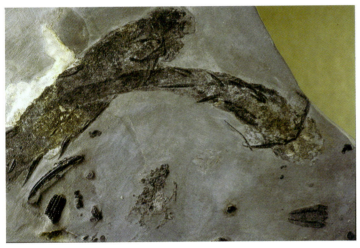

早泥盆纪棘鱼*Luposyrus*，其下方有肩带护甲（腹视图）。（感谢马克·威尔逊提供图片）

给棘鱼，足棘鱼（*Cheiracanthus*）和*Diplacanthus*命了名。这个族群的名字来源于希腊语中的akan-thos，意思是"棘"，因为该族群的最显著特征是在胸鳍和腹鳍之前存在深深地嵌入身体内的成对鳍脊，以及在背鳍和臀鳍分布的单个鳍脊。许多书将它们称为"棘鲨"，而越来越多的新化石证据则认为它们与早期鲨鱼密切相关。虽然最近发现的一些化石显示鳍脊几乎遍及各种早期鱼类族群，但棘鱼之所以在志留纪-二叠纪全球各地的沉积岩中受到人们的辨识，还是因为它们的棘十分独特，而鳞片也有特殊的形状。虽然最早的棘鱼要追溯到志留纪初，但历史最悠久、近乎完整的遗骸则来自晚志留纪的澳大利亚的有颌鱼（*Yealepis*），而最老的完整棘鱼化石则来自早泥盆纪的加拿大岩石（如*Paucicanthus*鱼）和欧洲的岩石（如栅鱼*Climatius*）。

棘鱼仍然是所有古代鱼群中最神秘的一种。我们对它们的解剖学情况了解最少，而在研究它们与其他鱼类之间的亲属关系时，也缺乏真正的线索。在研究戈戈或泰马斯化石鱼类时，我们拥有经过酸液制备的三维头骨，但此时却没有这些东西（不过我们确实有一些得到了酸制备的孤立骨骼）。相反，我们对该群体大部分的了解都来自它们身体和鳍的形状，早期物种的部分头部结构，这些结构位于身体外部，得到了保存。我们还发现了棘刺鲉

马克·威尔逊（左）和加文·汉克（右）在早泥盆纪加拿大MoTH遗址中，发现了一些保存状况最为完好的早期棘鱼化石。（感谢艾伯塔大学的马克·威尔逊提供图片）

（*Acanthodes bronni*）骨化程度高的头部和鳃弓骨骼，该物种是最后出现的棘鱼之一，或许也是特化程度最高的（迈尔斯，1973a）。

近年来，加拿大艾伯塔大学的马克·威尔逊，以及加拿大皇家不列颠哥伦比亚博物馆的加文·汉克，在加拿大西北地区发现了近乎完整的棘鱼躯干化石。这一发现振奋人心，使得人们开始了对棘鱼化石的新研究。虽然完整的棘鱼化石十分稀少，但它们微小的鳞片在确定古生代沉积岩的相对年龄时仍十分有用。为达到这个目的，人们进行了深入的研究。人们为弄清它们的进化起源和关系而对它们的解剖学特征进行了研究，不过这些研究也只是在过去20年间借着加拿大、欧洲和澳大利亚的新发现之东风而开始蓬勃发展的。人们在过去5年内描述的几种最新的棘鱼来自早泥盆纪加拿大的遗址，其中发现了几种不寻常的新物种，它们的化石保存状况十分好。这些化石对于解读棘鱼的起源而言至关重要。

棘鱼的起源和亲缘关系

在化石鲨鱼、一些盾皮鱼、鳕鳞鱼（*Cheirolepis*）以及棘鱼等一些基本的辐鳍鱼（actinopterygians）（见第8章）中，我们会看到这种现象：脊椎的每个部分上都有许多排鳞片（鳞列）。无颌鱼鱼类潜在的祖先族群中，都没有类似的鳞列，腔鳞鱼亚纲是最接近于拥有这种东西的鱼类。与其他族群相比，棘鱼与硬骨鱼之间所共有的特征似乎更多——例如存在类似形状的头盖骨（棘鱼），鳃盖条的存在，沿鳃弓分布的hemibranchs（鳃丝）的性质。最后，它们的头骨中可能都存在软骨化骨。

棘鱼的基本结构

棘鱼大多是纤细的梭形鱼类，尾部较长，头部短而钝，也有一部分鱼身体呈扁平状。它们的嘴一般都很大，有一些特殊的物种除外（如diplacanthoids），并且头部通常有许多小块的真皮，这些真皮名为小镶嵌物。所有棘鱼都有两条背鳍，除了棘鱼目之外，它们只有一条靠近尾巴的背鳍。它们的眼睛周围有不同数量的巩膜骨，头部前方则有两对鼻孔（分别用于吸入和排出水流）。颌骨出现了骨化，变成了单一的下颌软骨，它可能得到了一条外部骨骼（下颌骨夹板）的支撑。这条骨骼外有装饰，不过它们身上并没有垫着牙齿，外部有装饰的骨骼。它们的头部侧面有五个鳃裂开口，并且对某些物种而言，这些开口的前方会有真皮鳃盖条板。除开它们之外，拥有这种特征的就只有硬骨鱼了。

只有棘鱼属才拥有鳃弓骨和头盖骨，它们是所有棘鱼中特化程度数一数二的成员。鳃弓有一系列基鳃骨，大的hyophyals结构和ceratohyals结构，大的上舌骨和鳃上骨，以及短而朝向后方的咽鳃骨。上颌（腭方骨）与头盖骨之间可能有一个简单的关节，或者有复杂的双关节存在（一些棘鱼目有这种关节）。

目前只有棘鱼属拥有头盖骨，它们的头盖骨并未完全骨化，而是由四块由软骨融合在一起的骨骼所组成的。背部的大块骨化结构覆盖了头顶的大部分区域，也保护到了大脑。头部后方出现了较小的枕骨骨化，成了躯干肌肉所附着的部位。头盖骨下方有一块很大的前基底骨化区域，其中有一条为脑垂体准备的管道穿过——这是一个容纳脑垂体的空间。而颈内动脉则从头盖骨外出发，同样在此处汇合。枕骨骨化结构下方，则还有一个较小的后部结构存在。一般来说，棘鱼属物种头盖骨的形状和比例与原始的条鳍鱼之间比较相似。一些棘鱼的内耳道被保留了下来，表明其中存在三条半圆管道。另外，在一些物种（例如Carycinacanthus）的内耳中则存在耳石或骨化的耳石。这些东西让鱼有了更好的平衡感和方

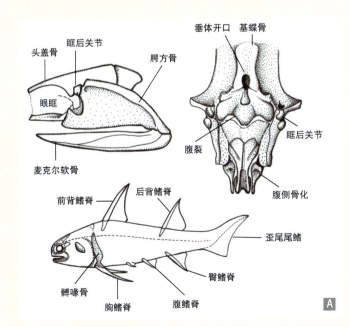

棘鱼的基本解剖结构（A）。（B）一种来自中泥盆纪南极的棘鱼类栅鱼（Nostolepis）的鳞片，这是它的电子显微照片。比例尺为0.1mm。请留意带有棱的冠层，收缩的颈部和肿大的基底。（感谢昆士兰州博物馆的卡罗莱·伯罗提供图片）

向感,是快速转身和灵活移动时所必需的。

它们的身上有一层粗糙的外皮,由很多重叠成瓦片状、相互间距离很近的小鳞片组成。它们的基底是肿胀的,里面没有牙髓腔。鳞片通过像洋葱一样添加同心的新层而生长。根据它们的组织学特征来看,它们存在两种主要的鳞片类型:首先是棘鱼属型,它具有由真齿质和厚的无细胞骨基质所组成的牙冠;然后是背棘鱼(*Nostolepis*)型,它的牙本质冠遭到了血管穿透,基底则由细胞骨组成。棘鱼鳞片的冠部通常是扁平的,或者说顶部稍圆,而且冠部与基底之间存在一个明确的"颈部",使得两者被分隔开来。坐棘鱼目棘鱼具有发达的下颌与牙齿,可能发展出了复杂的齿列,出现了"牙齿区"。栅棘鱼目棘鱼的下颌前部具有单独的带刺牙齿和复杂的牙齿涡旋。而棘鱼目则是没有牙齿的过滤捕食者,它长有发达的鳃耙,用于过滤食物。

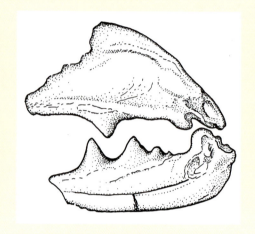

*Acanthodopsis*的颌骨,它是石炭纪时期的一种大型掠食性棘鱼目。

最后这条存在争议,不过本书支持这一说法。它们鲨鱼般的特征似乎大多是原始特征,在许多早期有颌鱼类中都可见到,尽管与早期鲨鱼有相似之处,但这并不一定意味着它们与任何一个有颌鱼群体之间有密切的亲缘关系。不过这种观点并没有得到人们的一致认可,斯德哥尔摩的埃里克·亚尔维克认为,棘鱼实际上是原始的七鳃鲨的近亲。最近发表的关于有颌类相互关系的分析大多认为棘鱼是硬骨鱼的姊妹族群。或者是一个进化级类群,其中有一部分分化出去的成员跟硬骨鱼更相似,而其他一些则和软骨鱼的起源之间有着紧密关系(布拉泽乌,2009)。

来自中国早志留纪的最古老棘鱼化石,该化石是一种名叫*Sinacanthus*(意为"中国棘")的鱼类,拥有宽阔的背棘。早期的棘鱼鳞片表现出了简单的组织结构,但终其一生,鳞片仍会不断生长。这是一种在化石鲨鱼中不存在的情况,但这种情况与较高级的有颌鱼(如盾皮鱼和硬骨鱼)很类似。最早的完整棘鱼化石的头部结构和身体形状较为模糊,这让我们对它们的祖先以及它们的旁系亲缘几乎一无所知。

人们在部分结构得到了保存的化石中识别出了一些物种,其中已知最古老的棘鱼是由卡罗莱·伯罗和加文·杨(1999)描述的上志留纪维多利亚的*Yealepis*。该标本拥有典型的棘鱼鳞片形态,接近于背棘鱼(*Nostolepis*)的鳞片。但它的保存状况不佳,并且又缺乏棘部结构,所以伯罗和杨并不能确定它一定属于棘鱼族群。

加文·汉克(2002)描述了早泥盆纪(洛赫科夫阶)加拿大的*Paucicanthus*,它是另一种神秘的形态。它配对的胸鳍和腹鳍上并没有棘,但它却拥有中鳍脊,在任何形态学角度来看,这都是典型的棘鱼结构。这表明该族群的早期成员可能在进化早期失去了鳍棘,因为配对的胸鳍是许多基础有颌鱼

第六章 颌部长有棘的鱼 | 123

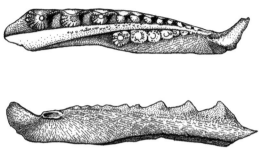

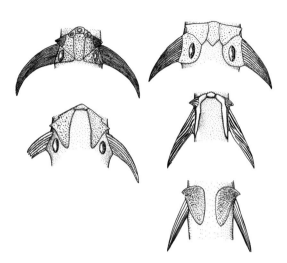

在一些早期的泥盆纪棘鱼中，环绕胸鳍脊的腹侧肩带骨出现了变化。

Taemasacanthus的下颌，它是来自早泥盆纪澳大利亚新南威尔士州的坐棘鱼目，这种鱼的牙齿和颌骨融合到了一起。

中的一个普遍特征（比如说类似鲨鱼的Doliodus，所有基础的盾皮鱼，以及鬼鱼和斑鳞鱼等一些基础的硬骨鱼）。

栅棘鱼目：带有甲胄的棘鱼

目前发现的完整棘鱼遗体中历史最悠久的族群是栅棘鱼目（Climatiiformes），以早泥盆纪英国旧红砂岩中发现的属（栅鱼）（Climatius）命名。它们的特点是在整个肩带上都覆盖着精美的骨骼护甲。原始棘鱼在胸鳍和腹鳍之间可能有许多额外的中间鳍脊，这些鳍脊沿着肚子成对排列。人们在欧洲和俄罗斯的遗址中识别出了栅鱼及其亲属的鳞片和一些孤立的鳍脊，而在年代类似的地层中，几乎都存在和栅鱼相似的鳞片。这种拥有厚重护甲的鱼不能移动固定在肩带护甲上的胸鳍，所以这些鱼很可能会沿着海底游弋，从而搜寻猎物。它的身体各处都有许多尖锐的棘刺凸出，无疑是对攻击者的一种威慑。

其他一些拥有厚重甲胄的早期栅鱼包括异形鱼（Parexus）和Euthacanthus，前者有一条非常大的棘，而后者的腹面则排列着五对中鳍脊。这些鱼类中有许多来自英国的淡水或近海沉积物遗址中。最早的棘鱼主要是海水鱼，但到了泥盆纪时，它们则基本上成了咸淡水兼容的鱼类。

在中泥盆纪时，拥有厚重护甲的栅鱼的首波分化大潮逐渐退去，这一族群接下来仍然存在，不过形态没有之前这么令人震撼了。diplacanthids是栅棘鱼目内一个身体扁平的族群，它们大大削减了自己的胸鳍中胃，覆盖了头部侧面的奇异脸颊板也出现了缩水。人们在中晚泥盆纪欧洲和北美的岩石中发现了Diplacanthus（意思是"成对的棘"），这是其中最有名的形态。Diplacanthus保留了一些原始特征，如中鳍脊和相当坚硬的胸鳍。Rhadinacanthus看起来与Diplacanthus类似，但它背鳍上的前棘比在后背鳍上的要短。Milesacanthus是来自中泥盆纪南极的阿兹特克砂岩的双棘鱼（Diplacanthid），显示出该族群分布广泛（布罗和杨，2004）。另一种仅存于冈瓦纳大陆东部的双棘鱼是Culmacanthus，它的身体扁平，胸鳍周围的骨板较少，完全没有中鳍脊（朗，1983）。它的脸颊板很大，上面有独特的装饰，人们在澳大利亚和南极的许多遗址发现过这种化石。人们对这个属的了解以三个已发现物种的脸颊板形状为基础。双棘鱼的嘴部都很小，没有牙齿，这表明是它们以藻类或碎屑为食。

最后一种栅棘鱼目鱼类是gyracanthids，它是

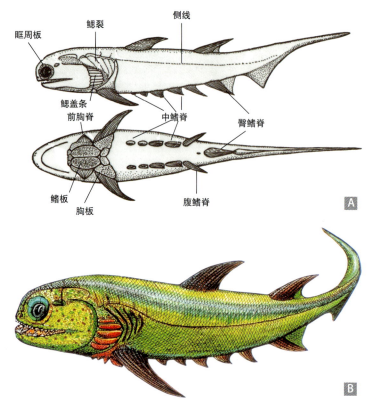

栅鱼是一种典型的棘鱼，这是它的基本特征（A）。早泥盆纪英国的栅鱼重建图（B）。

长达1.5m左右的大型棘鱼，首先出现在中泥盆纪的南极（冈瓦纳大陆东部），并在石炭纪时期来到了北半球各国。人们在世界各地的石炭纪河流沉积物中，都很容易识别出具有人字形脊部的独特棘部，它们很大。人们在澳大利亚东南部的曼斯菲尔德附近发现了它们唯一一个带有关节的化石标本，显示出了这些鱼类到底长什么样。该化石属于Gyracanthides类下的murrayi。在这个物种中，肩胛带已经从固定住鳍的坚硬骨板中解脱了出来，使得它巨大的胸鳍实际上能够稍微移动。这些棘十分巨大，几乎有鱼的一半长，并且很可能会被用于防御大型根齿鱼，根齿鱼与它们居住在同一片栖息地中。在英美两国年代相近的煤层中，人们常找到Gyracanthus这种鱼类的遗骸，它与这些鱼关系很紧，而这些遗骸一般是单独出现的棘和肩骨。

坐棘鱼目：掠食者

"坐棘鱼目"（Ischnacanthiformes）这个词来自希腊文，意思是"细棘"，它们的特点是拥有强壮的真皮颌骨，上面牢牢地排列着一排排牙齿。这些特殊的颌骨形成了颌部唯一能进行咬合的部分，其余的大部分是软骨，而某些物种的下颌外侧还有一块额外的骨夹板。尽管世界各地的中-晚志留纪遗迹中都有很多坐棘鱼目鳞片，但该族群最早的完整化石则来自早泥盆纪的加拿大和英国。加拿大西北地区的德罗尔梅构造区有保存很好的坐棘鱼目化石，显示出第一批坐棘鱼目没有围绕肩带的骨铠，这是它们的表亲栅棘鱼目所具有的特征。

第六章 颌部长有棘的鱼 **125**

来自泥盆纪澳大利亚维多利亚州霍威特山的*Culmacanthus*鱼的颊板、鳞片和棘（乳胶铸件）。

*Courmacanthus*是一种中泥盆纪棘鱼，来自澳大利亚，身形扁平，拥有强健的背棘。

其中最为人所知的一种形态是坐棘鱼，它是一种身体细长的掠食者，拥有长而窄的鳍脊。它与众不同的腭骨上拥有一系列大的三角形牙齿，这些牙齿是弯曲的，上面长有尖角，这与较小的牙齿不同。它的头部没有大的骨板，在颌关节处则只有一些稍大的骨头。最古老而最原始的坐棘鱼目之一是来自英格兰的*Uraniacanthus*，它的胸鳍和腹鳍之间存在中鳍脊。

棘鱼中最大的是坐棘鱼目的*Xylacanthus*，像许多坐棘鱼目一样，人们只发现过它的下腭骨。人们也在志留纪晚期的加拿大，以及早泥盆纪的斯匹次卑尔根的红层中发现了*Xylacanthus*的下颌骨，表明它的最大长度约为2m。这样一来的话，在它所栖息的浅海环境中，它就成了最大的掠食者。坐

棘鱼目的下颌骨各部分在泥盆纪其他许多海洋沉积物中都有存在，得到了人们的描述，有些具有高度复杂的齿列。早泥盆纪澳大利亚东南部的布坎和泰马斯附近的石灰岩中，有Rockycampacanthus和泰马斯棘鱼（Taemasacanthus）的化石，它们都是小鱼，颌骨上除了有一排主要的、用于切割食物的牙齿之外，还有第二排牙齿存在，同时还有单独存在的牙齿，在下颌上还有一些小齿。整体而言，坐棘鱼目是一个鲜为人知的群体。它们之中保存完整的化石很少，根据这些化石来看，它们在整个进化过程中显得非常保守。最后存活的坐棘鱼目之一是来自法门阶新南威尔士州亨特砂岩的格伦费尔棘鱼，在泥盆纪结束时，这种大鱼估计就灭绝了。

迈尔斯棘鱼（Milesacanthus）是南极目前已知的唯一一种比较完整的棘鱼。1971年，加文·杨在中泥盆纪横贯南极山脉的阿兹台克石灰岩中发现了这一物种。

棘鱼目：过滤捕食者和幸存者

棘鱼目是最成功的棘鱼，其特征是拥有单条背鳍，没有牙齿，并且拥有发达的鳃耙。这些特征表明它们过着一种自由浮游，依靠过滤来进食的生活方式。它们整个进化过程中的一个主要趋势是解放拥有数个骨化结构的肩带，增加胸鳍的活动范围。它们之所以培养出这种机动性，或许是为了追逐成群结队的浮游动物或小型甲壳动物，或者是为了更有效地逃离攻击者。

棘鱼目在早泥盆纪首次出现，由两种原始的

来自早泥盆纪加拿大MoTH遗址的坐棘鱼。（感谢艾伯塔大学的马克·威尔逊提供图片）

吉拉坎提德鱼（*Gyracanthides*）的鳍脊，这是一种大型棘鱼，来自泥盆纪–石炭纪时期冈瓦纳地区的沉积物中。这一样本出土于早石炭纪的澳大利亚曼斯菲尔德。

晚泥盆纪澳大利亚格伦费尔的掠食性坐棘鱼目格伦费尔棘鱼（*Grenfellacanthus*）牙齿的一些特写图片。

mesacanthid所代表。它们是唯一一种在胸鳍和腹鳍之间存在中鳍脊的棘鱼目。人们在苏格兰的安格斯发现了保存完整的*Mesacanthus*标本。来自加拿大的*Paucicanthus*类*vanelsti*鱼，它拥有更大的头骨顶部板和成对的鼻骨（汉克，2002）。到了泥盆纪中晚期时，棘鱼十分兴旺发达，拥有与坐棘鱼目类似，标准而保守的身体结构。*Cheiracanthus*是一种广泛分布的中泥盆纪物种，尽管人们只在苏格兰的老红砂岩中发现了它唯一完整的化石标本，但它独特的鳞片则是存在于世界各地的各个同时代遗址中。

来自澳大利亚东南部霍威特山的霍威特棘鱼（*Howittacanthus*）和来自加拿大魁北克埃斯屈米纳克构造区的*Triazeugacanthus*是一些晚泥盆纪鱼类。它们与棘鱼属等后来者仅有微小的差别，这些差别在于腹鳍的大小，以及鳍脊上肋骨的数量。所有先进的棘鱼目的鳞片上都有平坦而毫无装饰的冠，相当浅的基底，而鳍脊则往往只有一条大的中肋骨。来自北美洲的棘鱼属鱼类和犹他棘鱼（*Utahcanthus*）等先进的棘鱼目也有三种耳石，每种各对应一个充满膜层的迷宫般耳道。这些鱼类存在成熟的耳石，这可能使它们在快速游动时更为平衡，或者能更好地找准方向。

棘鱼属是一个遍及全球的属，从早石炭纪一直生活到中二叠纪，根据来自德国莱巴赫的棘鱼属*bronni*鱼的化石印痕来看，它们也是唯一一种头

（上图）这是 *Homalacanthus*，一种来自德国贝尔吉施-格拉德巴赫遗址的中泥盆纪棘鱼。棘鱼目失去了前背鳍脊，并且缺乏牙齿，主要靠过滤来捕食。

（中图）中泥盆纪澳大利亚霍威特遗址的霍威特棘鱼化石样本。

（下图）霍威特棘鱼的重建图片，此处假定它是一种过滤捕食者。

盖骨和鳃弓得到了保存的棘鱼。它们有无数鳃耙和一张大嘴，这显示出它是一种效率极高的过滤捕食者。棘鱼属是唯一已知的二叠世棘鱼，是一度繁荣的棘鱼类最后的幸存者。

Acanthodopsis 的颌骨上长有简单的三角形牙齿，在石炭纪英国和澳大利亚的煤沼地十分兴旺。根据这些颌骨来看，它们可能有1m长。但这一物种缺乏其他坐棘鱼目所拥有的、长有独特而复杂的牙齿的颌骨，显示出 *Acanthodopsis* 可能是棘鱼目的一个异常成员，一开始靠过滤捕食来生活，然后成了掠食者。澳大利亚的卡罗莱·伯罗（2004）将 *Acanthodopsis russelli* 的化石材料描述成了三维颌骨，由于它拥有复杂的双颌关节，于是便将这种鱼放置在了棘鱼目内。

由于此时条鳍鱼和鲨鱼的数量正迅速增加，并且在不断抢夺栖息地和猎物，所以棘鱼便很可能因此而灭绝了。今天，我们可以利用志留纪和泥盆纪沉积物中的棘鱼鳞片来测定沉积物的年代，并在它们与其他动物群之间建立联系。从这方面来看，棘鱼化石正变得越来越重要，而且我们还应该对它们的鳞片进行许多研究，以探究它们与其他动物间的关系。这一有趣的鱼群有很多值得我们去学习的

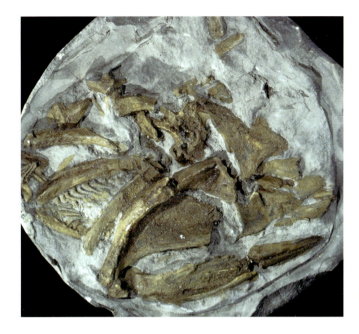

二叠纪时期德国莱巴赫的棘鱼属bronni鱼的颌骨和鳃弓铸型,显示出了用于过滤食物的鳃弓。

两只二叠纪德国的棘鱼属标本。这个属是古生代末期棘鱼最后的幸存者,它们在古生代末期灭绝了。

地方。最近在晚泥盆纪澳大利亚戈戈遗址发现的三维材料,应该能够提供大量有关它们解剖学的新信息,并帮助揭示它们与其他早期有颌鱼之间神秘的关系。

第七章

进化过程突然显现

内骨骼高度骨化的硬骨鱼

硬骨鱼今天是最大的、最为多样的脊椎动物群体,主要由条鳍鱼(辐鳍鱼亚纲)和肉鳍鱼(lobe-finned fishes)[肉鳍亚纲(Sarcopterygii)]代表。它们的起源可以追溯到距今约4.2亿年前的晚志留纪,当时它们还是古代鱼类中十分罕见的一份子。在泥盆纪开始的时候,所有主要的硬骨鱼群体都已经出现了(朱敏等人,2009)。但在泥盆纪结束之前,地球上已经进化出了第一批陆生动物,它们来源于先进的肉鳍硬骨鱼,是它们辐射分化的产物。在硬骨鱼的早期进化过程中存在着一些关键阶段,这些阶段是脊椎动物进化史上最复杂的演化过渡的一部分。在水中呼吸的鱼类是如何成为陆生两栖动物的呢?答案就在这场演化过渡之中。

硬骨鱼成功的秘诀之一是存在处于早期阶段的肺部,后来它出现了变化,成了鱼鳔。辐鳍鱼亚纲和肉鳍亚纲是两种主要的硬骨鱼族群。后者包括两个主要的分支,其中包含许多灭绝的鱼类目,比如肺鱼亚纲(Dipnomorpha)(包括存活至今的肺鱼)和四足形亚纲(Tetrapodomorpha)(一个进化出了陆地动物的鱼类谱系)。它们的身体特征存在不同,头骨和肩带骨更是拥有独特的形态。除此之外,许多硬骨鱼还进化出了特定的摄食适应,其中的一些鱼类拥有独特的牙齿组织。

时至今日,当我们想到鱼类的时候,想起的就会是硬骨鱼。这一族群大约囊括了3万种现存鱼类。它在今日的水体中取得了广泛成功,与此形成鲜明对比的是,最早的硬骨鱼还在跟泥盆纪的掠食鱼类之间进行一场殊死搏斗,以求得生存。我们发现的第一批硬骨鱼化石很少,由此所获得的相关知识也很少,而其化石则主要是鳞片和零碎的骨头(博特拉等人,2007)。晚志留纪/早泥盆纪的硬骨鱼化石是其中历史最为悠久的,显示出了它们的颅骨解剖特征(斑鳞鱼,朱敏等人,1999)。在早泥盆纪时,鲨鱼和硬骨鱼很明显是动物群中不怎么起眼的群体,而盾皮鱼和棘鱼的多样性则在增加。

随着泥盆纪一天天过去,硬骨鱼也分化成了许多不同的族群,主要变成了肺鱼和掠食性肉鳍鱼,它们一直繁荣地生存着,直到泥盆纪结束为止。在泥盆纪结束后,从地质时间上看,能再多活一段时间的族群也所剩无几了。有三个肺鱼属——非洲肺鱼属(*Protopterus*)、南美肺鱼属(*Lepidosiren*)、澳洲肺鱼属(*Neoceratodus*)至今仍然存活着。它们生活在三个不同的南半球大陆上,但是只有两种原始肉鳍鱼在孤立的海洋栖息地中存活到了现在,它们是腔棘鱼(coelacanth)、矛尾鱼(*Latimeria*)。

本章介绍了硬骨鱼的基本解剖结构,并概述了该群最原始的化石成员的神秘遗骸。硬骨鱼类在进化方面的成功之处之一是拥有灵活的骨骼形态,

(上图)雀鳝(*Lepisosteus*)是一个基本的条鳍鱼科,它的起源可以追溯到1.4亿年的早白垩纪。这些雀鳝填补了全副武装的古生代条鳍鱼和其他一些鳞片更纤细的派生鱼类之间的空隙,后者包括了今日占据主导地位的硬骨鱼。(感谢维多利亚博物馆的鲁迪·库伊特尔提供图片)

(左图)这是非洲肺鱼属,代表较小的肉鳍鱼。肉鳍鱼是一种盛行于古生代的鱼类,但现存的肉鳍鱼只有六种肺鱼和两种腔棘鱼了。

矛尾鱼是生存至今的腔棘鱼，是现存肉鳍鱼中最基础的物种。该物种于2007年在印度尼西亚的苏拉威西被人发现。（感谢SeaPics提供图片）

这允许它们发展出一系列不同的捕食方式（特别是条鳍鱼）。同时，它们的骨骼中也发展出了各种组织，既是外部真皮板，也是一系列可变的牙齿组织，这也是它们的又一个成功之处。我们可以拿"骨头"和"牙齿"这两个词来大概描述一系列类似牙齿的组织。这些组织让碾压板更为坚固，让主要的骨骼成分更轻盈，更为强硬，也强化了用于捕食猎物的大尖牙。

鲨鱼、棘鱼和硬骨鱼在进化方面有一个十分伟大的新颖之处，这为后来的生物入侵陆地提供了先导作用，也是它们与盾皮鱼的不同之处：这些鱼类的呼吸系统可以利用空气中的氧气，而非单纯依靠鳃在水中呼吸。在缺氧的情况下，硬骨鱼可以通过使用体内简单的肺来为鳃呼吸作补充（克拉克，2007），这将在后来发展为陆地动物的主要呼吸方法。

肺的优点在于它也能充当浮水器官，能通过调节其中的气体含量，来使鱼在水体中上升或下降。这意味着要想上浮的话，鱼类不再需要推动大的翼状胸鳍（鲨鱼和盾皮鱼就是这么做的），能够节省能量，也因此而解放了鱼鳍，让它在水中更为自如。这一新特征出现后，身体扁平的古鳕类（palaeoniscoids）（如*Ebenaqua*和*Cleithrolepis*，第8章提到了这些鱼类）等日后出现的条鳍鱼便拥有了更为多样的身体形状，它们的肺部变成了鱼鳔。在许多现存的条鳍鱼物种之中，鱼鳔也是可以在部分程度上辅助呼吸的器官，它让其中一些物种能在水体外待一小段时间。其中一个很好的例子是生活在红树林中，能够爬树的小弹涂鱼。所以说，将鱼类简单的肺转变为采取胸式呼吸或肋式呼吸的四足动物肺部，并不是如此复杂的一个进化步骤，不过也需要鱼类提升自己的躯干硬度，还要发育出胸腔，躯干部分的肌肉也要有更好的控制力才行。第一批硬骨鱼的骨骼比较保守，其中大多数族群的身体结构

有脊类：硬骨鱼的神秘祖先

目前人们只发现了两种Lophosteiformes属，它们是*Andreolepis*和*Lophosteus*，都位于晚志留纪波罗的海奥塞尔岛的沉积物，这个岛屿离瑞典不远。德国著名的古生物学家沃尔特·格罗斯（1969，1971）首次描述了lophosteiforms，研究者对这个神秘族群的了解仅来自孤立的鳞片、牙齿和一些罕见的碎骨化石。尽管它们的牙齿缺乏一种叫做齿冠层、会在几乎所有条鳍鱼的牙齿尖端上矿化的致密硬组织，但它们在结构上似乎仍与原始条鳍鱼类似。

它们的牙齿形状为圆锥形，中间有一个大的牙髓腔，牙齿可能与颌骨融合到了一块，并且缺乏根系。它们的鳞片形状跟早期条鳍鱼的较为相似，都是长方形或者菱形的，但是缺乏构成条鳍鱼鳞片表面装饰物的矿化硬鳞质层，这层物质充满光泽。人们通过分析它的部分锁骨化石，了解到了它的肩带结构，该结构也与鳕鳞鱼这种早期条鳍鱼类似。这些东西引起了人们极大的好奇心，让我们有了一个粗略的想法：lophosteiforms看起来有点像最早的条鳍鱼，但是缺乏这个群体所独有的各种重要组织。同时，这些组织也为日后条鳍鱼骨骼的主要进化过程奠定了基础。埃克托·博特拉（Hector Botella）及其同事在《自然》杂志（2007）上发表了一篇文章，而弗里德曼和布拉泽乌（2010）在最近也进行了一项研究，这些研究确定lophosteiforms属于硬骨鱼，而且它们跟条鳍鱼的关系比跟肉鳍鱼的更为紧密。

另一种原本被看作基础辐鳍鱼的神秘鱼类是*Ligulalepis*。它的鳞片最初是由汉斯-彼得·舒尔策于1968年描述的。这些鳞片拥有发育良好的背部钉状结构，根据其组织学结构来看，上面还有硬鳞质层。然而，归属于*Ligulalepis*的头骨和头盖骨是在早泥盆纪澳大利亚泰马斯遗址处发现的，这表明它

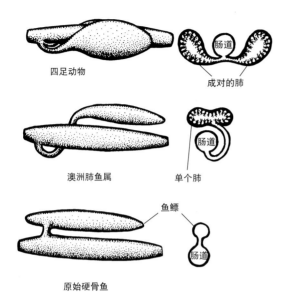

高等脊椎动物的肺部可能来自所有硬骨鱼中的原始肺部，或者说是首先出现在条鳍鱼身上的鱼鳔所派生出来的。无论如何，肺部演化成了被肠道包裹着的口袋状突出物。

在进化过程中基本没有什么变化。最明显的例外是条鳍鱼，它们在泥盆纪之后出现了一场规模很大、一直持续的分化过程，新的组织等级也不断出现（例如全骨鱼和硬骨鱼阶段），各族群也日益多样化，直到今天仍是如此。原本坚硬的颧骨以及颌骨得到了解放，这让它们能适应一系列特殊的捕食机制，或是简单或是复杂，可能是食草模式，也可能会变成从海水中吸取浮游生物，拥有管状口部的海马。硬骨鱼的捕食机制多种多样，几乎数不胜数。

尽管最原始的这些硬骨鱼多半被划分为了硬骨鱼，但自早泥盆纪起，它们的结构便广为人知了。在这一章中，我们展现了硬骨鱼的解剖结构，以及其中两个最基本的族群[onychodontiforms和空棘鱼（actinistians），又称腔棘鱼]。它们在肺鱼亚纲和四足形亚纲（在后面的章节中将介绍这些主要谱系）诞生前分化了出来。

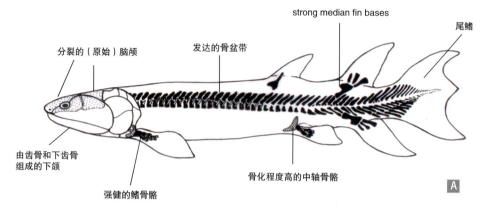

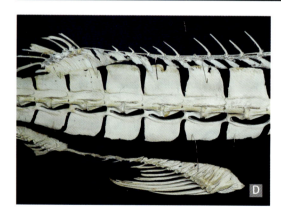

一条先进的硬骨鱼的骨骼（A），这条鱼是晚泥盆纪的真掌鳍鱼属（*Eusthenopteron*）的tetropodomoprh鱼，图片上显示出了它的主要部分。几乎所有硬骨鱼都有一套强硬的内骨骼。这是狼齿海鳝属（Lycodontis）funebris鱼的头骨（B），它是一种海鳝，身上凸显了先进条鳍鱼对环境最为成功的适应：它能移动嘴部骨骼，从而进行一系列各式各样的捕食行动。海鳝会利用隐藏在喉咙里的第二组颌骨，用它再次咬紧猎物。濑鱼（wrasse）（C）的骨架，它是今日仍然存活的数百个硬骨鱼科中的一分子。请读者注意位于其颌骨上的坚固牙齿。硬骨鱼是所有脊椎动物中最为多样的，这一族群大约囊括了3万种现存鱼类。箭鱼（D）中轴骨骼的一部分，显示出了骨化程度高的脊椎，这种脊椎能使它以每小时80Km的速度游动。硬骨鱼拥有骨化程度高的中轴骨骼，这让它们与其他鱼类之间产生了差别。

硬骨鱼的基本结构

尽管最早的硬骨鱼化石的椎骨和内部骨骼的骨化程度都极小,但硬骨鱼的特征仍在于具有骨化程度高的内骨骼。它们的软骨前体附近周围形成了软骨化骨,并且在上颌骨和下颌骨上也拥有缘齿,在上颌骨、前上颌骨和齿骨上更是如此。前颌骨承载着眶下感觉线通道的一部分。

鳃弓是一种由多个部分所组成的骨质或软骨质拱型结构,位于支撑鳃的咽喉两侧。相对于其他有颌鱼而言,硬骨鱼中的鳃得到了高度进化。在前两道鳃弓上有咽鳃骨和上咽鳃骨,舌骨弓则长有舌间骨和下舌骨。前两道鳃弓跟同一条腹中骨(基鳃骨)铰接在一起,上面通常带有小齿骨,以帮助粉碎食物。球形板覆盖了头部下方,并且在大鳃盖骨下面存在次要的鳃盖骨。

硬骨鱼肩带的骨骼模式十分独特:肩带的大部分由一块大的匙骨和锁骨组成,还带有小的上匙骨、后颞骨、后锁骨(或向上匙骨)。这种坚硬的肩带与盾皮鱼的肩带在演化上并驾齐驱,目的是支撑它的胸鳍肌肉组织。

硬骨鱼的鳞片相互重叠并铰接,其他任何鱼类的鳞片都没有达到这个地步。而在较高级的肉鳍亚纲,以及后来出现的辐鳍鱼等较高级硬骨鱼之中,每片圆形鱼鳞都有超过75%的表面与相邻的鳞片重叠到了一起。这提升了它们的躯干强度,让它们能更有效、更强而有力地在水中游动。

硬骨鱼存在鱼鳔(或肺),所以它们的内部解剖结构在鱼类中是独一无二的,这使它们能够调节自己在水中的深度(最终还能吸入空气)。它们的肌肉组织也是高度特化的,因为它们存在鳃提肌,弧间肌和腹横肌,腹横肌影响到了鳃和胃的功能。

虽然所有原始硬骨鱼都具备这些特征,但在辐鳍鱼出现大爆发时,其中一些特征得到了很高的特化,而有些特殊的物种则继发地失去了这些特征。此外,这些特征中有许多也适用于原始的化石两栖动物。这再次向我们强调了这一点:它们只是一种先进的硬骨鱼谱系,身上长着的是足趾,而不是鳍。这场迷人的过渡在本书的最后一章中得到了详细的探讨。

保留了许多原始的硬骨鱼特征,例如存在眼柄,其他大多数硬骨鱼都失去了这一特征。人们对其解剖学进行了系统发生分析,目前确定它属于硬骨鱼这一分支(巴斯登等人,2000)。

早期的肉鳍鱼或硬骨鱼分支?

最古老的完整肉鳍鱼遗迹来自晚志留纪的中国,如鬼鱼和斑鳞鱼,本书第10章将进一步讨论这些鱼类。这两个物种和另一种名叫无孔鱼(*Achoania*)的早泥盆纪物种一起,填补了真正的硬骨鱼和其他早期有颌鱼之间的缝隙。因为这三个物种展现出了一系列非常原始的特征,例如拥有成对的鳍脊和基底宽阔的髆喙骨或肩骨,这些骨骼支撑着胸鳍[朱敏和虞晓波(音),2009]。

研究者也在早泥盆纪的加拿大北极地区、欧洲和中国发现的物种中辨认出了其他早期肉鳍鱼。这些化石中拥有一个名叫孔鳞鱼的鱼类族群的头骨(详见第11章),人们已经了解到它基本的头骨和躯干结构。同时,这些化石中也包括一些处于肺鱼和其他总鳍鱼之间,似乎属于过渡结构的独特物种。这组鱼类中包括了一些神秘的属:杨氏鱼(*Youngolepis*)和威尔士王子鱼(*Powichthys*),以及"肺鱼的原型"奇异鱼(*Diabolepis*)(这个词的意思是"魔鬼的鳞片")。它们可能是孔鳞鱼的祖先。

这些鱼类仍然鲜为人知,它们在硬骨鱼族群

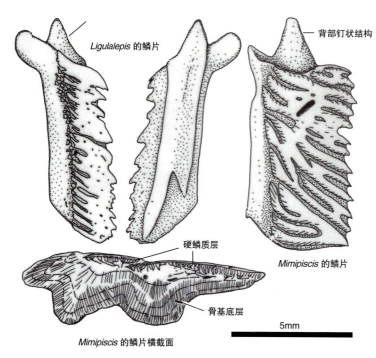

(左图)Ligulalepis的鳞片,这是一种晚志留纪/早泥盆纪的基础硬骨鱼,图上显示出了它的矩形形状、发达的钉状结构和凹槽,鳞片就处于这些排成一列一列的凹槽之中。

(下图)Ligulalepis的头骨,来自早泥盆纪澳大利亚的泰马斯,背视图(A)和腹视图(B)。这是迄今为止发现的所有基本硬骨鱼中头骨和头盖骨保存状况最好、且历史最悠久的。实际大小约1.2cm。

第七章 进化过程突然显现 | 137

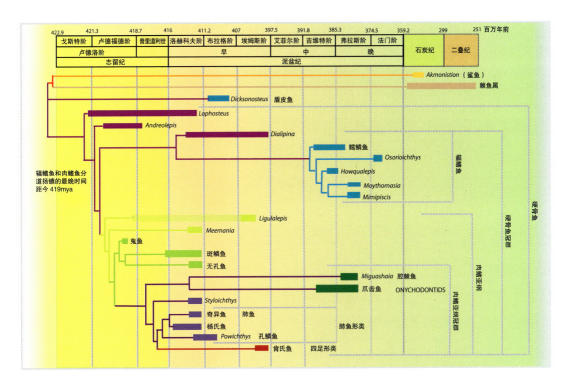

显示主要硬骨鱼的最早起源和分支的图表。（以朱敏等人的研究为基础修改而成，2009）。

内的关系一直是很多人争辩的话题。然而一个共识正在慢慢显现出来：它们更算得上是肉鳍亚纲的另一个谱系，或者是肉鳍鱼的另一个谱系。大多数古生物学家认为它们与孔鳞鱼密切相关，而肺鱼与孔鳞鱼又是密切相关的姊妹群体（它们组成了肺鱼亚纲）。

目前，化石鱼类研究者一致认为，因为杨氏鱼和Powichthys都有一层珐琅质层，并且嵌入到了齿鳞质的孔洞中，所以它们便与porolepiform类的总鳍鱼紧密相关。人们一般认为奇异鱼与肺鱼的关系比跟其他任何一个族群的关系都更密切。但肺鱼和孔鳞鱼的关系又有多紧密呢？这仍然是一个存在争议的问题，我们将在第10章中做更详细的讨论。关于硬骨鱼如何演化成了四足动物，而这些四足动物最终又怎么进化成了人类的讨论，则位于第13章中。

第八章

原始的条鳍鱼

第一批硬骨鱼的快速崛起

在上一章中讨论的硬骨鱼类中,条鳍鱼(辐鳍鱼亚纲)是最大的群体,占到了现存3万多种硬骨鱼中的2.9万种。最古老的条鳍鱼出现在距今大约4.2亿年前的志留纪末期,只存在鳞片和零碎的骨骼和牙齿化石。该族群的第一批完整化石大约出现在2500万年后,属于鳕鳞鱼。这种鱼比较特殊,鳞片较小,人们也在中泥盆纪的苏格兰和晚泥盆纪的北美发现了它们多肉的胸鳍片。晚泥盆纪时还出现了其他十几种条鳍鱼,其中包括在西澳戈戈构造区发现、保存完好的物种。这些化石揭示了许多关于第一批条鳍鱼的解剖特征和身体结构的信息,这个族群通常被称为古鳕类。在晚古生代时,该族群经历了一次规模巨大的分化,到了石炭纪和二叠纪时,出现了差不多50个科。在这段时间里,以Discoserra鱼为代表的第一批新鳍鱼也出现了。接下来,到了中生代的时候,这些新鳍鱼将会孕育出占据主导地位的硬骨鱼。

最早对条鳍鱼做描述的人也许是希腊哲学家亚里士多德(公元前384~322年),他在自己的《动物志》(*Historia animalium*)中写道:"真正的鱼类的特征在于拥有鳃和鳍,它们大多有四条鳍,但鳗鱼等细长的鱼类则只有两条。海鳗(*Muraena*)等一些鱼类则完全没有鳍。"有种辐鳍鱼的学名就来自这里,这个名字也是辐鳍鱼中历史最久的。后来在16世纪的欧洲，教会派遣法国人皮埃尔·贝隆（Pierre Belon，1517~1564）等学者去大学就读，在读完大学之后，贝隆出版了《自然和鱼类多样性》（The Nature and Diversity of Fishes）一书。几乎在同一时间，另一个法国人格列姆·隆德莱特（Guillame Rondelet）成为蒙彼利埃大学的教授，此人也是研究鱼类的专家（这里的"鱼类"泛指条鳍鱼）。隆德莱特的作品《水生生物通史》（Universe Aquatalium Historiae）中有许多关于条鳍鱼的细致描述，但他也在其中记录了生活在海中的其他生物，包括鲸鱼、鳄鱼和贝类。

现代分类学之父是瑞典自然学家卡尔·冯·林奈（1707~1778），他也被称为Linnaeus。他是第一个用二名法系统[①]来给植物和动物命名的人。他1758年出版的《自然系统》（Systema Naturae）是一部经典作品。人们在那之后发现了很多种条鳍鱼，而这部作品正好为这些物种的命名和描述工作打下了基础。不过首先认识到该族群中存在三大类——硬鳞总目（Chondrostei）、全骨类（Holostei）和真骨鱼类（Teleostei）的则是法国科学家路易斯·阿加西斯，他在其1833~1844年的经典著作《对鱼类化石的研究》中，通过比较现存条鳍鱼和其化石，首先认识到了这点。虽然阿加西斯对硬鳞鱼类（Ganoidei）的分类获得了较高的认可，但是他在进行分组的时候，将很多条鳍鱼和肺鱼，一些总鳍鱼，还有一两条古怪的棘鱼都囊括到了一块。

到了1871年，美国古生物学家爱德华·德林克尔·科普（Edward Drinker Cope）将阿加西斯的族群定为辐鳍亚纲（Actinopteri），从而将条鳍鱼跟肉鳍鱼区别了开来，也让"条鳍鱼是否形成了一个自然族群"这个问题变得正式。接下来，英国自然历史博物馆的阿瑟·史密斯-伍德沃德（Arthur Smith-Woodward）更进一步，在1891年创造了辐鳍鱼亚纲（Actinopterygii）这个术语（与科普的"Actinopteri"是对等的）。英国生物学家古德里奇（Goodrich）也按照伍德沃德的办法，使用了"辐鳍鱼亚纲"这个词，并将该词作为这个多样化的生物和化石鱼类族群的通称。

今天至少有2.8万种辐鳍鱼存在，而且每年都有新的物种被发现，因为人们每年都会捕捞许多尚未被发现的鱼类。严格意义上说，条鳍鱼属于辐鳍鱼亚纲，因为这些鱼的鳍由坚硬的骨质脊或鳍条支撑。辐鳍鱼不仅是所有现存脊椎动物中种类最多的，而且还栖息于地球上最恶劣的环境之中。它们栖息于海中最深之处（海拔-11000m），高山的溪流之内（海拔4500m），冒着蒸汽的热火山泉（43°C）以及寒冷刺骨的南极水域（-1.8°C）。它们之中有所有成年脊椎动物中体型最小的物种，其中一个物种的成体只有7.5mm长，而已经灭绝的条鳍鱼利兹鱼（Leedsichthys）可能长达12m以上。

辐鳍鱼的化石记录非常引人注目——其中最古老的是距今4.1亿年的鱼类鳞片，而其他一些记录则包括了西澳戈戈构造区保存下来的三维泥盆纪物种化石。同时，大体来说，它们的化石多样程度令人赞叹，从其中最老的成员形成为止，一直到今天，各个地质时代都有它们的身影。辐鳍鱼亚纲内有许多不同的族群，所以本章主要关注该群体的早期起源和辐射分化状况，并会提到它们进化过程中的重大进展，从而弄清其中最成功的谱系究竟是谁。今天有很多原始的条鳍鱼栖息在这个世界上。条鳍鱼不断进化，一路前行，而这些原始条鳍鱼则是在其进化过程各个阶段中的幸存者。如果我们要

[①] 一种生物命名系统，由属名和种加词构成——译者注。

原始条鳍鱼的基本结构

泥盆纪的辐鳍鱼身体较长，只有一条背鳍；其他所有早期的硬骨鱼都有两条背鳍。辐鳍鱼的独特之处在于其下颌骨上有一块大齿骨（承载着骨头），它环绕着一条下颌感觉线管道，面颊骨[1]处则存在感觉器官，这些器官位于深深凹陷下去的槽体内。

原始条鳍鱼有一条很长的嘴裂，上颌骨、前上颌骨和下颌骨上都有许多颗尖牙。它们的头骨骨化程度很高，成体的头骨被分为几个中心，分隔它们的是枕骨[2]和腹部裂缝[3]。它们的上颌中线有一条带有长牙的副蝶骨[4]，上下颌骨的内表面都被很多较小的齿状骨所覆盖。颅骨顶部有几块大的额骨，其中包括一个敞开的松果体孔，成对的颅顶骨[5]和鼻腔，一块大的喙骨（或后喙骨），所有的泥盆纪条鳍鱼和一些后来出现的条鳍鱼仍然拥有开放的气孔隙。它们的面颊很长，有一系列眶下骨，上面附有眶下感觉线管道，上颌骨上方有一块大的前鳃盖骨。它们的鳃盖系列具有一条长鳃盖，大的下鳃盖条，以及一系列大于等于12个的鳃盖条。肩带上有块后匙骨，胸鳍的骨骼有一排内部出现骨化的放射状鳍条，而肉鳍鱼则有长长的臂状骨骼。鱼鳍由许多排分段的鳞质鳍条支撑，并且在鱼鳍的前部可能存在专门"切水"的边缘（边缘棘状鳞）。早期的条鳍鱼脊椎骨化程度较低，由脊索上方的软骨化骨壳组成，因此只保留了神经和腹侧弓部分，尾骨并未骨化。后来的辐鳍鱼就像成功的硬骨鱼一样，尾部进化出了骨化程度高的骨头。

原始条鳍鱼身体上的鳞片中有一套发育完善的铰接嵌合系统，能让每块鳞片附到自己所在的那一排上去，而且它们的真皮骨和鳞片上面也有一层叫做硬鳞质的闪亮表面组织。这种类型的鳞片叫做硬鳞鱼型鳞片，它们拥有数层薄的分层状硬鳞质，上面带有血管槽，它们还拥有海绵状骨质层所组成的基底。后来出现的辐鳍鱼失去了硬鳞质，它们的鳞片可能呈圆形。除了鳕鳞鱼之外，所有辐鳍鱼的牙齿都非常原始，它们密集的顶部由齿冠层所组成，这是一种由紧密的牙本质所组成的组织。条鳍鱼骨骼的外部装饰通常是精细的平行棘和结节，它们的顶部都被闪亮的硬鳞质所覆盖。

鳕鳞鱼是最早的辐鳍鱼——或条鳍鱼——人们对它们的了解来自它们相对完整的遗体。这个标本来自苏格兰老红砂岩（中泥盆纪）。

① 也称"颧骨"，但后者在鱼类之中出现的次数较少。——译者注
② 一种头部骨骼，多半位于头部的后半部分。——译者注
③ 原文如此。——译者注
④ 蝶骨是头骨骨骼之一，由于形状类似蝴蝶而得名。——译者注
⑤ 一种头部骨骼，位于头顶附近。——译注

准确地重建辐鳍鱼的进化历程，那对这些原始鱼类进行的解剖学分析就会十分重要。

泥盆纪条鳍鱼

云南舌鳞鱼（*Ligulalepis yunnanensis*）这种条鳍鱼的化石鳞片可以追溯到志留纪末期的华南地区，早泥盆纪的澳大利亚石灰岩里也有类似的鳞片。这种化石材料会是辐鳍鱼的化石呢，还是硬骨鱼茎群的化石呢？研究者对这一问题展开过一些争辩（弗里德曼和布拉泽乌，2010），所以我们会在本书的其他部分讨论这些鱼类（见第10章）。而年代类似的条鳍鱼头盖骨顶部化石中，最古老的来自俄罗斯的北极地区，是*Orvikuina*鱼的化石。它的头骨顶部与其他泥盆纪条鳍鱼没有太大的区别，这些鱼类包括中泥盆纪西澳大利亚戈戈的鳕鳞鱼，以及晚泥盆纪的*Mimipiscis*，*Moythomasia*和*Gogosardina*。

鳕鳞鱼身上非常小的那些鳞片有一层带有小组织的覆盖物，其颅骨顶部靠近口鼻部的地方，还

鳕鳞鱼的重建图。这是目前出土的、拥有完整遗体的条鳍鱼中最原始的。请留意它长长的身体、小的鳞片以及较长的嘴裂。它坚硬的颊骨组成了颌骨肌肉上方一块无法移动的骨板，在日后出现的生物中，这块骨板逐渐变得能够自由移动，使得它们进化出了一系列多样的捕食机制。（感谢布莱恩·朱提供图片）

有一系列的小骨头存在，后来出现的辐鳍鱼则失去了这个特征。它的胸鳍由一片坚固的小叶片支撑着。皮尔森（Pearson）和维斯托尔（Westoll）（1979）对*Cheirolepis trailli*的描述暗示它在游动时，头部会有强烈的侧向运动。

来自中泥盆纪南澳大利亚的*Howqualepis*十分不寻常，因为它的牙齿嵌入到了中口鼻部骨，即后颌骨，将上颌骨的前部分隔开来。像鳕鳞鱼一样，它身体颀长，口鼻部较为尖锐。它居住在古代湖泊中，是种贪婪的食肉动物，下颌前部的牙齿要更大些。

在澳大利亚西部戈戈地区的石灰石结核中，人们发现了保存状况最完好的泥盆纪条鳍鱼。这些

化石显示出了保存良好的头盖骨和头骨结构。布莱恩·加迪纳（1984a）是第一个详细描述了其中两个属的人，这两个属是*Moythomasia*（人们也在德国和其他地区发现过这种鱼）和*Mimia*。布莱恩·楚在这几年内辨认出了其他一些新物种，进行了进一步的描述。*Mimia*这个名字马上将会被拿来称呼

（上图）维多利亚州霍威特山的*Howqualepis*鱼完整标本，显示了身体和鳍的轮廓。这些淡水鱼类似于现代的鳟鱼，可能以无脊椎动物和较小的鱼类为食。

（下图）*Howqualepis*的特写，展示了支撑臀鳍的鳍条，这些鳍条之间紧密地铰接了起来。

第八章 原始的条鳍鱼 | 143

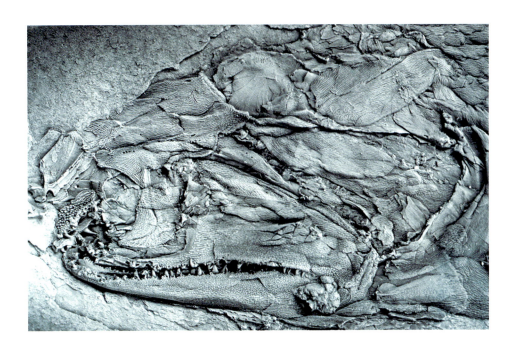

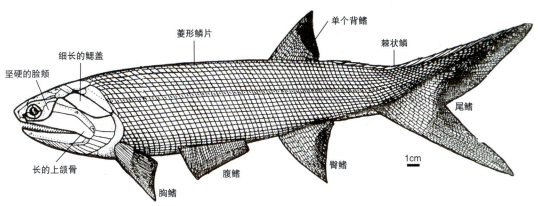

另一个属（参见布莱恩·朱的作品），这是因为原来的属名被占据了。最近发现的 *Gogosardina* 鱼身上有许多小鳞片，与微观状态下的鳕鳞鱼类似，而且它们也跟鳕鳞鱼一样，拥有一层由小口鼻部骨所组成的拼接结构。其他的头骨特征表明它与 *Mimia* 的关系比与鳕鳞鱼之间的关系更为密切。

一般来说，泥盆纪条鳍鱼是一个同质化程度较高的群体，它们之间几乎没有什么差异，除开那些有一层微型鳞片覆盖的成员除外，它们的身

（上图）泥盆纪的原始条鳍鱼霍夸鱼（Howqualepis rostridens）的头部细节，它来自晚泥盆纪澳大利亚维多利亚州的霍威特山遗址。

（下图）霍夸鱼的基本解剖特征，这是一种基本的条鳍鱼。

体各段都有数排鳞片。虽然大部分泥盆纪辐鳍鱼小于15cm，但北美克利夫兰页岩中最大的 *Tegeolepis* 鱼则长达近1m，它们又是一种有微型鳞片的

（上图）Howqualepis的重建图，这是一种栖息于湖泊中的掠食者，游泳速度很快，生活于3.8亿年前的南澳大利亚。（感谢布莱恩·朱提供图片）

（下图）晚泥盆纪西澳大利亚戈戈构造区的Moythomasia durgaringa经过酸液制备的头骨。请注意照片中心的头盖骨，它得到了极好的保存。（感谢布莱恩·朱提供图片）

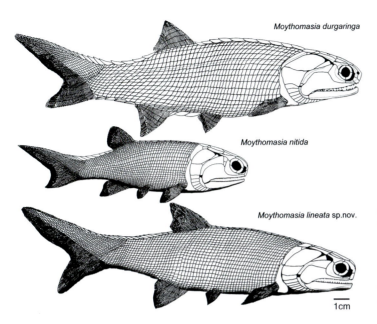

新物种（sp.nov）（即species nova 的缩写。——译注）。

（左图）3种晚泥盆纪 *Moythomasia* 条鳍鱼的相对尺寸和解剖特征。（感谢布莱恩·朱提供图片）

（下图）晚泥盆纪西澳大利亚戈戈构造区 *Mogthomasia durgaringa* 的重建图片。（感谢布莱恩·朱提供图片）

鱼。*Tegeolepis* 有非常大的牙齿和一条长长的喙状凸起。

泥盆纪鳍条鱼的主要演变趋势是嘴裂变短，鳃盖骨变大，并且头骨顶部变得稳定。最后这点是因为靠近口鼻部的许多小骨骼被一系列固定的大型结构所替换（例如中喙状凸起和后喙状凸起骨），微型鳞被也被更大的菱形鳞片所替换（不过此处所提及的这些原始性状的性质仍然保有争议，因为像 Ligulalepis 这样的早期形态具有更大的菱形鳞片）。在鳕鳞鱼等最原始的鱼类之中，头盖骨的骨化程度显然不是很高，但是在戈戈发现的晚泥盆纪物种身上，软骨化骨和软骨内骨则都出现了较高程度的骨化。到

澳大利亚西部戈戈构造区的一种尚未描述的古鳕类头骨。（感谢布莱恩·朱提供图片）

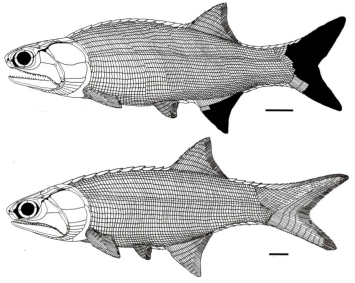

两种晚泥盆纪条鳍鱼Mimipiscis的比较。（感谢布莱恩·朱提供图片）

了晚泥盆纪，这些鱼类中第一批遍布世界的属出现了，例如人们在西澳和欧洲发现的Moythomasia。

这种早期辐鳍鱼的辐射分化物种目前有两个现存的代表，也就是非洲的多鳍鱼（Polypterus）和Calamoichthys这两种芦鳗。它们都是身形细长的鱼，身上有许多棘，形成了背鳍。在早期的生长阶段中，它们眼睛周围的颊骨会与上颌融合。它们是非常原始的，因为与其他所有化石和现存条鳍鱼相比，它们身上都缺乏几个解剖学特征。比如说，它们的下颌处不存在一块上隅骨，胸鳍内骨骼的前部骨骼没有被穿透，并且大脑中的延髓①之上也不存在造血器官。

---

① 大脑下方的一个结构，连接脊髓，负责控制基本生命活动。——译者注

第八章 原始的条鳍鱼 | 147

（左图）Tegeolepis的身体和胸鳍的一部分，它是俄亥俄州克利夫兰页岩中发现的一种非常大（1m长）的掠食性条鳍鱼。（感谢俄亥俄州克利夫兰博物馆提供图片）

（下图）晚泥盆纪条鳍鱼Tegeolepis，它身旁6m长的巨型恐鱼科盾皮鱼和2m长的裂口鲨都使其相形见绌。（感谢布莱恩·朱提供图片）

多鳍鱼（芦鳗）栖息在非洲中部的湖泊和河流中，人们认为它们是最原始的条鳍鱼（古鳕类）现存的代表物种。这个标本的胸鳍基底十分坚固，骨化程度也很高。

原始条鳍鱼的快速兴起

世界上早石炭纪的鱼类动物群以数量繁多的辐鳍鱼和鲨鱼为主，不过在大多数情况下，代表鲨鱼的只有牙齿和鳞片化石。在世界各地石炭纪和二叠纪的许多遗址中，都有保存完好的条鳍鱼，特别是爱丁堡（苏格兰）附近，蒙大拿州（美国）的熊峡石灰岩，德国和俄罗斯，以及维多利亚州（澳大利亚）。已知的晚古生代条鳍鱼超过50个科，其中包括数百个已经得到记录的物种，所有这些条鳍鱼一般都被归类为"古鳕类"或者拥有原始组织的条鳍鱼（曾经被分到"硬鳞总目"之中）。来自澳大利亚的*Mansfieldiscus*等典型的鳟鱼状鱼类显示出，自泥盆纪以来，其中一些物种几乎没有产生变化。

晚古生代时出现了一些十分有趣的物种，它们身形扁平，有特化程度高的进食机制，其中包括扁体鱼（platysomid）和bobasitraniid鱼族群。其中一种鱼是来自二叠纪昆士兰（澳大利亚）的*Eben-aqua ritchiei*，它们的保存状况极好，有数百个保存情况良好的样本。它的嘴非常小，背鳍很大，臀鳍和腹鳍都大大缩小了。它很可能以居住的煤沼中的藻类或杂草为食。

这些古鳕类和其他成员都一样，直到最近才被分到硬鳞总目之中去，跟它们一道被分进去的还有鲟鱼类[sturgeons（Acipenseridae）]和匙吻鲟类[paddlefishes（Polyodontidae）]这两种现存条鳍鱼科。今天"硬鳞总目"一词只代指这两个科，它们的化石记录都很不错，可以追溯到晚白垩纪。这些硬鳞总目的特征是头盖骨处没有嵌入了眼部肌肉的坑洞。而上部颌骨（前颌骨，上颌骨和上腭真皮）则融合在了一起，上颌软骨在嘴部前方的中线会合。如果看看早白垩纪中国的白鲟图片的话，会发

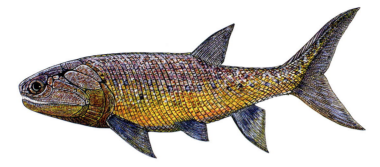

(左图)Mansfieldiscus的重建图片,它来自石炭纪澳大利亚维多利亚州曼斯菲尔德的沉积物之中,是一种与鳟鱼差不多大、居住在河流中的古鳕类。

(下图)来自二叠纪澳大利亚昆士兰州黑水煤田的Ebenaqua ritchiei 鱼的标本。

现,在过去的1.2亿年里,这个群体的外观变化都不大。今天,匙吻鲟鱼类是最大的滤食型条鳍鱼之一。

在古生代晚期和中生代早期,世界上还存在许多其他的原始条鳍鱼群,如裂齿鱼目(perleidiform)和redfieldiform鱼。这其中包括了在世界各地的二叠纪、三叠纪和侏罗纪遗址中发现的各种化石物种。三叠纪澳大利亚悉尼盆地中保存完好的大部分鱼类化石都属于这些族群中的一个,比如说Dictopyge(redfieldiform的一种),Cleithrolepis和Manlietta(perleidiforms)等。

（左图）二叠纪澳大利亚南昆士兰煤层中的 Ebenaqua ritchiei，这是一种扁平的bobasatranid鱼。

（下图）一只属于鲟类（Acipenser）的活鲟鱼（A），它是所有已知条鳍鱼中最基础的成员之一。它的内骨骼基本是软骨，这让早期解剖学家将其所在族群称为硬鳞总目或软骨鱼类。始新世怀俄明州绿河页岩中的雀鳝（garfish）（B）。自新生代开始以来，这些雀鳝并没有发生明显的变化。（感谢维多利亚博物馆的鲁迪·库伊特尔提供A组的图片）

第八章 原始的条鳍鱼 | 151

（上图）原白鲟（*Protosephurus*），来自白垩纪中国北方的早期白鲟。

（下图）*Cleithrolepis*，一种在澳大利亚新南威尔士州戈斯福德附近的三叠纪砂岩中发现的扁平条鳍鱼。

新鳍鱼：成功的曙光

到晚古生代时，辐鳍鱼中进化出了一系列更为高级的成员。在那个时候，辐鳍鱼获得了一条垂直的悬骨，下颌与上颌在这个地方铰接起来，铰接它们的是一条垂直的方骨。此外，曾以原始形态与上颌牢固结合在一起的颧骨也得到了释放，从而允许它们进化出多种进食机制。它们的脸颊区域进化出了许多配套骨骼，让不同族群的头部出现了多种多样、堪称无穷的骨骼样式。不过最大的创新之处则位于鳍和尾骨上。

名为新鳍鱼的先进辐鳍鱼在背鳍和臀鳍上拥有鳍条，其数量与它们的支撑骨数量相等，上颌骨也和中线融合到了一起。它们的口腔内长有发达的咽齿板，这些板固结成了坚硬的骨头，用于在食物进入食道后部时磨碎它们。新鳍鱼内包含两个主要群体，其一是包括雀鳝的铰齿类（Ginglymodi），其二是包含弓鳍鱼（bowfins）（amiids）和

现在人们认为，来自早石炭纪蒙大拿州熊峡石灰岩的Discoserra鱼是条鳍鱼现代辐射分化成员（即新鳍鱼）中最早出现的成员。（感谢牛津大学的马特·弗里德曼提供图片）

硬骨鱼的Halecostomi。格兰德（Grande）和贝米斯（Bemis）（1998）撰写了一篇具有开创性的文章，他们将化石amiids和现存amiids的数据集合在了一起，创造出了该族群的一套强而有力的系统发生体系。

最近的研究表明，早在石炭纪时，新鳍鱼的早期起源可能就已经产生了，它的形态类似于蒙大拿州熊峡石灰岩的Discoserra（赫尔利等人，2007）在三叠纪中期时，早期新鳍鱼中冒出了一小群小型鱼类，它们是第一批硬骨鱼。随后分化出了硬骨鱼的事件（见第9章），是脊椎动物演化史上规模最大的辐射分化事件。硬骨鱼经过了几场全球大规模灭绝事件的考验，但它们幸存了下来，并且几乎毫发无损。

第八章 原始的条鳍鱼

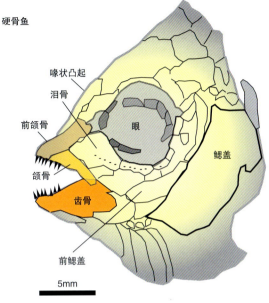

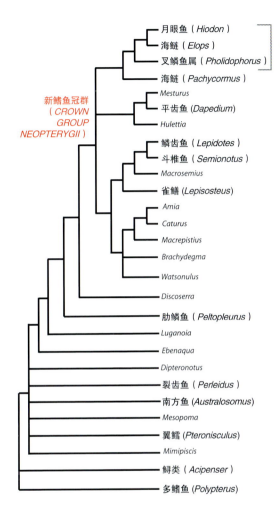

（上图）已知最古老的新鳍鱼Discoserra的身体各部位化石，包括头骨、颌骨和尾巴。

（左图）最近出现的一套假设，展示了条鳍鱼的主要进化谱系，它们最终形成了新鳍鱼和硬骨鱼。（来自赫尔利等人，2007）

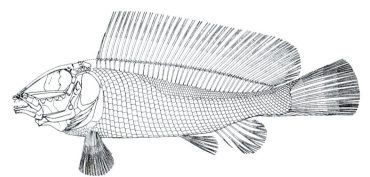

（下图）Macrosmius，一种来自晚侏罗纪/早白垩纪的halecostome鱼。Halecostomes是中生代一种与雀鳝密切相关的主要条鳍鱼。

第九章

真骨鱼，真正的冠军

世上最成功脊椎动物的起源和分化

在 中生代早期，条鳍鱼发展成了最优秀的游泳健将和捕食者，它们的颧骨已经脱离了长有牙齿的下颌骨，尾骨也得到了很大的改善。后面这个特征是硬骨鱼（又称真骨鱼）所独有的，它们成了目前最成功的脊椎动物群，其中约有2.8万个现存物种，约占所有现存鱼类的96%。硬骨鱼类起源于恐龙所在的时代，当时它们的地位较为卑微，其中的代表包括可能出现于2.15亿年前晚三叠纪的叉鳞鱼（*Pholidophorus*）。到了侏罗纪时，它们在海洋和淡水环境中都站稳了脚跟。现存硬骨鱼类（又称真骨鱼类）中最大的族群是percomorphs类，它们是在晚侏罗纪时期进化出来的鱼类。当新生代的曙光降临时，许多个现存的鱼类族群也已经出现了。始新世时出现了第一批对珊瑚礁产生特殊适应机制的硬骨鱼类，研究者对这一点十分确定。辐鳍鱼如过山车一般疯狂的进化过程也终于开始减速了，不过它们在物种和各属类方面仍然保持着巨大的多样性，也因此而让它们在今日人丁兴旺。

正如在上一章所讨论的那样，在地球上任何脊椎动物群体之中，硬骨鱼类的栖息地涵盖的范围是最广的，从高山温泉到海洋最深处，从热碱湖一直到严寒刺骨的南极，都有它们的踪迹。其中某些物种生活在洞穴中，失去了眼睛，而其他一些形态则失去了鳞片，有些甚至失去了成对的鱼鳍。这个群体在身体形态、形状和捕食机制方面表现出了非凡的可塑性，它们今天之所以是成功的进化产物，关键就在于它们拥有这些适应环境的能力。

尽管每个尝试定义硬骨鱼类的人都需要明确它们与其他鱼类的具体界限，但按照德·皮纳（de Pinna）（1996）对硬骨鱼类中27个不同个体的解剖特征所做的研究来看，它们应该是一个自然族群（单系群）。硬骨鱼类中还要包括化石物种，这使得划分界限的工作变得很复杂。如果某个人要在它们与其他鱼类之间划出界限的话，那他完全可以随心所欲。哪些化石族群应该被纳入硬骨鱼类之中呢？人们在这个方面一直有着一些争议，不过在目前，大多数科学家都认为这个进化枝内包括这些成员：自三叠纪末期以来所有超过叉鳞鱼层级的族群。硬骨鱼的关键特征包括尾骨中存在某些称为uroneurals的骨骼，这种骨骼会让尾部的背鳍更为

箭鱼（A）是条鳍鱼进化之路上的终极产物代表，这种终极产物也就是硬骨鱼。它们拥有改良的尾鳍骨骼和高度灵活的捕食机制，这让它们成为今日这颗星球上占主导地位的脊椎动物群体。晚侏罗纪的利兹鱼（B）是一种巨大的滤食性硬骨鱼，人们在英国牛津的粘土层中找到了它的遗体。尽管有人声称它能长到20m以上，但研究这些鱼类的专家现在认为它的最大尺寸大约为10～12m左右。（感谢SeaPics和布莱恩·朱提供图片）

坚硬,并支撑着一系列的背鳍条。这一简单的创新让该族群在游动时力量更强,并允许它们发育出各种各样的身形。但是,硬骨鱼也有其他鱼类所缺乏的额外特征。它们的颌骨出现了变化,使得上颌骨前方带有牙齿的骨骼(前颌骨)独立于主要的上颌骨,得以自由移动。它们拥有大的腹侧鳃弓骨,即基鳃骨,并带有不成对的齿盘。同时,硬骨鱼类的头部肌肉也有许多独特的特点。

硬骨鱼类的早期开端

格洛丽亚·阿拉蒂亚(1997)在回顾对基础硬骨鱼所做的研究时指出:"硬骨鱼出现的时间仍然没有得到确认,这是因为我们还没能在哪种(基础的)硬骨鱼分类群祖征最多方面达成统一意见①。人们一般认为海鲢(elopomorph)和骨舌总目(osteoglossomorph)是所有现存硬骨鱼类中最原始的,但人们最近也在争论其中哪个族群更为原始。阿拉蒂亚认为海鲢是其他所有硬骨鱼类的现存姊妹群体,许多人都认可这个观点。化石证据指出,来自晚三叠纪/早侏罗纪欧洲的鲱鱼型叉鳞鱼是所有硬骨鱼中最原始的,但这仍未盖棺定论。该族群已知历史最悠久的成员来自早侏罗纪,包括 *Proleptolepis* 鱼和 *Cavenderichthys* 鱼等基本形态。

中生代时期有许多已知的原始化石硬骨鱼存在。比如说,人们已经发现,在世界各地的侏罗纪和白垩纪淡水沉积物中都有一种共同的属(薄鳞鱼)(*Leptolepis*),它拥有鳟鱼般的外观。不过当人们对它的头部进行详细检查时,则发现它拥有许多原始的特征。它的前颌骨很小,仍然紧紧地跟

Pholidophorus Latisculus 叉鳞鱼,也许是晚三叠纪意大利所有硬骨鱼中最基础的。(感谢意大利贝加莫自然科学博物馆的安娜·帕加诺尼提供图片)

---

① 祖征即同时表现在分支和祖先身上的特征。——译者注

（上图）一种无名的基础硬骨鱼,来自早侏罗纪的德国。这些鲱鱼般的鱼比其祖先更先进,因为它们的尾鳍骨骼出现了变化（感谢意大利贝加莫自然科学博物馆提供图片）。

（下图）*Cavenderichthys talbragarensis*鱼,来自晚侏罗纪的澳大利亚新南威尔士州,是第一批先进的条鳍鱼（硬骨鱼）之一。

上颌骨绑定着，并且在上颌骨之上还有额外的上颌骨。像Leptolepis这样的鱼类非常成功，能够迁徙于世界各地之间，也无疑能够生活在海洋和淡水环境中。出于繁殖考虑，它们可能会与鲑鱼这样的现存鱼类一样，更加偏好淡水。

骨舌总目：骨质的舌头

骨舌总目（osteoglossiform，这个词来自希腊文，意思是"骨质的舌头"）是一种杂食或肉食的淡水鱼。时至今日，它们当中的一些成员栖息于世界上的各条大河之中，是其中最巨大、最令人生畏的鱼类捕食者之一。比如栖息于南美亚马逊河中，长达2.5m的巨骨舌鱼（Arapaima gigas）。其中有一些成员栖息于第三纪的湖泊和河流沉积中，始新世怀俄明州绿河页岩的化石物种Phaerodus鱼就是一个常见的例子。

化石骨舌总目分化出的早期群体可能包括

薄鳞鱼属曾经是从晚侏罗纪/早白垩纪至今，世界各化石遗址中分布最广泛的基础硬骨鱼。人们对分类情况做了规模较大的修订，目前已经将许多物种重新分类到了其他属里。其他类似早白垩纪澳大利亚维多利亚州科恩瓦拉的koonwarriensis薄鳞鱼仍等待人们重新研究。

巨大的海洋掠食者，如乞丐鱼目（Ichthyodectiformes）。这些猎手十分活跃，能够在水中自由地游动，可能以其他鱼类以及不谨慎的小型海洋爬行动物为食，其中包括年幼的鱼龙（ichthyosaurs）和蛇颈龙。这些鱼类在昆士兰州中部有着保存完好的大型头骨，如库尤鱼属（Cooyoo australis）和Pachyrhizodus属marathonensis鱼，当它们的三维样本制备完成之后，便揭示出了许多令人震撼的细节。

剑射鱼（Xiphactinus）是一种大海中的猎食者，大约有6m长。这种鱼最有名的例子是Xiphactinus audax。在美国堪萨斯州发现的一个标本值得

化石比目鱼的奥秘

查尔斯·达尔文本人首先想到的一个古老的进化之谜是：不对称的比目鱼，比如大比目鱼、鳎目鱼和川鲽（flounder）①（鲽形目（Pleuronectiformes））可能是由对称的、能够自由游动的鱼类进化而来的。马特·弗里德曼2008年在《自然》杂志上发表的研究已经解决了这个谜团。弗里德曼发现，始新世欧洲的类比目鱼（Amphistium）和原始比目鱼（Heteronectes）的眼眶都出现了不完全的迁移，它们的双眼中，有一只眼睛向面部的一侧移动了更远的距离。因此，这种颅骨极端不对称的进化过程是渐进的，存在一些中间阶段，这些阶段孕育了化石中的现代比目鱼类（比如 Heteronectes）。

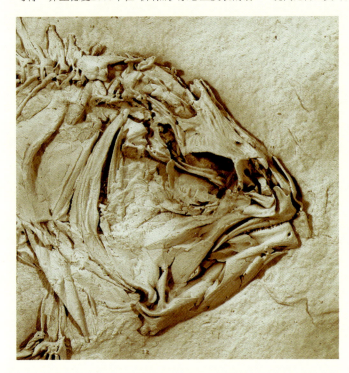

Heteronectes是一种始新世鱼类，它是拥有对称头部的正常鱼类与现代比目鱼之间进化的中间阶段，具有明显的不对称性。（感谢牛津大学的马特·弗里德曼提供图片）

注意，因为它有4m长，体内还有另外一条2m长的鱼（Gallicus鱼），这是它的最后一餐。该标本现正在堪萨斯州海斯市的斯特恩伯格博物馆展出。著名的美国古生物学家和恐龙研究者爱德华·德林克尔·科普在1872年时对这种鱼做了如下描述："它们的头部就跟一只正处盛年的棕熊一样大，也许比那还大，而且与它们的身长相比，它们的颅骨也要深一些。它们的口鼻部比斗牛犬的要短而深。它们的牙齿全是尖锐而呈圆柱状的，光滑而闪亮，大小也不规则……除了小鱼之外，它们也以爬行动物为食，后者无疑满足了它们的胃口。"

这个时代最多见的小鱼化石之一来自华北（辽宁省）热河生物群的页岩湖沉积物。一些研究人员认为，这些名叫戴氏狼鳍鱼（Lycoptera davidi）的

---
① 比目鱼的一种。——译者注

小沙丁鱼是所有现存骨舌总目的姊妹分类群。

hiodontids鱼是另一种原始的现存骨舌总目族群，它们又叫"月目鱼"（mooneyes）。北美洲的钓鱼者十分了解这些活跃的淡水鱼，因为它们拥有金黄色的眼睛。它们以各种化石形态为代表，如晚白垩纪中国的似狼鳍鱼属鱼（*Plesiolycoptera*）

（上图）这种名为剑射鱼的白垩纪巨型捕食者曾捕食过另一种叫做*Gallicus*的大鱼。剑射鱼在1870年被查尔斯·斯腾伯格发现，长约4.2m。堪萨斯州海斯的斯特恩伯格博物馆里有这个著名的"鱼内鱼"的标本。

（下图）一张剑射鱼捕食*Gallicus*鱼的复原图，前者比后者大一倍，具体时间是白垩纪（感谢布莱恩·朱提供图片）。

来自早白垩纪巴西桑塔纳构造区的 *Calamopleurus* 鱼的头部。*Calamopleurus* 是一种快速游动的捕食者。（感谢美国自然历史博物馆的约翰·梅西提供图片）。

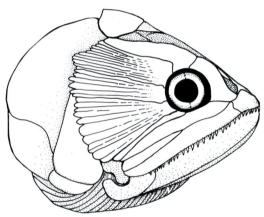

大约1亿年前居住在澳大利亚内陆海域，约2m长的鱼类 *Pachyrhizodus* 的头部。

和 *Yanbiania* 鱼，以及始新世怀俄明州绿河页岩的月眼鱼（*Hiodon*）[原名始舌齿鱼（*Eohiodon*）]。

其他现存的骨舌总目族群包括奇怪的象鼻鱼（elephant fishes，学名mormyrids），它们栖息于非洲热带地区和尼罗河流域，因为其向下突出的口鼻部而得名，看上去就跟大象的鼻子差不多。这些鱼中有一些可以传输并检测弱电流，这是一种有用的能力，因为它们主要活跃于夜间。

海鲢：漫长的进化过程

海鲢之下包括了856个物种。其中有许多家喻户晓的成员，如大海鲢（tarpons，学名*Megalops*），硬骨鱼和许多种鳗鱼（鳗形目）（anguilliforms），其中包括各种特化的深海怪兽，如宽咽鱼（gulper eel）。近年来，人们对这一群体进行了许多现代分子学研究，显示出它们是一个自然（单系）群体（井上等人，2004）。它们的化石记录可以追溯到侏罗纪时期，像 *Anaethelion* 和各种类似海鲢的物种都是那个时期的代表，人们在德国的遗迹中发现了它们，并对它们做了描述（阿拉蒂亚，1997）。它们有一些独特的特征，这些特征也让它们与许多细分族群在如今的代表之间产生了联系。这些特征包括拥有生长了许多针状牙齿的长颌，具有特殊的幼体阶段（形状类似一条丝带），以及尾部拥有某种复合神经弓骨。

Albuloids以现存的北梭鱼属（*Albula*）和长背鱼属（*Pterothrissus*）为代表，是包含鳗鱼的那个族群的原始姊妹分类群。北梭鱼属有一个叫勒榜北梭鱼（*Lebonichthys*）的化石亲属，来自晚白垩纪

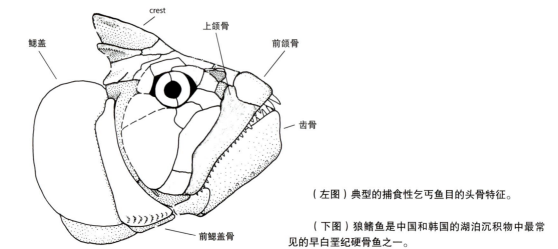

（左图）典型的捕食性乞丐鱼目的头骨特征。

（下图）狼鳍鱼是中国和韩国的湖泊沉积物中最常见的早白垩纪硬骨鱼之一。

的黎巴嫩；而长背鱼属也有一个来自那个时代的亲属，这个亲属与它非常相似，叫做Isteius。这个进化枝的更原始的化石亲属，可能包括来自早白垩纪巴西桑塔纳构造群的Brannerion和来自中晚白垩纪的Osmeroides（弗雷等人，1996）。

Anaethelion是大约1.5亿年前居住在德国浅海的小型鱼类，类似于鲱鱼，人们在在巴伐利亚的索伦霍芬遗址找到了它们的遗骸。与之相似，相关紧密的鱼类出现在了同样的沉积物中，与现在的海鲢科类似，但在骨骼特征上则略微不同。相同矿床中

第九章 真骨鱼，真正的冠军 | **163**

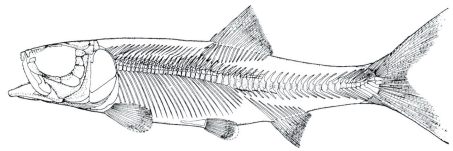

（上图）非洲龙鱼（nteroticus niloticus），是一种现存于非洲的骨舌总目鱼，是水族馆的常客。野生的非洲龙鱼依靠过滤捕食而生存。（感谢维多利亚博物馆的鲁迪·库伊特尔提供图片）

（下图）Anaethlion，一种来自侏罗纪德国的小硬骨鱼类。格洛丽亚·阿拉蒂亚重建了它的骨骼，显示出脸颊骨骼得到了解放，允许它凸出嘴部，进行捕食。

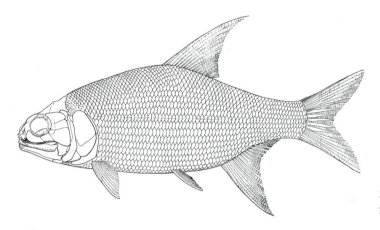

*Brannerion*鱼的重建骨架,这种鱼来自早白垩纪的巴西。(感谢美国自然历史博物馆的约翰·梅西提供图片)

*Brannerion*是白垩纪的一种硬骨鱼类,它的尾部骨骼出现了一种非常重要的特化,也就是出现了一种叫尾下骨的尾骨,使得该族群变得非常成功。(感谢美国自然历史博物馆的约翰·梅西提供图片)

的带状幼鱼则证明,这些鱼的发育方式与现在的海鲢相似。目前只有这些鱼拥有柳叶状幼体。

鳗鱼(鳗形目)最早的化石记录大约形成于9000万年前的白垩纪,已出现了一次巨大的辐射分化,产生了很多新的科,它们以*Anguillavus*、*Urenchelys*和来自晚白垩纪黎巴嫩的*Enchelion*等形式为代表,不过这里面没有一个能被放到任何现存的鳗鱼科中。在这些早期的化石鳗鱼中,我们可以看到一些原始特征。比如说,*Anguillavus*保留了成对的腹鳍和单独的尾部(尾鳍)。还有一些美丽的现代型鳗鱼存在,其中一些代表分布于意大利蒙特波尔卡的浅海遗址中,距今大约有5000万年。今天,鳗鱼广泛分布于世界各地的热带珊瑚礁上。海鳗的形状和颜色各式各样,在裂缝中不断进出,找好埋伏,袭击猎物。花园鳗鱼(heterocongrinids)会把自己埋在热带珊瑚礁沙滩上,然后一跃

Paraelops 是白垩纪时的一种海鲢类硬骨鱼。（感谢美国自然历史博物馆的约翰·梅西提供图片）

海鳗是历史上最早得到描述的鱼类之一，它的繁殖方法在公元前325年左右得到了亚里士多德的研究。鳗鱼的化石记录起源于中晚白垩纪。（感谢iStock提供图片）

而起，以过滤方式捕食浮游生物。鳗鱼的特化程度很高，因为它们减少或移除了鳞片，并且减少或消除了身上成对的鳍。海鳗在其他方面也出现了高度特化，比如说，它们的内部鳃弓骨上长有很大的牙齿（角舌骨和上舌骨），当它们咬住一只猎物的时候，它们能够伸出这些牙齿，从而获得另一套"咬合用颌骨"，把这些猎物咬紧，拉回自己的嘴里。这让它们成为独特而令人生畏的的掠食者。

鲶鱼及其亲属的帝国

根据分子数据，解剖学和古生物学研究结果（阿拉蒂亚，1997）强有力的证据来看，ostarioclupeomorphans这个笨拙的名字代表着鲱形总目（Clupeomorpha）和骨鳔总目（Ostariophysi）这两大硬骨鱼类族群的结合体①。该族群的主要解剖特征是存在一个韦伯氏器，鱼鳔借助这个器官直接跟头部连接到一起，从而传递并放大声音。在已灭绝的副鲱鱼科（Paraclupeidae）中有一系列化石形态，包括来自始新世怀俄明州绿河页岩，十分著名的*Diplomystus*鱼。武士鲱（*Armigatus*）和*Sorbinichthys*鱼等已灭绝属，涵盖了从下白垩纪到始新世的一系列鱼类。

鲱形总目是包含了现代的鲱鱼、沙丁鱼、皮

---

① ostarioclupeomorphans 也就是这两个词的结合体，暂缺中文译名。——译者注

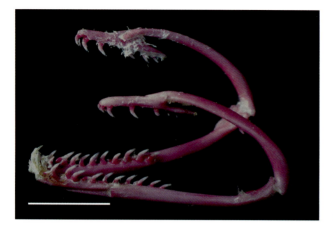

(左图)海鳝的喉咙里还有第二对颌,这有助于固定住猎物,并且在猎物被抓住后将其拖进喉咙。

(下图)*Diplomystus*,一种常见的鲱形总目,发现于始新世怀俄明州的绿河页岩。

尔彻德鱼(pilchard)(鲱科)(Clupeidae)和凤尾鱼(anchovy)(鳀科)(Engraulidae)的一个可食用鱼类族群,它们非常重要。这些可口的小硬骨鱼化石代表包括,来自中新世塞浦路斯的凤尾鱼(格兰德和纳尔逊,1985)和一系列可追溯到古新世的化石鲱鱼。世界上最常见的化石鱼之一是分布于古新世-始新世北美西部和中国地区的艾氏鱼(*Knightia*)这种鲱鱼,在全球各地的博物馆和化石商店中,这种鱼都可算是锦上添花的展览物。它被临时放到了Pellonulines(或淡水鲱鱼)这一族群中,而张弥曼和梅西(2003)则将其划为现存鲱鱼*Clupea*的姊妹分类群。怀俄明州的商业化石开采场中出土了一群群的这种鱼类,它们把绿河页岩的层理面给覆盖了[①]。在这方面看,人们已经发掘并出售了许多条*Knightia eocenica*鱼的化石,以至于世界上几乎所有的化石收藏家可能都有一两块这一物种的化石。

骨鳔总目之中包括了目前最大、最多样的淡

---

① 岩石层之间的分割面即层理面。——译者注

一群来自始新世怀俄明州绿河页岩的鲱鱼史前亲属 Knightia eocenica，它们的体型很小。

水鱼族群，也就是鲶鱼这一群体。这一族群拥有近8000个物种，其中鲤科（cyprinids）或鲤鱼约有2400种，长有胡须的鲶鱼（鲶形目）（Siluriformes）约有2800种，而带有甲胄的甲鲇（loricariid catfishes）则有近900种。虽然该族群中的许多成员都是可以食用的，但迄今为止，人们一般还是将这些鱼类当作水族馆贸易中的商品，我们可以在世界各地买到其中许多五彩斑斓的成员。这些观赏鱼物种之中，有许多起源于亚马逊盆地。

骨鳔总目的化石在世界各地的三叠纪遗址中都很常见。该族群最古老的成员可能是一条长约16cm的小鱼，是来自晚侏罗纪德国的 *Tischlingerichthys*（阿拉蒂亚，1997）。

纯真骨类：无与伦比的一种分化形态

这个群体中包含了其余所有的条鳍鱼，虽然没有强有力的证据表明该族群是单系群或自然族群（纳尔逊，2006），但它们的尾鳍似乎具有独特的结构，这一点仍存争议（约翰逊和帕特森，1996）。它所囊括的主要族群是Proacanthoperygii（其下约包含366种现存物种）和新真骨鱼亚群（Neoteleostei），总共包括大约1.7万个物种，大部分都只属于鲈形目（Perciformes）这个目（1万个物种）。后面这个族群的所有鳍上都长出了尖锐的棘，这显示出了它们的进化过程。这些棘构成了一套成功的防御机制，确保它们安全地生存了1亿年，直至今日。

同样，该族群的颅骨中也丢失了某些骨骼，这同样是它们的一个特征（这些骨骼包括眶蝶骨、中蝶骨、上肋骨、椎体上骨）。成年鱼的骨骼中似乎失去了骨细胞。真骨鱼亚派（Euteleostei）由阿拉蒂亚（1997）定义为拥有独特尾骨特征的单系群。从进化角度来看，尾部的变化可能使得它们拥有了优秀的运动能力,或者使它们能够更快、更有效地在水中穿行。这一点也让它们在面对其他鱼类族群时获得了一项优势。这样看来,纯真骨类的巨大辐射分化,就与主宰中生代陆地动物群的恐龙所出现的大分化并驾齐驱,因为它们对环境的主要适应措施,都是对足部和关节进行修改,从而提升自己的移动速度。

这种纯真骨类辐射分化现象的化石记录以体型较小的鲱鱼状鱼类为开端,其中的例子包括在晚侏罗纪(距今约1.5亿年)德国浅海中发现的*Orthogonikleithrus*鱼和薄鳞鱼。*Leptolepidoides*鱼则是晚侏罗纪德国出现的另一种类似三文鱼的小鱼。名为薄鳞鱼的小型鱼类在世界各地的淡水和浅海相沉积物中都有分布。现在,人们对其中许多物种进行了进一步研究,认识到它们是来自不同地区的独立属(比如说,在晚侏罗纪澳大利亚新南威尔士州发现的的*Leptolepis talbragarensis*鱼现在被分到了一个名为*Cavenderichthys*的新属之中(阿拉蒂亚,1997)。早白垩纪时,许多现代硬骨鱼科的代表都已经出现了。鲑目(Salmoniformes)今天包含了可口的各种鲑鱼和鳟鱼,在追溯它们的首个成员时,我们便可以追溯到这个时代的一些鱼类形态上,例如*Kermichthys*鱼。

人们在南美的一个著名地点发现了原始条鳍鱼和早期硬骨鱼保存完好的化石,这些化石多种多样,显示出了它们的分化情况。该地点的山丘受到了侵蚀,导致石灰石结节浮现了出来。该地点是巴西东北部雅尔迪姆附近的阿拉里佩高原,该地的化石与澳大利亚的戈戈和昆士兰州中部发现的化石一样,可以用弱乙酸进行制备,从而显示出其骨骼的

巴西桑塔纳构造群的露头,人们在这发现了许多早白垩纪鱼类、无脊椎动物、植物和陆上动物。(感谢美国自然历史博物馆的约翰·梅西提供图片)

（左图）*Tharrias*鱼的头部，这是一种来自早白垩纪巴西的硬骨鱼。（感谢美国自然历史博物馆的约翰·梅西提供图片）

（左下图）*Neoproscinetes*，来自巴西桑塔纳构造区的扁平pycnodont硬骨鱼。标本已受过酸化处理。（感谢美国自然历史博物馆的约翰·梅西提供图片）

（右下图）白垩纪巴西的*Neoproscinetes*鱼的骨骼图片。注意它坚固的下颌。它的下颌之所以进化成这样，是为了粉碎坚硬的猎物。同时也请注意覆盖它前半身的细长棒状鳞片。（感谢美国自然历史博物馆的约翰·梅西提供图片）

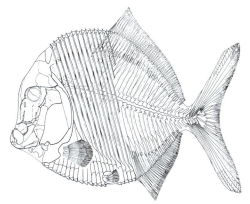

极佳细节。事实上，一些标本保存得很好，以至于其中包括矿化的肌肉甚至有磷化的胃部组织。此处最常见的化石包括*Vinctifer*鱼和*Rhacolepis*鱼，世界各地的化石经销商常会出售它们。

新真骨鱼亚群的特点在于头部肌肉组织方面。其中存在一块背鳍缩肌，能够控制上方的咽部齿板。它们的前颌骨和头盖骨之间都有一块中喙状凸起软骨，胸鳍和上颌肌肉组织也都产生了特化。这些创新使该族群的成员能够更好地咬碎口腔内的食物，因为它们能将食道前部的咽齿板向前或向后伸。猎物被上颌和下颌的齿骨困住，或者被咬下来几块，然后再被食道内强大的咽齿盘碾碎。

新真骨鱼亚群中最成功的群体是棘鳍鱼，或棘鳍总目（Acanthopterygii）。它们的特征是咽齿盘得到了进一步改进：具有增大的第二和第三块上鳃骨（位于鳃弓中），而第三块咽鳃骨上则嵌入了背鳍缩肌。简而言之，棘鳍类可以用许多有效的方法来凸出它们的嘴，这让它们的嘴变成了多功能装置。该族群内包括13个鱼类目，这证明了该捕食机制的成功。最成功的棘鳍类是鲈形总目（Percomorpha），这是一个定义不清的群体，包括许多现存的鱼类族群（包含约1.3万个物种）。这其中包括类似鲈鱼的鱼类（鲈形目），包括大约20个亚目，150个科和几千种鱼，使其成为最大的脊椎动物目。但人们很难准确地定义鲈形总目，而且它可能代表一个分类学上所谓的"百宝袋"，人们往这

（左图）维罗纳自然历史博物馆的洛伦佐·索尔比尼，他这是位于意大利著名的蒙特波尔卡遗址。研究人员在该遗址出发现了数百块完整的始新世鱼类化石。1998年去世的索尔比尼是研究新生代鱼类的专家。

（下图）始比目鱼（*Eobothus*），意大利蒙特波尔卡地区一种与现代鳎鱼和大比目鱼有关的始新世比目鱼。（感谢洛伦佐·索尔比尼提供图片）

个袋子里放置了许多外观类似的物种，但又不知道它们是否密切相关。

在大约45万-50万年前，美国著名的怀俄明州绿河页岩里栖息着数百种不同的条鳍鱼，它们生活在始新世的一系列河湖之中。这是一扇可以让我们窥见过去的窗口，它向我们展示了条鳍鱼的整个进化序列，从原始的硬鳞总目和雀鳝一直到先进的新真骨鱼亚群。

始新世的另一个著名化石遗址位于意大利北部的山区，靠近波尔卡村，不过它代表的是海洋栖息地。这些精美的鱼类化石早在1555年就被安德烈·马蒂奥利收集了起来。弗朗西斯科·卡赛欧拉

来自意大利蒙特波尔卡的扁平鲈形目硬骨鱼。鲈形目所囊括的现存鱼类物种拥有最大的多样性。（感谢洛伦佐·索尔比尼提供图片）

里（Francesco Calceolari）①于1571年在维罗纳开设了一家藏有许多鱼类化石的博物馆。今天，维罗纳自然历史博物馆收藏着最完美的始新世海洋鱼类化石。此外，人们还发现了许多不同的化石物种，其中大部分代表现存的硬骨鱼科，以及保存完好的化石鲨鱼和鳐鱼。迄今为止，人们在波尔卡地区已经记录了150多种鱼类，描述这些鱼类的许多初始工作都是由洛伦佐·索尔比尼完成的，他在去世之前是维罗纳自然历史博物馆的馆长。波尔卡地区的鱼类中有一些属于现存的科，具体的例子是鮟鱇鱼（anglerfish *Lophius*）和扁平的始比目鱼。*Exellia* 等其他物种则代表着自己那独特的科。詹姆斯·库克大学的大卫·贝尔伍德（David Bellwood，1996年）表明，数个珊瑚礁特有的硬骨鱼科第一次出现，正是出现在了蒙特波尔卡的化石群中，表明这里的化石记录是栖息于珊瑚礁的鱼类最早的化石记录。

从怀俄明州和意大利发现的始新世鱼类化石中，我们可以清楚地看出，在新生代初期，世上已经出现了许多现代鱼类族群，它们以科为单位出现。关于这一点的大多数证据来自海洋沉积物中的耳石。人们可以使用正确的筛查程序，从大量的海洋沉积物中提取出几百块耳石。同时，人们也已经在世界各地用上了这种技术，用它来识别来自不同纬度的第三纪鱼类群体的性质。我们拥有许多来自新生代后期的硬骨鱼科化石记录，其中大部分目前

---

① 1522—1609，意大利博物学家。——译者注

今天的鮟鱇鱼大多居住于深海，但 *Lophius*（A）这一物种则栖息于4000万年前意大利周围的热带温暖水域之中（蒙特波尔卡遗址）。硬骨鱼辐射分化出了各类物种，它们拥有多样的身体形状和防御战略。这是一条斑马鱼（B），属于鲈形目，能用尖锐的毒刺驱赶攻击者。

仍然存在，而我们对其中绝大多数最近灭绝物种的了解，则是通过对海洋沉积物中的耳石进行描述而得来的（诺尔夫，1985）。

硬骨鱼类迅速发展，并迅速分化，时至今日，这项遗产让它们得以成为脊椎动物中最为多样的群体。但它们不仅仅是物种多样化程度极高的群体。它们还构成了海洋生物量[①]中的大多数，并以各种方式对各种海洋生物的食物链做出贡献，这些食物链可能是绝大多数海洋生物所共有的。最近，人们发现大西洋鳕鱼（Atlantic cod）、红罗非鱼（orange roughy）和巴塔哥尼亚齿鱼（Patagonian tooth fish）（智利海鲈鱼）等许多商业鱼类存在脆弱之处。所以说，我们应该要关心将来还可以从硬骨鱼那获得多少食物，以及需要赶紧采取什么措

---

① 生物量即单位面积内有机质的总质量。——译者注

来自始新世怀俄明州绿河页岩的骨舌总目 *Phaerodus testis*。

来自上新世中国柴达木盆地的 *Hsainwenia* 鱼是一种极不寻常的鲤鱼,由于其生活在干旱的气候条件下,而且湖水中的钙含量曾经很高,所以骨骼已经严重骨化。(感谢洛杉矶自然历史博物馆的王晓明(音)提供图片)

施,确保它们拥有一个可持续的未来。最近有一项研究对大堡礁海洋保护区进行了监测,研究结果给我们带来了希望:在被划分为非捕捞区之后,某区域的鱼类生物量仅在5年内就增加了一倍(麦克库克等人,2010)。

第十章

鬼鱼和其他原始掠食者

长有肉鳍的肉鳍鱼以及适合它们生存的地方

肉鳍鱼曾经共同处于一个叫总鳍鱼类（Crossopterygii）的族群之中，它们在泥盆纪时期曾是一个主要的大型掠食者群体，但该族群今天只剩下了腔棘鱼。人们最近获得了一些研究成果，这些成果表明总鳍鱼类不是一个自然族群。时至今日，我们把这个存在于早期的神秘形态简单地称为干群，或者说是肉鳍亚纲的表亲。其中包括神秘的、来自志留纪中国的鬼鱼，以及奇特的斑鳞鱼和无孔鱼（Achoania）等下颌处拥有大齿旋的原始形态，还有凶猛的onychodontids鱼等，最后这种鱼拥有匕首形状的牙齿。第一批腔棘鱼出现在早泥盆纪后期，其代表可能是中国一种名为蝶柱鱼（Styloichthys）的形式。腔棘鱼发育出了专门的捕食机制，这种机制让它们与其他所有肉鳍鱼之间产生了差别。当其他鱼类早已灭绝、遗体保存在岩石之中时，它们则依靠着这些特征存活了下来。

20世纪最重大的生物学发现之一是20世纪30年代末在南非发生的。1938年12月22日，在南非东伦敦①附近的查鲁纳河河口处，人们捕获了一条长约1.5m的奇特鱼类。第二天，东伦敦博物馆的一位年轻的鱼类学馆长玛乔丽·考特奈-拉蒂默（Marjorie Courtenay-Latimer）

---

① 南非的一座港口城市。——译者注

正在码头处寻找奇特的鱼类标本，此时她看到了这条鱼。这条鱼很奇怪：它有肌肉强健的多肉叶片，这些叶片对应着尾鳍、腹鳍、第二背鳍和臀鳍。它的尾巴是对称的，中间有一条长叶，尾部则有一个簇。

考特奈-拉蒂默意识到这是条不寻常的鱼，然后她发现，要想把这条鱼带回实验室，还存在一些问题。这条鱼闻起来有股腐烂的味道，不过她用麻布将它包了起来，说服了一位出租车司机，让他把她带回实验室。就这样，这条如同大奖一般的鱼类回到了博物馆中。几天之后，化学高级讲师J.L.B.史密斯（J. L. B. Smith）检查了这些鱼，他确定这属于一个叫腔棘鱼的族群，人们过去认为它们早在5000多万年前就已经灭绝了。史密斯将它命名为*Latimeria chalumnae*[①]，以纪念拉蒂默女士和捕获这条鱼的地点。

矛尾鱼这种腔棘鱼（A）是曾经繁茂的原始肉鳍鱼的唯一现存属，其下包括腔棘鱼、onychodontids和其他奇怪的基础肉鳍亚纲。人们曾认为腔棘鱼灭绝于白垩纪末期，不过在1938年，人们于南非沿海发现了这一现存物种，这才否定了这一结论，现在已知有两种现存的腔棘鱼存在。人们在晚志留纪中国云南的鱼类遗址（B）中发现了历史最悠久的、接近完整的鬼鱼躯干化石。这是一种基础的硬骨鱼。

---

① 也就是"矛尾鱼"。前半部分是拉蒂默的名字，后半部分的词根是"查鲁纳"。——译者注

到了这个时候，标本已经彻底毁坏，从中无法得到任何科学信息，于是研究者便开始寻找另一条腔棘鱼。直到1952年时，人们才找到了下一个标本。这次发现的腔棘鱼位于马达加斯加西北部的科摩罗群岛，位于发现第一个标本的地点北部2000Km处。从那时起，人们捕获了大量的腔棘鱼，它们主要分布于科摩罗群岛附近。腔棘鱼的解剖学特征首先得到了法国的米洛特（Millot）教授和安东尼（Anthony）教授的详细描述，而近年来，许多其他科学家也已经对其生物学详细特征进行了研究。在腔棘鱼研究方面取得了最大进展的或许是德国马克斯·普朗克（Max Planck）研究所的汉斯·弗里克（Hans Fricke），他驾驶一台小型潜水艇，在水下117~198m之间的位置拍摄了一些腔棘鱼的视频，这里是它们的自然栖息地。弗里克在30多个不同的地方下潜了近40次，找到了这些行踪不定、处于其自然栖息地中的动物。矛尾鱼是一种相当缓慢的鱼类，经常顺着水流漂移，也会使用可动性很强的胸鳍和腹鳍来调整其位置。它们的鳍可以像陆地动物的腿一样运动，因为它们的胸肌和骨盆有着朝相反方向移动的能力。腔棘鱼生活在水下100~400m深的地方，以其他鱼类为食，偶尔也会吃墨鱼。20世纪90年代中期，人们在婆罗洲获得了一项真正具有深远意义的发现，也就是认识到苏拉威西的海岸处生活着另一种腔棘鱼。这个新物种是 *Latimeria mindenaoensis*，这让研究者相信，这两个现存种群在几百万年前分道扬镳了。

当我们思考对化石腔棘鱼拥有什么了解时，就能真正地认识到拉蒂默和史密斯在20世纪30年代末所获得发现的重要意义了。法国科学家路易斯·阿加西斯是首个辨识出该物种化石的人，他在自己1843~1844年的著作《对鱼类化石的研究》中描述了晚二叠纪德国的 *Coelacanthus granulatus*。人们在泥盆纪中期到中生代末期的岩石中发现了大量的化石腔棘鱼，但是没有发现新生代的化石腔棘鱼，

这说明该族群在白垩纪最后阶段与恐龙一起灭绝了。一开始时，人们觉得腔棘鱼是鱼类和陆地动物之间的一个"缺失环节"。事实上，它所代表的是曾经被称为总鳍鱼类（或"缨鳍鱼类"）（tassel-finned fishes），现在名叫肉鳍鱼的一种多样的大型鱼类群体，它是该族群目前唯一的幸存成员。在泥盆纪时期，这个群体的成员是与最早的陆地动物——即两栖动物——关系最为接近的鱼类群体。在本章中，我们讨论的是肉鳍亚纲这个茎群，也就是进化树底部的那些。它分化出了两个主要群体：肺鱼亚纲（第11章中会介绍到）和四足形亚纲（第12和13章中会介绍到）。

中国鬼鱼和它的亲属

新千年最令人惊奇的化石发现之一是中晚志留纪第一批比较完整的硬骨鱼化石。由朱敏率领的团队先前已经注意到了硬骨鱼鳞片存在的迹象，于是他们一直在遗址处寻觅，到2008年时，他们发现了更多完整的化石，这些化石得到了朱敏和其团队（2009）的描述。这些化石的主人是鬼鱼（Guiyu），它在硬骨鱼的化石记录中填补上了一个空白的谱系（或鬼鱼谱系）。它是一条长达28cm的小鱼，头盖骨受到铰接，菱形鳞片上长有钩状结构，并相互连接。而背部以及位于成对胸鳍前方的区域则有奇特的棘存在。它的脸颊是坚实的，由上颌之上的一块大鳃盖骨组成，下颌前部有一个大的齿旋。鬼鱼有一点跟盾皮鱼很像，它们的背部都有中背板，而前端的鳍上则都有棘板。由于头盖骨是分裂的，所以它显然是肉鳍亚纲的一员。

在下泥盆纪的云南，存在一种鲜为人知的鱼类，它名叫"*Meemania*"，取这个名字是为了向张弥曼致敬。人们对它进行的研究都是通过分析两块头骨化石进行的。它显示了其他肉鳍亚纲头骨中出现的模式，但保留了盾皮鱼常有的大喙状凸起——松果体骨。真皮骨具有独特的特征：拥有数

第十章 鬼鱼和其他原始掠食者

志留纪中国的鬼鱼的鳞片（A），它类似于具有插槽式铰接模式的条鳍鱼，但其组织结构更像其他肉鳍亚纲。朱敏等人在2008年发现了志留纪中国的鬼鱼（B）近乎完整的身体和头部。（感谢中国科学院古脊椎动物与古人类研究所的朱敏提供图片）

层硬鳞质，顶部有齿鳞质。这是辐鳍鱼和肉鳍亚纲之间的中间阶段。

人们在晚志留纪——早泥盆纪的中国云南还发现了许多早期肉鳍亚纲。其中包括类似鬼鱼的形态，如斑鳞鱼和无孔鱼。两者的骨骼表面都有一层闪亮的齿鳞质层，上面长有大的孔洞，在下颌中也有为容纳齿旋而存在的沟槽。人们对斑鳞鱼所做的首次描述，是对它单独的一块下颌化石进行的。而目前，在经过了几个实地挖掘季节后，其所在化石遗址处又出土了大部分骨骼。这种鱼也比较小，长度不到30cm，但是拥有令人生畏的颌骨，嘴巴前部有大大的尖牙。它的鼻孔位于口鼻部的高处，牙齿排列在头部前方的中喙状凸起骨上，将长有牙齿的上颌骨分隔开来。无孔鱼与斑鳞鱼的不同之处在于，前者拥有更大的腭骨及副蝶骨，而头盖骨的形状也存在不同。据朱敏和他的同事们说，第三个与之密切相关的形态是蝶柱鱼，它诞生于腔棘鱼和更高级的肉鳍亚纲分道扬镳之前不久。马特·弗里德曼（2007）提出了另一种观点，认为它可能是腔棘鱼的姊妹分类群。蝶柱鱼的下颌较深，拥有非常大的肌窝和短的齿骨。而在日后出现的一些腔棘鱼的前关节骨上，人们也观察到了一种辐射状图案，这

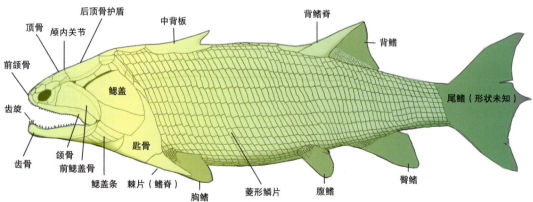

（上图）这是鬼鱼在志留纪晚期华南的温暖海洋中捕猎的一张复原图。散布后方的是Yunnanolepid antiarchs。（感谢布莱恩·朱提供图片）

（下图）一张鬼鱼解剖特征的复原图，它是最早的硬骨鱼之一。

第十章 鬼鱼和其他原始掠食者 | **179**

（左上图）早泥盆纪中国云南的 *Meemania* 鱼的头骨顶部。这种鱼有闪亮的、带有毛孔的真皮骨（齿鳞质），也有类似于辐鳍鱼的层状结构（硬鳞质）。（感谢中国科学院古脊椎动物与古人类研究所的朱敏提供图片）

（右上图）这是斑鳞鱼的头骨顶，是早志留纪/早泥盆纪中国云南的掠食性肉鳍亚纲。它显示出了肉鳍亚纲的基本特征：拥有分裂的头盖骨。（感谢中国科学院古脊椎动物与古人类研究所的朱敏提供图片）

（左图）斑鳞鱼的口鼻部，显示了头部前端位置较高的水流流入口，以及坚固的喙状凸起骨。真皮骨上的大孔洞代表一种不寻常的齿鳞质。

在泥盆纪开始的时候，有许多个硬骨鱼谱系存在。这是来自中国的无孔鱼的头部前端。它是一种肉鳍亚纲，处于其中一个谱系的底端，该谱系最终演变出了肺鱼和四足动物。（感谢中国科学院古脊椎动物与古人类研究所的朱敏提供图片）

种图案出现在蝶柱鱼的小齿上。

杨氏鱼和威尔士王子鱼

除开中国之外，最古老的肉鳍亚纲茎群分布于早泥盆纪的下半段。此时在斯匹次卑尔根的老红砂岩和欧洲其他地方，出现了孔鳞鱼目（porolepiforms）和其他一些奇怪的鱼类形态。其中杨氏鱼和威尔士王子鱼较为相似，两者似乎密切相关，但比斑鳞鱼及其亲属更先进。杨氏鱼一般分布于早泥盆纪的中国，是为了纪念著名的中国古生物学家杨钟健而命名的，而威尔士王子鱼则是以加拿大北极地区的威尔士王子岛（缩写为POW，即 Powichthys 的前三个字母）而命名的。杨氏鱼比威尔士王子鱼更为人所知。两者都是掠食性鱼类，长度不超过50cm，头部骨骼严重骨化，身体上有厚的菱形鳞片。它们似乎比其他早期肉鳍亚纲的特化程度更高，因为在它们头骨顶部成对骨骼的侧面，有一系列小骨头存在，肺鱼身上也有这种情况。为了弥补它们的小眼睛所带来的不足，它们有一套发达的侧线感官系统，这种系统能用来侦测猎物。

人们对这两种鱼的了解主要来自它们覆盖了齿鳞质的头骨，这些头骨有一个相对较长的顶骨护盾和一个短的后顶骨护盾。这两种鱼类形态的头盖骨并没有完全分成两个部分，而其他肉鳍亚纲的头盖骨则完整地分离了两个部分。这显示出一种原始的特征，在所有其他肉鳍亚纲的头骨完全分离之前，这种特征就出现了。杨氏鱼的脸颊上有几块融合的骨骼，但基本上与四足形亚纲的颧骨模式类似。杨氏鱼和威尔士王子鱼拥有较大的头骨顶部骨骼，位于中部。在它的两侧分布着很多小骨头。另外，齿鳞质层中有一些管道，其中又有一些烧瓶状的空洞，这些洞里有种珐琅质组织存在。孔鳞鱼目也有这个特征，并且要更明显一些，而在其他的肉鳍亚纲中则完全没有。最近关于杨氏鱼和威尔士王子鱼的骨骼和牙齿的组织学研究表明，它们应该被列为孔鳞鱼目的姊妹分类群，并且它们也都同属一个谱系，都位于其底端，这个谱系进化出了肺鱼。

长有匕首状牙齿的鱼

onychondontiformes[甲齿鱼（nail-toothed fishes）]是一个不为人知的泥盆纪肉鳍亚纲，它具有较低的下颌和大的匕首型齿旋。直到来自西澳戈戈构造区，保存完好的 Onychodus jandemarrai 得到描述（安德鲁斯等人，2006）之前，人们对这个族群的了解仅来自于德国的一种叫 Strunius 的小鱼的完整样本，以及范围更大的爪齿鱼属（Onychodus

第十章 鬼鱼和其他原始掠食者 | **181**

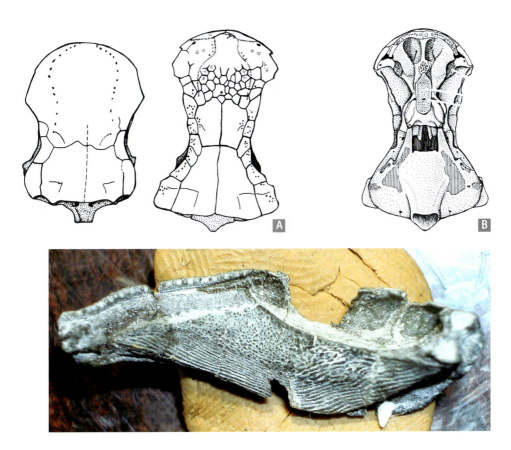

（上图）两条早泥盆纪肉鳍亚纲的头骨（A）背视图，显示头部分成两个单元，将头盖骨分开。中国的奇异鱼是肺鱼谱系最基础的成员，而来自北极加拿大的威尔士王子鱼则是孔鳞鱼目的早期成员。威尔士王子鱼（B）是肺鱼亚纲谱系的基本成员，这是其颅内膜的侧视图，显示出了它的特征。

（中图）早泥盆纪中国蝶柱鱼的下颌。（感谢中国科学院古脊椎动物与古人类研究所提供图片）

（下图）来自早泥盆纪中国的杨氏鱼，这是一种掠食性的肉鳍亚纲鱼类。（感谢中国科学院古脊椎动物与古人类研究所提供图片）

肉鳍亚纲的基本结构

面颊上有分布规律的骨骼，有一块或多块大的鳞状骨头，下颌骨有大的齿骨，它们由一系列的下齿骨支撑着。齿骨上除了有规则的边缘牙齿之外，还有发育良好的牙齿——腔棘鱼除外。腔棘鱼带有牙齿，用于咬合的颌骨面积较小，并且拥有一套不寻常的双串联颌关节（这显然是一种专门的捕食机制）。牙釉质存在于牙本质上，并且在osteolepiforms、孔鳞鱼目和根齿鱼目等族群之中，釉质和牙本质产生了复杂的融合。这些牙齿在横截面上看非常复杂，被称为迷齿。鳃弓的骨化程度很高，并有大的腹部鳃骨（基鳃骨）存在，有时带有指向前方的舌下骨。

它们的肩带和内肩带（髆喙骨），以及总鳍鱼类的胸鳍和腹鳍骨骼都已经完全骨化。osteolepiforms和根齿鱼目族群的骨化程度是最高的，它们都拥有一块强有力的肱骨①，这块骨骼跟尺骨以及桡骨铰接，所有高等脊椎动物群体（除了没有躯干的物种）也都是这样的。总鳍鱼类的身体往往相当长，形状比较保守，似乎没有进化出什么奇怪的扁平形态来。

所有原始肉鳍亚纲的鳞片和真皮骨中都有齿鳞质存在，但在后来出现的谱系中，这一特征往往会丢失。大多数总鳍鱼类的鳞片很独特。osteolepiforms和孔鳞鱼目的原始成员拥有菱形的厚鳞片，由齿鳞质覆盖，但在它们各自进化和分化时，这些东西就变成了圆形的、未受齿鳞质覆盖的鳞片。根齿鱼目，爪齿鱼和空棘鱼则拥有更圆、更薄的鳞片。总鳍鱼类的感觉线系统发育良好，我们可以把这种系统看作一系列真皮骨和鳞片上的孔洞以及较深的沟槽。

之中其他物种的部分头骨、下颌骨和骨骼的各种样本。人们现在已经确定，这些化石广泛分布于泥盆纪的世界各处。

最古老的爪齿鱼来自早泥盆纪的中国和澳大利亚。来自4亿年前澳大利亚维多利亚州菲瑞构造群的*Bukkanodus*以各种孤立出现的骨骼和牙齿化石而闻名，清楚地显示了在所有爪齿鱼所拥有的齿旋，这种齿旋被压缩到了一块。这种鱼的最大长度约为15~20cm，住在淡水火山湖中。

在同一时间段中，中国南方出现了*Qingmendus*鱼，出土的化石包括颅骨的后半部分，加上一些孤立的骨头和一个齿旋。这种鱼要大很多，可能长70cm左右，表明早期爪齿鱼的头骨后部很长，有一块大的颅底肌肉附着在头盖骨下。这种肌肉有助于颅内关节的运动，让爪齿鱼和腔棘鱼的头骨更加灵活（它们具有类似的肌肉排列方式），以便撕咬猎物（卢静（音）等人，2010）

最大的爪齿鱼属成员长约3~4m，可能是潜伏在水中的掠食者，就像现在栖息于礁石之间的海鳗一样。它的头骨可动性很高，在头盖骨的两个部分之间有一个大的铰链，当口鼻部抬起时，这个铰链就能让鱼轻松地移动。这显然是一种适应措施，能让下颌的大牙齿得到充分利用。事实上，当爪齿鱼属闭上嘴时，下颌上的大牙几乎能碰到颅骨的顶部。

爪齿鱼的头骨拥有其他特征，这让它们与其他肉鳍亚纲之间存在不同，这些特征集中于头骨顶部和面颊骨的形态上。它们的上颌骨非常像辐鳍鱼的，因为它们都有一片大的后眶叶片。它们的面

---

① 位于前肢，从肩部一直通往肘部的一块骨骼。——译者注

第十章 鬼鱼和其他原始掠食者 | 183

颊上有两块大小几乎相同的骨骼，即鳞状骨和前鳃盖骨，而眼部侧面则有三块眶下骨。除了可能缺失边缘骨骼以外，肉鳍亚纲的眼眶骨骼结构都十分典型。爪齿鱼属的身体细长，根据有限的化石证据来看，背鳍似乎位于靠近尾部的背上。它们的胸鳍和腹鳍化石不多，不过骨化的肱骨表明，它们身体前部的成对鳍至少相当健壮，上面是强而有力的肌肉。

戈戈出土的一种爪齿鱼属标本，其中显示出了它猎物的残骸。在这具部分完整的爪齿鱼的骨架中，人们发现了一条小盾皮鱼的骨骼，就位于前者

来自泥盆纪中国的Qingmenodus鱼的头部后部（A），图中显示了头盖骨。（感谢中国科学院古脊椎动物与古人类研究所的朱敏提供图片）晚泥盆纪西澳大利亚戈戈构造区的Onychodus jandamarra的头骨（B），它的下颌前部有大的齿旋（这块重建化石只跟一套齿旋相匹配）。当捕获猎物时，这些鱼或许能稍微将这些齿旋收回来一些。

的喉部。因为这条盾皮鱼的骨骼面向前方（远离爪齿鱼的方向），并且身上完好无损，所以人们的推断是这条鱼的尾部先被咬住，然后被整个吞了下去。测量结果显示，这条盾皮鱼长约30cm，而爪

来自中泥盆纪澳大利亚的onychodontid *Luckius*的下颌前部。注意为齿旋所准备的深沟。

Strunius的重建图像,它是中后期泥盆纪德国的一种小爪齿鱼。

齿鱼长约60～70cm,所以爪齿鱼能够捕捉并吞掉有它一半大小的活鱼!

腔棘鱼(空棘鱼):长有穗的尾巴

腔棘鱼(又称空棘鱼)首先出现在早泥盆纪,一直存活到了今天,代表它们的是矛尾鱼属。腔棘鱼的多样性高峰期很可能位于石炭纪,当时世界上有许多不同形态的腔棘鱼栖息在浅海和河流中。腔棘鱼最显著的特点是缺乏上颌骨,同时颧骨结构也是松散的,口鼻部有许多成对的骨骼,上面有大的孔洞(反映出了口鼻部有一种特殊的喙状凸起器官),下颌则拥有一套特殊的"双串联"铰接和长有短牙齿的齿骨。腔棘鱼的尾部有一条长的中叶片,尾巴上还有一个簇(又叫穗),而它们成对的鳍和一些中鳍也都有很大的叶片。其中一些属的鳍叶片没有那么大,它们拥有的是强壮的棘,这些棘起到了支撑鳍网的功效。与其他肉鳍亚纲相比,它们的肩胛骨更加细长,大部分属拥有一块额外的骨骼,这块骨骼是腔棘鱼独有的,它附着在胸带匙骨的基底上。

最早出现的化石腔棘鱼来自早泥盆纪的澳大利亚(4亿年前),是一种名叫始腔棘鱼(*Eoactinistia*)的鱼类。人们对它的了解仅来自于一块单独出现的独特下颌。最早的完整腔棘鱼头骨来自中泥盆纪晚期或晚泥盆纪早期的德国、加拿大和澳大利亚。来自德国的*Diplocercides*鱼显示出了典型的腔棘鱼特征(人们最近在澳大利亚也发现了这种鱼),但是缺乏腔棘鱼身上许多先进的特征,例如头盖骨的特化,以及拥有数量相同、支撑尾部骨骼的尾鳍条。来自晚泥盆纪加拿大魁北克埃斯屈米纳克构造区的*Miguasiaia*鱼具有许多原始腔棘鱼的头骨特征,同时拥有一条歪尾(即不对称的尾部),与其他肉鳍亚纲一样。研究者认为它是所有腔棘鱼中最为原始的。来自晚泥盆纪澳大利亚霍威特山遗址的*Gavinia*鱼的化石较少,目前只出土了一块零碎的头骨,以及身体和尾巴的部分残骸。它在许多方面似乎和*Miguashaia*类似,但它的下颌更长,从这方面看要更原始一些。

迪克·伦德对早石炭纪蒙大拿州熊峡石灰岩令人惊叹的腔棘鱼做了研究,显示出腔棘鱼为适应环境,在身体形态上出现了极端的改变。像*Caridosuctor*(意为"食虾者")之类的一些形态,在身形上与后来出现的腔棘鱼比较类似,它们都是身材细长的鱼类。而*Hadronector*、*Lochmocercus*和*Polyosteorhynchus*这些鱼类属则比较粗短。*Allenypterus*鱼的身体形状最为极端,它是一种扁平的腔棘鱼,尾部较长,还有一些小的背鳍、腹鳍和臀鳍。*Allenypterus*是如此的不寻常,以至于人们一开始将它描述为条鳍鱼,而非腔棘鱼。

在中生代期间,腔棘鱼变得相当保守,不过也有一些变得非常之大,如来自白垩纪南美和非洲的*Mawsonia*。其中最大的*Mawsonia lavocati*可能有超过4m长,是当时冈瓦纳大陆浅海中最大的掠食性鱼类之一。

（上图）晚泥盆纪西澳大利亚戈戈构造区腔棘鱼的头部。

（下图）Allenypterus是一种来自早石炭纪蒙大拿州熊峡石灰岩的腔棘鱼，它的身体结构与现代腔棘鱼之间可能有着根本的不同。（感谢卡尔·弗利克辛格尔提供图片）

（上图）来自早白垩纪巴西桑塔纳构造区的腔棘鱼（Axelrodichthys）。（感谢美国自然历史博物馆的约翰·梅西提供图片）

（下图）Macropoma，来自晚白垩纪英国和欧洲其他地区的腔棘鱼。

来自早白垩纪摩洛哥的巨型腔棘鱼 *Mawsonia lavocati* 的重建骨骼模型，它可能有4m长。（感谢日本北九州自然历史博物馆的籔本美孝提供图片）

肉鳍亚纲群体的关系

　　肉鳍亚纲群体之间的关系受到脊椎动物古生物学家的激烈争论，所以研究者在当前的文献中存在一些不同的意见。英国古生物学家彼得·弗雷，布莱恩·加迪纳和科林·帕特森与美国科学家多恩·罗森合作，在1981年宣称，肺鱼是与陆地脊椎动物之间关系最近的祖先。在当代，人们将脊椎动物的分子系统发生理论与新的化石发现结合了起来，证明了这一理论。人们现在多半认为，有一条进化枝将肺鱼和更高级的四足动物联合到了一起，而腔棘鱼则不属于这条进化枝。当然，这些主要谱系之间也有许多灭绝了的族群。

　　最近的一些研究支持将肉鳍亚纲拆分成两个主要谱系：肺鱼亚纲（包括肺鱼和与之密切相关的已灭绝形态，如杨氏鱼和孔鳞鱼目）以及四足形亚纲（已灭绝的肉鳍鱼进化枝，比如根齿鱼目，同时还有其他一些更为多样的族群，比如osteolepidids、tristichopterids和潘氏鱼，第一批四足动物就是从它们这进化出来的）。

第十一章

咬合方式奇怪的鱼类

肺鱼是怎样学会呼吸空气的

肺鱼亚纲包括长着小眼睛、已经灭绝的孔鳞鱼目，同时也包括肺鱼。澳大利亚有一些近乎完整的肺鱼化石，其中包括来自泥盆纪新南威尔士和西澳大利亚，保存状况极好的三维头骨。虽说第一批肺鱼距今已有4亿年的历史，而且还生活在海中，但是从大约3.4亿年前开始，所有肺鱼都转而栖息在淡水环境中了。化石记录告诉我们，肺鱼之所以能获得呼吸空气的能力，跟其他脊椎动物是毫无关系的。也正因如此，肺鱼也不应该是第一批四足动物（即两栖动物）的祖先。人们发现了一些肺鱼洞穴的化石，这意味着晚古生代的肺鱼可能会在旱季期间挖个洞，躲到泥土中沉睡，等待雨季到来。肺鱼的进化历程始自泥盆纪，是一场疯狂而迅速的旅程，可以说是"肺鱼版文艺复兴"。不过从石炭纪末期起，它们的进化速度大大减缓。现存的三个肺鱼属各自位于非洲、南美洲和澳大利亚。昆士兰肺鱼是这些"活化石"中最原始的。这种澳大利亚肺鱼的化石表明，在过去1亿年间，它都栖息于澳大利亚，并且毫无变化，使它成为地球上已知最"守旧"的脊椎动物物种。

孔鳞鱼目：头部很胖、眼睛好似珠子的掠食者

孔鳞鱼目栖息于泥盆纪，是一种相对较大的掠食鱼（亚尔维克，1972）。人们在世界各地都发现过它们的化石，不过在中晚期泥盆纪的淡水区域中最为普遍。这个族群的名字来自于它们鳞片上的一排孔洞，这些鳞片被齿鳞质覆盖。孔鳞鱼目还有其他一些特征：拥有宽大的头骨，眼睛小，脸颊处存在前气孔骨。同时它们的大尖牙还包裹着牙釉质以及牙本质，这种复杂的结构名为dendrodont属牙齿结构。它们的下颌前部有一个由尖牙组成的大齿旋。从身体和尾巴的形状来看，大多数孔鳞鱼是会设下埋伏的捕食者，它们会在隐蔽处等待多时，然后突然向前一跃，抓住路过的猎物。

其中最古老的成员是早泥盆纪斯匹次卑尔根和西欧其他地区的孔鳞鱼（*Porolepis*）。孔鳞鱼约有1.5m长，在当时算很长了。它的所有骨骼和鳞片上都有一层厚厚的齿鳞质，而且眼睛很小。人们根据分析孔鳞鱼和其他一些物种零碎的化石遗迹，得知它们长有厚的菱形鳞片，将它们归到了孔鳞鱼科中。孔鳞鱼目是早泥盆纪海洋和近岸环境中最大的掠食者之一。与拥有厚重装甲的原始盾皮鱼和棘鱼相比，它们呆滞的外观反而显得高效许多，而它们最可能捕猎的也正好就是盾皮鱼和棘鱼。大部分中、晚泥盆纪孔鳞鱼目都属于全褶鱼科（Holoptychiidae），因为它们缺乏齿鳞质，并且有圆形的鳞片。最早的全褶鱼是早泥盆纪加拿大北极地区的*Nasogaluakus*鱼（舒尔策，2008）。

主要的孔鳞鱼目族群出现于中泥盆纪，即全褶鱼科。这些巨大的鱼可能有2.5~3m长，并且是以伏击为捕食手段、令人生畏的猎食者。虽然其中有些是人们在沿海沉积物中发现的，但其中大多数则侵入到了河流系统中，以远离巨型的恐鱼科盾皮鱼这种掠食者。在淡水之中，它们可能是顶级猎食者。人们认为全褶鱼比孔鳞鱼的进化程度更高，因为前者的骨骼和鳞片上失去了厚厚的齿鳞质层，鳞片变得圆润，头骨则产生了一套特化的骨骼，位于外部鼻孔的周围（包括一块"nariodal"骨）。嘴部则拥有更大的齿旋，这些齿旋位于下颌前部，且

来自早泥盆纪挪威斯匹次卑尔根地区的孔鳞鱼是种拥有厚重鳞片、骨骼沉重的掠食者。人们曾经认为孔鳞鱼目与四足动物谱系密切相关，但现在一般认为孔鳞鱼是肺鱼的近亲。

孔鳞鱼的头部分为两半。拥有强健的腭方骨（即上颌和嘴顶部的骨头）。

具有一系列平行排列的大牙齿，与爪齿鱼齿旋不同。孔鳞鱼的整个齿列反映出了它们的掠食性饮食习惯——大牙齿或尖牙有规律地出现在下颌和上颌上，两侧有数排较小的、用于抓住猎物的牙齿。它们强健的腹鳃弓骨上也有许多长有小齿的小骨骼。

其中有一个中泥盆纪的全褶鱼族群分布更为广泛，即雕鳞鱼属。人们在东格陵兰和苏格兰发现了其中几个物种，从而对它有了了解，并由斯德哥尔摩的埃里克·亚尔维克进行了详细的研究。雕鳞

来自泥盆纪苏格兰的雕鳞鱼（Glyptolepis）（A）的内部骨架，显示其中有很坚固、用于支撑鳍的骨骼。这是一种肉鳍亚纲的特征，该特征在条鳍鱼中没有发展到这种程度。中泥盆纪拉脱维亚罗德采石场的Laccognathus鱼（B）是种眼睛非常小的掠食者。孔鳞鱼目最有可能依靠它们的感官线系统来伏击猎物。（B图，感谢莫斯科鲍里斯拉克古生物研究所的奥列格·列别德夫提供图片）

鱼属在泥盆纪中晚期的老红砂岩大陆[①]十分兴盛，可能有接近1m长。最近，英国自然历史博物馆的

---

① 一块远古大陆，存在于泥盆纪时期。——译者注

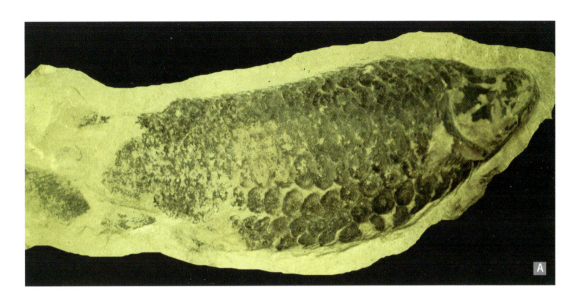

全褶鱼是泥盆纪晚期分布非常广泛的一种孔鳞鱼。这些标本来自苏格兰的杜拉登；（A）图为整条鱼的化石；（B）图是头骨的背视图。（B图获得了伦敦自然历史博物馆的转载许可）

佩尔·阿尔伯格对来自苏格兰的一些所谓的雕鳞鱼和全褶鱼化石材料进行了重新描述，将它们分为 *Duffichthys* 等新形态。*Duffichthys* 来自苏格兰埃尔金的斯卡特·克雷格地层（阿尔伯格，1994）。人们对 *Duffichthys* 的了解只来自于它们的下颌化石，这些下颌的不寻常之处在于它们的很大一部分都被联合的齿旋覆盖着（阿尔伯格，1994）。

全褶鱼是孔鳞鱼目中分布最广、规模最大的一个族群，栖息于泥盆纪末期。其中最大的是 *Holoptychius nobilissimus*。根据它的鳞片来看，这种鱼可能长达3m，使其成为北美洲、格陵兰岛、欧洲以及亚洲部分地区的古代河湖中强大的食肉动物，它们或许也栖息于澳大利亚的河湖中。全褶鱼的全身化石在苏格兰著名的杜拉登遗址中可谓分布广泛，一群群全褶鱼在这里死去，风沙迅速掩埋了它们的遗体。杜拉登全褶鱼平均而言相对较小，长度不到1m。全褶鱼的鳞片在世界各地都有发现，表明该属分布广泛，能够穿越咸水，入侵新的河流系统。人们在拉脱维亚发现了栖息于海洋中的孔鳞鱼（例如罗德矿床的 *Laccognathus*），不过在河流或湖泊沉积物之外，它们的踪迹还是比较稀少。

肺鱼：两种呼吸方式

肺鱼拥有两种呼吸方式，在水中用鳃呼吸，并且还能用肺吸入空气，因此肺鱼便得名"dipnoan"，这个词来自古希腊语，意思是"两个肺"。尽管人们200多年前就在苏格兰的老红砂岩中发现了肺鱼化石，但当人们在1830左右首次发现三种现

一条原始肺鱼的基本结构

将早期肺鱼所有特殊解剖特征联系起来的一种适应措施，似乎是产生强大咬合力的能力。颅骨顶部有许多紧密相连的骨骼，这些骨骼与颌骨内的肌肉有关，这些肌肉插入到颌骨之中，并且强而有力。下颌相交（联合）的区域十分巨大，上腭与头盖骨融合，并且拥有部件繁多的鳃弓骨和特化的齿骨组织。这些特征都显示出早期肺鱼的头骨能够发挥强大的咬合力。

肺鱼的大脑骨骼骨化程度很高，融合成了一整块，而腭部则紧紧地融合在其下表面。原始肺鱼的头骨拥有支撑颅骨顶部的支柱，为下颌肌肉通道创造了大的腔室。这些腔室连接着颅骨的内侧，并向下一直延伸到下腭。第一副蝶骨位于腭中部，原始肺鱼的这一骨骼形状呈犁形且较短，不过在后来的谱系中，这块骨骼变得更长了些，后部出现了一条柄。这块骨骼伸长之后，肺鱼的嘴部便拥有了更多吞咽气泡的空间。

肺鱼的口鼻部拥有肉眼可见的沟槽，这是给位于嘴部上部边缘吸入水流的鼻孔准备的。鼻孔连接了鼻腔，直接通向腭骨，并且没有任何骨头覆盖鼻腔。原始肺鱼具有一套复杂的细小管道系统，穿过了鼻骨和下颌末端。一些科学家把这些解释为一种电感应系统，就像一些现代鱼类在泥泞的环境中寻找食物所用的检测装置。其他科学家认为鼻腔中的复杂的小管网络是营养系统的一部分，给皮肤和感官线管道运送养分。

肺鱼有两种主要的捕食法。它们或是拥有坚硬牙齿组成用来粉碎食物的齿板，或是用一组周期性脱落的细齿覆盖嘴部（这两种肺鱼分别叫脱落齿类肺鱼和小齿肺鱼）。最古老的肺鱼咬合力十分强大，人们之所以有这种结论，是因为它们的下颌在中线处会合，会合面积很大，下颌肌肉组织附着的区域也很大。原始肺鱼中有一些的颌骨被有光泽的牙质覆盖，牙质是大多数脊椎动物牙齿釉质层下分布的组织。这些下颌上裹有牙质的形态孕育出了各

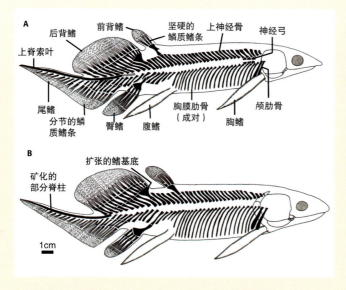

两种密切相关的中泥盆纪鱼类Howidipterus和Barwickia的骨架。它们的颅后骨骼较为相似，显示出这些独立的属当时才刚刚分道扬镳。

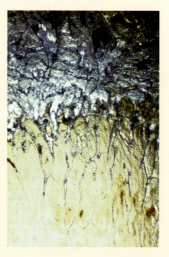

Chirodipterus鱼齿板高度放大的横截面图像，突出了致密的矿化牙本质组织，该组织使得这种肺鱼能粉碎坚硬的猎物。

种齿板，这些齿板的齿脊上排列着一列列的牙齿。脱落齿类肺鱼则拥有强有力的鳃弓骨，内衬有较小的、覆盖了小齿的骨骼，目的是将食物放在覆盖牙齿的腭骨上不断摩擦。肺鱼的鳃弓具有大块的角舌骨成分，下颌骨则与其他硬骨鱼不同，跟颌骨的铰接无关。有许多脱落齿类肺鱼的鳃弓配有长着牙齿的骨骼。

早期肺鱼的身体上有两条大小一样的背鳍，一条单独的臀鳍和一条歪尾鳍，还有成对的羽毛状胸鳍和腹鳍。整个泥盆纪期间，肺鱼的进化趋势都是第一背鳍变短，第二背鳍变长，最终让中鳍和尾鳍合并。在3.5亿年前的泥盆纪末期，肺鱼的鱼鳍和身体结构已经固定，接下来的进化道路上都不会有什么变化了。

肺鱼的软组织解剖结构具有许多独特的特征，包括神经系统的特化，例如分为多层，以同心圆结构排列的嗅球①和大脑中的毛特纳氏细胞②。肺鱼的心脏有三个心室，心房的一部分受到分隔，澳洲肺鱼属的心房分隔情况则很不明显。肠道包裹着它们的肺部，肺部是由原始硬骨鱼的鱼鳔发育而来的。鱼鳔之所以能变成肺部，仅仅是因为它的内表面面积增加，从而改善了气体交换能力，所以说这不是一个复杂的进化步骤。

早中泥盆纪的肺鱼有厚的菱形鳞片，鳞片上覆盖着齿鳞质，这是一种覆盖于骨骼和鳞片上的珐琅质层，闪闪发光。下方的牙本质中存在一套孔隙系统和互相连接的管道，这些东西就是由齿鳞质所容纳的。晚泥盆纪时，大部分肺鱼都失去了齿鳞质层，这些先进鱼类的身体被更薄、更圆的鳞片覆盖。原始齿鳞质包裹着肺鱼的口鼻部，该部位出现了骨化，成了一个粗壮的单元，它在鱼儿死后经常脱离头骨，偶尔会形成孤立的化石（埃里克·亚尔维克将这种情况称为"松鼻问题"）。由于齿鳞质从骨骼上消失了，所以骨化的口鼻部位便被一块由软组织所组成的骨头代替，有时候口鼻部顶端表面还会覆盖一些特殊的小骨骼。

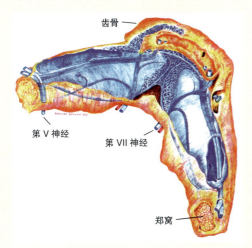

一张彩色色素描图，展现了原始肺鱼 *Speonesydrion* 下颌骨的一些关键解剖特征。（感谢理查德·巴尔维克提供图片）

在澳大利亚新南威尔士州泰马斯野外发现的化石肺鱼巨大的下颌骨。（感谢加文·杨提供图片）

---

① 脊椎动物负责嗅觉的脑部结构。——译者注
② 一种鱼类和两栖动物所特有的细胞，主要负责逃跑反应。——译者注

存肺鱼时，一些早期的动物学家仍不相信它们是鱼类。

1836年，维也纳博物学家约翰·纳特勒（Johann Natterer）首次发现了活肺鱼，他在巴西的亚马逊河河口收集了南美肺鱼属的标本。他把材料寄给了维也纳帝国博物馆爬行动物区馆长利奥波德·菲琴格（Leopold Fitzinger），此人写信给冯·斯特恩伯格伯爵，向他介绍了这种动物。一段时间后，这封信在耶拿的自然历史学会成员面前得到了宣读。尽管菲琴格的标本毁坏了，但他还是发现了其中残余的肺部，而且标本上嘴唇附近又拥有不寻常的鼻孔，这让他觉得该生物"毫无疑问是爬行动物"。

在接下来的一年里，伟大的英国解剖学家理查德·欧文（Richard Owen）见到了从冈比亚河收集来的非洲肺鱼样本，并将这些样本交给了英国皇家外科医学院。欧文也发现该标本非比寻常，它半鱼半两栖动物的特征使欧文大惑不解，但是他根据标本的鼻囊和鼻孔结构考虑，认为它肯定是种鱼。尽管欧文早些时候为这个样本取了"非洲肺鱼属"这个属名，但他在收到了纳特勒1838年的论文后，又将它改回了"南美肺鱼属"这个名字。人们于1870年在昆士兰州发现了第一批澳洲肺鱼，在那之前32年，法国古生物学家路易斯·阿加西斯对角齿鱼（*Ceratodus*）的化石齿板进行了描述，这种鱼类族群正是澳洲肺鱼属的近亲。大英博物馆的阿尔伯特·冈特（Albert Gunther）于1871年对昆士兰肺鱼的解剖学特征进行了详细的描述，并认为它是鱼类。很快，研究者便认为澳洲肺鱼属是三个现存肺鱼属中最原始的，所以后来的大部分工作都集中在了分析这个属的解剖学和胚胎学特征上。

弗里茨·穆勒（Fritz Muller）在1844年创造了"肺鱼"（Dipnoi）这个名字，但是该怎么样给现存肺鱼和化石肺鱼分类呢？人们一筹莫展，在接下来的20年里创造了一连串的新名字，它们都没有经过时间的考验：Ichthyosirenes目卡斯特诺（Castelnau），1855；Pneumoichthyes科希尔特（Hyrtl），1845；Ichthyosirens麦唐奈尔（M'Donnel），1860；Protopteri目（欧文，1853），伪

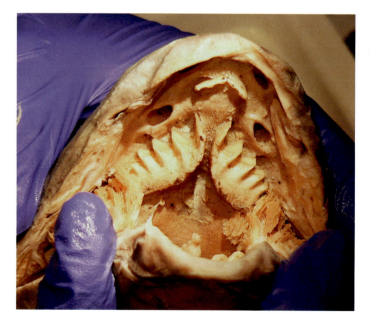

昆士兰肺鱼，学名*Neoceratodus forsteri*，嘴巴大张着，展现了齿板和腭侧的鼻孔。

鱼（Pseudoichthyes）目（欧文，1859）。霍格（1841年）将它们放到了自己的Fimbribranchia族以及Amphibichthyidae科之下，可能算是这其中最让人信服的方案。肺鱼现在处于肺鱼子类中，而三个现存属（有六个现存物种）则位于两个科中：南美肺鱼科（南美肺鱼、非洲肺鱼）以及角齿肺鱼科（Ceratodontidae）（澳洲肺鱼属）。

今天我们所拥有的肺鱼化石记录十分不错，澳大利亚的化石记录更是如此，这些鱼类的遗骸自从在泥盆纪初期首次出现以来，几乎在接下来的每个地质时期都有保存。

第一批肺鱼的遗体来自拥有众多海洋无脊椎动物化石的石灰岩和页岩里，表明这些鱼类生活在浅海环境中。石炭纪末期的肺鱼只居住在淡水环境中，而二叠纪时，有些肺鱼已经具备了夏眠①能力。肺鱼的进化历程可以说是泥盆纪时期疯狂而奇妙的变革之一，在古生代晚期和中生代期间，它们缓慢而稳定地变化着，此后几乎没有变化。我们主要关注的是泥盆纪的首次大规模进化辐射分化，肺鱼身上的激变大多发生在那个时候。

肺鱼的起源

肺鱼自首次出现起，就是一个非常独特的群体，人们很容易通过它们的颅骨顶部和牙列的一些解剖特征来认出它们。奇异鱼"*Diabolepis*"的意思是"魔鬼的鳞片"（它在1984年时还叫*Diabolichthys*，这是它一开始的名字），它是自己所在族

（左图）来自早泥盆纪中国的*Diabolepis speratus*的腭骨，它是中国最古老、最基础的肺鱼谱系之一。请注意，它的小齿覆盖了副蝶骨和犁骨区域，显示出它应该很擅长碾碎食物。（感谢中国科学院古脊椎动物与古人类研究所的张弥曼博士提供图片）

（右图）奇异鱼的颅骨顶部，显示了两部分头盖骨之间的剩余结构，日后出现的肺鱼都失去了这一结构。（感谢中国科学院古脊椎动物与古人类研究所的张弥曼博士提供图片）

---

① 与冬眠类似，在夏季进行休眠的一种动物行为。——译者注

（左图）奇异鱼的下颌骨，上面有用以碾碎猎物的前关节骨齿板，齿板上长着坚固的圆形牙齿。（感谢中国科学院古脊椎动物与古人类研究所提供图片）

（下图）奇异鱼的口鼻部前方，展示了腭侧鼻孔的鼻沟。（感谢中国科学院古脊椎动物与古人类研究所提供图片）

群的首个成员，这个族群最终进化出了肺鱼。人们在20世纪80年代初于早泥盆纪的中国云南发现了它，由张弥曼对它进行了描述。这种鱼有种独特的头骨图案，中间有一块跟字母"B"形状类似的骨头，它位于一块"I"字型骨头前方，两者相交（与几乎所有肉鳍亚纲一样），下颌骨的两侧在宽广而强大的骨骼联合处相遇。它的前鼻孔位于嘴部上方的边缘处，与肺鱼类似，并且存在宽齿板。尽管人们目前在奇异鱼与其他物种的关系上存在争议，但大多数人都认为它们与第一批真正的肺鱼和肉鳍亚纲茎群之间存在紧密联系。虽然最古老的、真正的肺鱼来自北美，但是早泥盆纪澳大利亚东南部的石灰岩则拥有最多样的原始肺鱼，这可能是了解该族群早期演化情况的关键。

肺鱼的多样性

肺鱼有各种各样的牙列，比如覆盖了厚重牙本质的齿板以及颌骨，还有长有牙齿的腭骨，同时还有一些肺鱼拥有一堆粗糙的小齿，能够撕裂坚硬的猎物。一些鱼类出现了令人惊奇的特化现象，比如

holodontids，它们在一生中都能对自己的牙列进行重组。肺鱼的齿板可能包括很多不同的组织类型，晚些时候出现的肺鱼抛弃了其中的许多种类。petrodentin等许多高度矿化的组织让某些肺鱼拥有了极强的咬合力，能咬破并磨碎带有硬壳的猎物，如原始蛤蜊、腕足动物（lamp-shells）和珊瑚。

最早出现的完整的肺鱼是来自北美的 *Uranolophus*，它是一种早泥盆纪的形态，拥有被小齿覆盖的腭。它拥有两条大小相同的背鳍，由齿鳞质覆盖的菱形厚鳞片。它的头骨顶部结构是由在"B"字型骨骼背后相交的大型"I"字型骨头所组成的，组成口鼻部的则是许多块小骨头。这些都显示出它是一种原始的肺鱼。下颌相遇的区域强而有力，这表明 *Uranolophus* 具有强大的下颌肌肉，当它咬合时能施加很大的压力。dipnorhynchids等其他早期泥盆纪鱼类则具有强大的牙本质层，它覆盖了齿板，用于粉碎蛤蜊等拥有硬壳的猎物。肯·坎贝尔和理查德·巴威克（Richard Barwick）描述了泰玛斯石灰岩中的几种大型肺鱼。*Speonesydrion* 和 *Ichnomylax* 是其中的一些成员，它们身上开始出现齿列，而下颌齿板上则明显出现了后跟。

在泥盆纪的中晚期时，长有小齿的肺鱼与长有齿板的肺鱼同时存在，它们常共存于同一环境中。这两个群体是这个时代许多化石鱼群的成

（左图）来自早泥盆纪怀俄明州的肺鱼 *Uranolophus* 的图片，显示出由小齿覆盖的腭。它的齿板受小齿覆盖，并与腭骨合并，形成了用于研磨食物的整个腭部表面。

（右图）来自早泥盆纪澳大利亚的 *Dipnorhynchus sussmilchi* 的腭部，显示出了用于碾碎海洋生物硬壳的厚重牙本质层和粗糙的结节。

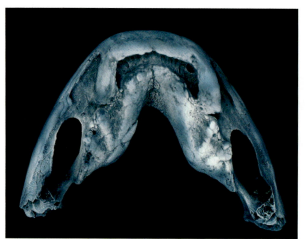 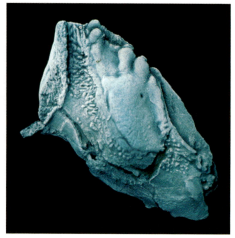

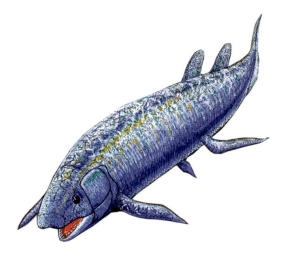

（左上图）*Speonesydrion iani*是人们在早泥盆纪澳大利亚新南威尔士州泰马斯附近发现的肺鱼，代表了齿板肺鱼的第一个进化阶段。这张图中的下颌已经初步发育出了牙列。

（右上图）*Ichnomylax kurnai*是已知最古老的肺鱼之一。该物种已知的唯一化石来自在澳大利亚维多利亚州沃克维尔附近海滩上暴露在外的石灰石，是半块下颌骨化石，并且出现了破损。

（下图）来自早泥盆纪澳大利亚的大型肺鱼*Dipnorhynchus*的重建图片，该物种的一些下颌样本显示它长达1.5m。

员，表明在同一环境中可能存在具有不同捕食策略的肺鱼。其中最成功的齿板型肺鱼是来自苏格兰的老红砂岩和欧美大陆其他地区的双鳍鱼（*Dipterus*）。它是水位变化后首个入侵奥卡迪安盆地①淡水栖息地的鱼类物种。人们一开始觉得肺鱼从海洋迁徙到淡水之中时就开始呼吸空气了。但最近的研究表明*Rhinodipterus*这种栖息于海中的肺鱼出现了特化，能够呼吸空气。所以说，这一进化事件的主要驱动因素可能是全球的氧气水平较低（克莱门特和朗，2010）。有小齿的肺鱼包括栖息在海洋和淡水环境中的的*Griphognathus*和*Soederberghia*，它们都有较长的口鼻部。这些泥盆纪肺鱼在澳大利亚有几种不错的化石样本，比如澳大利亚西部戈戈的*Griffognathus whitei*，这是一种鸭嘴型的肺鱼。戈戈还拥有holodontid类肺鱼，其中包括几种口鼻部较短、体型较大的*Holodipterus*，以及最近才得到描述的一些新形态，比如巨大的*Robinsondipterus*。人们描述的首块*Soederberghia*化石来自泥盆纪的格陵兰岛东部，人们也在澳大利亚新南威尔士州

---

① 泥盆纪形成的一些沉积盆地，位于今天的苏格兰北部。——译者注

福布斯附近杰马隆山谷的一个采石场的红色泥岩中发现了它的一块颅骨顶部,这表明肺鱼在这一时代广泛分布于世界各处。

　　*Griphognathus*是一种看起来很不寻常的鱼,它的喙部又长又扁,就像鸭嘴一样。它强壮的鳃弓骨上附有许多肌肉,留下了一些疤痕,表明它身上有些强壮的肌肉,能让腹鳃弓骨(基鳃骨)做横向和上下的移动,就像摩擦坚硬表面的锉刀一样。*Griphognathus*拥有这种技巧,同时又长着一张钳子般的鸭嘴,这样一来,它或许就能将长

　　双鳍鱼是一种来自中泥盆纪苏格兰的肺鱼(A),它拥有成对的颅肋骨,跟头骨相连,在同样拥有这些特征的肺鱼中,它是历史最悠久的成员之一。这表明这些鱼类能够呼吸空气。双鳍鱼在1828年由赛格维克(Sedgwick)和默奇森(Murchison)进行了描述,是首批得到科学描述的化石肺鱼。大型肺鱼*Holodipterus*的头骨(B),这是人们在西澳戈戈构造区中发现的罕见化石鱼类之一。注意腭部球状的表面,这是用于碾碎食物用的。*Robinsondipterus*的头骨(C),它是晚泥盆纪西澳大利亚戈戈构造区的一种大型holodontid类肺鱼。这块头骨长20cm,表明它是最大的戈戈肺鱼之一)

*Griphognathus*的口鼻部，它刚刚从岩石中露出头来（A），由本书作者于1986年在戈戈的野外地区所发现。当得到酸液制备后，完整的头骨就显露出来了。来自晚泥盆纪西澳大利戈戈构造区的肺鱼*Griphognathus whitei*保存完好的头骨（B）。它长长的鼻子可能是用于在泥泞的海床中搜寻食物的，同时它也会使用其电传感系统来检测无脊椎动物的踪迹。

长的珊瑚分支给咬下来，然后用小齿覆盖的鳃弓骨、上腭和下颌将它们磨碎。它也可能用自己的长鼻子搅动泥泞的海床，去摸索柔软的虫子和其他生物。*Griphognathus*十分成功，因为人们在北美洲、欧洲和澳大利亚都发现过它的化石，它是是晚泥盆纪分布最普遍的肺鱼。我永远不会忘记1986年8月的某个日子，那是我在戈戈工作的首个季节，我找到了一块完整的*Griphognathus*化石。我先是拿起了一大块化石，但只看到了裸露在外的口鼻部，它被闪亮的齿鳞质覆盖。我立即意识到，这块岩石内有一整颗完好无损的头骨。接下来，在距离这块化石只有1m左右的地方，我又发现了另外三块化石，每块都显示了出了鱼类身体的圆形横截面。令人难以置信的是，这几块化石全都能拼在一起，组成了一块香肠状的大岩石结节。里面是世界上最完整的泥盆纪肺鱼之一。这个标本的头骨得到了制备，图片包含在本章中。

最后一种已知的小齿肺鱼是来自二叠纪德国和北美的*Conchopoma*，它有一条类似现代鱼类的尾鳍和宽大的中腭骨（副蝶骨），被许多小齿覆盖。在外观上看，*Conchopoma*与现在许多的齿板肺鱼类似。假定这两种不同的肺鱼谱系出现了并驾齐驱的变化，这可能是因为它们都有类似的发展计划。如果两个群体的幼鱼都遵循相同的生长和发展模式（这叫个体发生），那么随着时间推移，这种发展状况的改变会同步地影响到不同的族群。这种进化中的变化模式名为异时性，人们现在用它来解释有哪些进化不一定是由外部环境压力驱动，而是由生物的内部发育因素控制的。在一些泥盆纪鱼类中，一个明显的进化趋势是让幼体的特征保留到后来出现的成体物种上。这是"过型形成"，可以解释为什么某种鱼类谱系的成员在出现早期性成熟后，能迅速地发育出大眼睛和较短的脸颊（贝米斯，1984）。

肺鱼一开始拥有长着小齿的腭骨，逐渐过渡到齿盘，这一进化步骤可能没有那么宏伟。有一些小齿肺鱼似乎有得到许多牙本质覆盖的腭骨，上面还长着大的齿状尖角（例如 *Holodipterus gogoensis*），而在同一化石遗址处发现的其他物种则拥有细长的下颌骨，覆盖了撕咬猎物的下颌区域以及腭骨的粗皮革状结构，这种结构由精细的小齿组成（Robinsondipterus）。

**牙本质覆盖的腭骨：
在早期用于碾碎猎物的结构**

人们在澳大利亚东南部发现了世上十分罕见的一批早泥盆纪肺鱼之一，它们都是原始的肺鱼，具有强而有力的齿列，这些齿列由厚牙本质覆盖的腭骨和下颌的咬合表面组成。人们发现了这些鱼中两个属的头骨，这些头骨化石也显示出了其骨骼模式的原始状况，也就是在口鼻部周围和头骨顶部前方长有许多小骨。其中最著名的是 *Dipnorhynchus*（意思是"长有双肺及口鼻部的鱼"），它们的代表是来自新南威尔士州的泰马斯-维-贾斯帕、库玛地区以及维多利亚州东部布坎地区的三个物种。这三个物种的特征都是拥有精细的颌骨，上面有球状结节，能够对猎物施加巨大的压力，可以像胡桃夹子一样碾碎蛤蜊和其他带硬壳的食物。

Speonesydrion（来自希腊语，意思是"洞穴岛"）这种鱼的名字来源于其化石发现处，也就是泰马斯附近布因扎克大坝的洞穴岛。这种鱼的头骨顶部形态类似于 *Dipnorhynchus*，但其上腭和下颌骨具有基本的结节所排成的行，形成了一种原始

来自中晚期泥盆纪德国 *Rhinodipterus* 鱼的下颌。

的齿板。类似的是，仅在维多利亚的贝尔角（瓦拉塔海湾）附近发现的*Ichnomylax*则比之前的形态要更老一些。人们只发现了它下颌一侧的化石，它拥有原始的齿脊，而下颌骨内部则有一块用于碾碎食物的球状后跟，这个后跟被牙本质覆盖着。

精细的捕食机制

任何看过昆士兰肺鱼吃东西的人，都不会忘掉它的捕食方式。它将食物吸入口中，用齿板咀嚼，然后又把食物挤出来，此时食物变成了一条长管状的糊状物。然后它会一遍又一遍地咀嚼食物，直到食物全部变成易消化的物质为止。当第一批真正的齿板肺鱼在泥盆纪出现时，它们使用的一定是这种捕食能力。其中一个族群是chirodipterid科，它们的齿板上缺少牙齿，尤其缺少牙尖。人们将它们的这一结构称为齿骨板，而不是长有牙齿的真正齿板（齿板边缘拥有单独的一些牙尖，并持续生长）。在晚泥盆纪西澳大利亚的戈戈构造区中存在三个物种，它们充分代表了chirodipterids。

人们对*Chirodipterus*的描述一开始是参照欧洲和北美的化石材料进行的，这种鱼是戈戈构造区中常见的一个鱼类属。*Chirodipterus australis*的齿骨板上具有宽阔的齿板，齿板上有不起眼的齿脊，而*Gogodipterus paddyensis*的每块齿骨板上则都有一些明显的齿脊，它们之间分布着很深的沟槽。戈戈的第三个chirodipterid物种是*Pillararhynchus longi*。与其他任何一种形态相比，它的头骨都要更深一些，而且它还有长而窄的齿板，并带有凹陷的、用于碾碎食物的表面。腭骨（副蝶骨）的正面有一块牙质，是用来压碎食物的。最大的chirodipterids是来自晚泥盆纪比利时海相沉积物的一种叫*Palaedaphus*的巨物。它巨大的齿盘长14cm，宽10cm，表

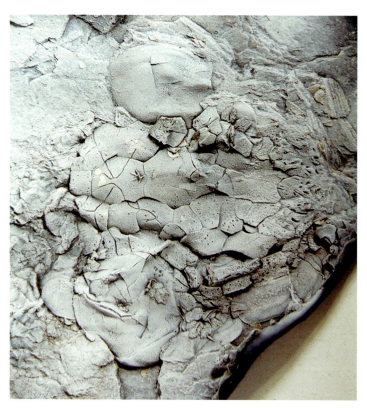

*Howidipterus*的头骨，它的骨骼形状以及骨骼间的融合程度出现了很多变化。这张图是化石的乳胶铸件，化石之前已经得到了清洁。人们用氯化铵将铸件白化，以突出表面的细节。Howidipterus是来自晚泥盆纪澳大利亚维多利亚州泥盆纪山的一种肺鱼。

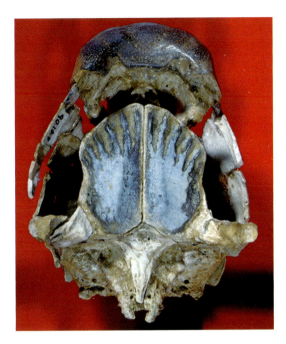

晚泥盆纪西澳大利亚戈戈构造区*Chivalodipterus australis*的腭板及齿板。

明这种鱼可能有2m多长。

大部分已知的肺鱼都有齿盘。泥盆纪的双鳍鱼代表最原始的等级，因为它们有两条背鳍，而且真皮骨上还有一层闪闪发光的齿鳞质。feurantiids和phaneropleurids比双鳍鱼更为先进，因为这两者的第一背鳍都缩小了，而第二背鳍又都增大了一些。它们也拥有简化的头骨顶部和脸颊结构。我们发现，在泥盆纪肺鱼的一般演化过程中，它们的背鳍都在不断缩水，而臀鳍与尾鳍则出现了融合，使得这些肺鱼具有了与现代昆士兰肺鱼相同的外观。有很多肺鱼一步步实现了这套计划，我们可以从*Uranolophus*-双鳍鱼-*Howidipterus*-索梅纳克鱼（*Scaumenacia*）-*Phaneropleuron*这条进化线路中看出这一点来。在泥盆纪末期，肺鱼孕育出了最终版的身体结构，并且十分成功。这种结构正如我们在苏格兰的*Phaneropleuron*属中所见的那样，而所有后来出现的肺鱼也都保留了这种结构。

来自晚泥盆纪维多利亚州的*Howidipterus*具有不同寻常的齿板，每块板的边缘都有发育良好的牙齿，而齿板中间则有光滑的、用于碾碎食物的表面。它的头骨有许多原始特征，比如说还保存着大的"D"字型和"K"字型骨头。副蝶骨上长着一条发达的柄，跟双鳍鱼所拥有的、原始的菱形小副蝶骨不一样。人们最近对维多利亚霍威特山遗址的两种化石肺鱼进行了研究，结果表明，尽管二者的牙列乍看上去似乎不同——*Howidipterus*有齿板，*Barwickia*似乎是一种长有小齿的肺鱼——但它们都有相同的体形，数量类似的肋骨和相似的鳍骨支撑结构。而且，当人们对它们的牙列进行更仔细的研究时，发现它们的牙齿板似乎是相似的，其中一种主要包括几排牙齿，还有一些小齿存在（*Howidipterus*）；而另一种的齿列很少，但有许多小齿（*Barwickia*）。人们认为它们都是fleurantiid这个族群的成员。

其他fleurantiid包括俄罗斯的*Andreyevichthys*，这些成员体现出同一物种内可能同时存在这两种牙列，这是由生长差异所导致的。这两种发现于霍威特山的鱼类形态在颅后骨骼方面也有这种精确的相似性，其他化石肺鱼则没有出现这种情况。这同样明显地提示着人们，它们是从同一个祖先那进化而来的，拥有类似的身体结构，然后分化成了两个不同的谱系，拥有不同的捕食策略。霍威特山肺鱼生活在大湖中。生活在这种湖泊环境中的现代鱼类群落在进入湖泊时，一般都还没有分化，进入湖中的是它们共同的祖先。然后，它们会分出许多类似的形态，每个形态都有一种稍稍不同的捕食策略。栖息于非洲湖泊中的丽鱼科鱼（cichlids）就是一个例子。

石炭纪时期的所有肺鱼都只有一条连续的中鳍，这条鳍与尾鳍合并到了一起，而这些肺鱼的齿板特化程度或许很高，具有多排牙齿和分布密集的牙尖（例如*Ctenodus*肺鱼）。人们描述的唯一一

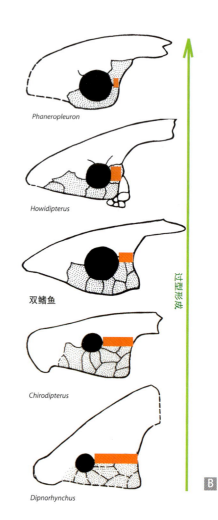

种石炭纪澳大利亚肺鱼是 *Delatitia breviceps*，它一开始被阿瑟·史密斯-伍德沃德定为欧洲 *Ctenodus* 属的新成员，当时还是1906年。石炭纪和二叠纪的欧洲和北美地区有一些保存完好的化石肺鱼，其中包括 *Conchopoma* 这种小齿肺鱼，还有 *Uronemus*，后者拥有窄小的、得到改良的齿板。这些肺鱼，以及接下来出现的一切已知肺鱼都和现存肺鱼的身体和鱼鳍结构一样。在人们发现二叠纪北美的腭根鱼（*Gnathorhiza*）时，它正处于其化石洞穴之中，这让它变得十分出名，证明古生代的一些鱼类能通过夏眠来克服干旱。

晚泥盆纪澳大利亚（A）的 *Chirodipterus australis* 的头骨顶部。进化中的异时性是这个意思：某物种进化出了其祖先的幼体或成体特征。在泥盆纪肺鱼中，这种趋势体现在脸颊变短，眼窝变大（B），幼鱼和其他物种之中都有这种现象。这种进化模式就是过型形成。

到中生代时，大部分的肺鱼都是角齿肺鱼科成员（包括现存的澳大利亚肺鱼）或南美肺鱼属成员（包括现存的非洲和南美肺鱼）。

其他大多数来自中生代澳大利亚的肺鱼只有齿板化石存在，比如三叠纪西北澳大利亚布里纳页岩、雷万构造区（位于南昆士兰）以及维亚纳玛塔

（左图）中泥盆纪澳大利亚霍威特山 *Barwickia downunda* 鱼的头骨（A）。中泥盆纪肺鱼Barwickia的重建图片（B）。

（下图）来自加拿大米格亚沙的晚泥盆纪齿板肺鱼 *Scaumenacia*，它与澳大利亚的 *Howidipterus* 有相似之处，但是它的第一背鳍更长，头骨有几个不同的特征，所以要更先进一些。

（上图）*Gosfordia truncata*是人们在新南威尔士州戈斯福德附近的三叠纪岩石中发现的一种完整的化石肺鱼。*Gosfordia*是进化出了*Neoceratodus forsteri*的这个肺鱼谱系的近亲，*Neoceratodus forsteri*是现在的昆士兰肺鱼。（感谢澳大利亚国立大学的阿莱克斯·里奇提供图片）

（下图）来自早白垩纪非洲尼日尔共和国的肺鱼Arganodus的化石齿板，上面有用于研磨食物的独特齿脊。

（位于新南威尔士）的角齿鱼。在早白垩世岩石中发现的齿板表明，现存的昆士兰肺鱼当时居住在闪电岭附近，而维多利亚州的*Ceratodus nargun*则在寒冷的激流溪谷中存活了下来。由于南极洲刚开始与大洋洲分离开来，所以才形成了这些溪谷。有史以来最大的肺鱼是来自晚白垩纪埃及的*Neoceratodus tuberculatus*。研究者发现的单个齿盘有10cm长，据此判断它肯定有3~4m长（丘彻），1995）。

在中生代时期，肺鱼的颅骨骨骼变得更为简单，哪怕在*Neoceratodus*等单个属中，齿板的形态也有很大的变化。第三纪时，*Neoceratodus gregoryi*等肺鱼可能已有超过3m长。人们之所以能做出这种判断，是因为在中南澳大利亚的中新世河湖沉积物中发现了这种鱼类的大齿板和头骨顶部骨骼。澳大利亚中部和昆士兰的河湖中至少还广泛地

现存肺鱼 Neoceratodus forsteri 的头骨，显示它有强大的牙齿，能碾磨食物。

分布着其他四种澳洲肺鱼属。尽管其中许多物种只有齿板化石，但南昆士兰州的雷德班克平原地区也已经出土了一些带有部分铰接的头骨和 Neoceratodus denticulatus 鱼的身体残骸，这些化石可能形成于始新世。墨尔本大学的埃德温·谢尔本·西尔斯（Edwin Sherbon Hills）于1941年首先描述了这些化石。

今天世界上存在三种肺鱼属：非洲的非洲肺鱼属，南美洲的南美肺鱼属和澳大利亚昆士兰州的澳洲肺鱼属。目前昆士兰肺鱼是其中最原始的；实际上，在过去1亿年之间，它的变化都不大。南美肺鱼是其中最长、最苗条的成员，它的腹鳍和胸鳍大大缩水，目的是让其感官正常工作。在旱季期间，非洲肺鱼可以钻到地下，等待下一个雨季到来，从而适应了恶劣的气候条件，昆士兰肺鱼则无法在这种环境下生存。然而尽管如此，昆士兰肺鱼却令人惊叹地经受住了澳大利亚严酷的气候变化，它仍然是澳大利亚唯一的主要淡水鱼类，是这里土生土长的淡水鱼，而非外来物种。人们在昆士兰建设了对其繁殖地产生威胁的水坝，我们现在只能祈祷它们在未来不会受到人类活动或者污染的危害，成为濒危物种。

第十二章

巨大的牙齿，强壮的鱼鳍

拥有与人类手臂和腿部类似鳍骨的鱼类

四足形亚纲（也就是有四只脚的鱼类）在早泥盆纪晚期首次出现，由来自中国的肯氏鱼（*Kenichthys*）所代表。它们的特征是只有一对外鼻孔，还有一个后鼻孔或腭侧鼻孔，这是由后鼻孔向腭部移动而形成的。不过这个族群的成员拥有强健的四肢骨骼，这对于未来的进化步骤来说更为重要。这些骨骼将会在日后帮助它们发育出胳膊和腿部，产生过渡，适应陆上生活。这个四足形亚纲族群中最成功的成员是一个统称为osteolepiforms的混合分类群，是我们在第10章中讨论过的肉鳍亚纲的一个分支。其中包括晚泥盆纪加拿大著名的真掌鳍鱼和澳大利亚的*Gogonasus*。tristichopterid中的巨型成员在晚泥盆纪的河流和湖泊中横行霸道，其中包括长达4m的海纳螈（*Hyneria*）。接替它们的是比它们还大的rhizodontiform类鱼，这些家伙有6m多长。这些缓慢移动的河流和湖泊怪兽会专门埋伏在两栖动物或大型鱼类的下方，将它们卷曲起来，并杀死它们。

四足鱼类的起源

osteolepiforms曾被视为自然或单系群，但最近的研究表明，该族群是一个进化级类群,也就是由具有共同特征、但祖先不同的物种所组成的,没有任何十分明显的特征。尽管如此,它们却是一群多样的肉鳍亚纲鱼类,在早泥盆纪时就已经出现了,其中包括中国的肯氏鱼这样的形态。为纪念肯·坎贝尔,朱敏给这种鱼取了这个名字。根据朱敏和佩尔·阿尔伯格在《自然》杂志上发表的论文(2004)来看,肯氏鱼具有一对外鼻孔(前鼻孔,又称水流流入孔),上颌边缘有一对第二鼻孔(又称后鼻孔),跨过部分上腭,。所以说,这种鱼的后鼻孔是进化过程中过渡形态的一个象征。它们的脸颊显示出早期四足形亚纲的部分骨骼可能融合到了一起,变成了更大的骨骼单元。斑鳞鱼等非常基础的肉鳍亚纲会产生这种变化。

根齿鱼目(Rhizodontida)代表着进化出了四足动物的下一条分支,它是一种在地质记录中出

(上图)来自早泥盆纪中国云南的肯氏鱼的下颌,它是所有四足形亚纲中最基础的。(感谢中国科学院古脊椎动物与古人类研究所的朱敏提供图片)

(下图)来自中国的肯氏鱼头骨前部的微型CT扫描图像。

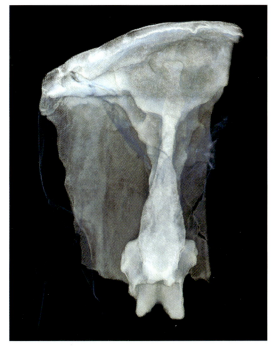

现较晚（出现于中后泥盆纪）的鱼类，体型一般较大，但在解剖学上说相当普通。

石炭纪的巨型杀手：根齿鱼目

根齿鱼目（rhizodontiforms，这个词的意思是"长着根的牙"，它们的长牙深深地嵌入颌骨之中，从而得到了这个名字）是肉鳍亚纲中体型最大、食欲最强的鱼类，估计有6～7m长。它们的化石体积一般都比较大，所以我们对这种鱼类的了解很少，直到1986年研究者对它们的首个完整化石遗迹进行了描述，又在1989年对一块完整的头骨进行了详细研究之后，我们才对它们有了更好的认识。该族群的特点一般是有坚硬的鱼鳍，里面有很长的无分支骨棒（鳞质鳍条），它们支撑着鱼鳍的主要结构。这些鱼的胸鳍非常强壮，里面有强壮的肱骨、尺骨和桡骨，这些骨头也是用于支撑鱼鳍的。osteolepiforms和所有更高级的陆地脊椎动物也有这种手臂骨骼结构。

根齿鱼目的肩关节或许有很大的旋转幅度，能让根齿鱼用自己坚硬的大鱼鳍在水中旋转，像鳄鱼一样摔打猎物，将它们身上的肉撕下来。一些大型根齿鱼目的牙齿两侧受到了压缩，导致它们的边缘形成了剃刀般的尖角，这是该族群的特征之一，但一些tristichopterids鱼也有这种特征。

根齿鱼最早出现在泥盆纪中后期，由阿莱克斯·里奇在20世纪70年代早期发现。他当时在南极维多利亚地南部的里奇山附近发现了这种鱼的下腭和部分肩带化石。人们在附近发现了一种名为*Notorhizodon*（意思是"南根根齿"）的大型鱼类，一开始将其描述为大型根齿鱼，但研究者目前一般认为它属于tristichopterid群，这也是真掌鳍鱼所在的群。其他泥盆纪根齿鱼包括来自晚泥盆纪北美的*Sauripterus*，人们对它的了解主要来自于胸鳍骨骼的一块大型化石，以及其他一些化石碎片。它的鳍骨架上似乎有八套鳍条，与早期两栖类四足动物*Acanthostega*的四肢类似。

其中最著名的早期根齿鱼是来自法门阶澳大利亚新南威尔士州卡南德拉鱼类集体死亡区的*Goologongia*，1999年时，泽莉娜·约翰松和佩尔·阿尔伯格首次描述了它。Goologongia的头骨保存得很好，下颌比上颌更凸出，这显示它会潜伏在猎物下方浑浊的水中，冲出来捕捉猎物。

*Gooloogongia*的头骨，它是晚泥盆纪澳大利亚卡南德拉化石遗址内最基础的根齿鱼（此处为白化铸件）。

第十二章 巨大的牙齿，强壮的鱼鳍 | 211

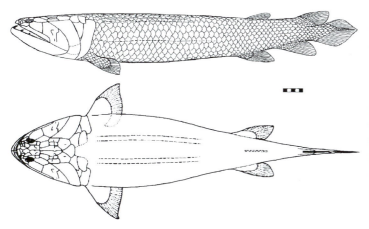

（左图）晚泥盆纪澳大利亚 *Gooloogongia* 的重构躯干。比例尺以cm为单位。（感谢佩尔·阿尔伯格和泽莉娜·约翰松提供图片）

（下图）晚泥盆纪美国宾夕法尼亚州布罗斯博格附近的根齿鱼 *Sauripterus halli* 的胸鳍和肩带。请注意与尺骨和桡骨铰接的肱骨，这也是四足动物的骨骼结构。（已获得美国自然历史博物馆的转载许可）

在石炭纪期间，根齿鱼目达到了多样性和大小上的高峰。其中已知的最大成员是来自苏格兰的根齿鱼（*Rhizodus*）。苏格兰国家博物馆藏有一块长度将近1m的根齿鱼下颌化石，这意味着该化石主人的最大尺寸为6~7m。这种鱼已知最大的牙齿是嘴前方的尖牙，其中一些长22cm。*Strepsodus*，*Barameda* 和 *Screbinodus* 等其他形态也比较大，下颌前部都有类似的大牙齿。澳大利亚东南部曼斯菲尔德出土的 *Barameda* 和 *Gooloogongia* 的化石显示出根齿鱼目的头部结构与骨鳞鱼的类似，当嘴部张开时，颅骨的关节能够给口鼻部施加一个较大的向前升力。根齿鱼目可能以大型两栖动物和鱼类为食，这些猎物生活在黑暗的煤沼地和湖泊中。

唯一完整的根齿鱼化石是*Strepsodus*鱼的小型化石，它的身体相对较长，有小的盆骨、背鳍、臀鳍和大的桨状胸鳍。这种身体形状适合让鱼类潜行在水中，缓慢游动，偶尔能猛地向前冲去，袭击附近毫无防备的猎物。最后一批根齿鱼目在二叠纪初期消失了，其灭绝原因可能是大型水生两栖动物和大型淡水鲨数量迅速增加，从而抢占了它们的栖息地。

迈向陆地的一步：四足形亚纲茎群

中泥盆纪时，世界各地都出现了四足形亚纲动物。它们在晚泥盆纪时最为多样，此后多样性程度逐步下降，最终在二叠纪期间灭绝。其中唯一的例外是孕育了四足动物的那个族群。它们是拥有单对外鼻孔后鼻孔的唯一一个肉鳍亚纲群，组成脸颊单元的一般是七块固定的骨骼。它们跟根齿鱼目一样都拥有骨化程度很高的成对鳍，胸鳍上长有坚实的肱骨、尺骨和桡骨。该族群最原始的成员拥有厚的菱形鳞片，同时其真皮骨上也都有齿鳞质层，但几个后来出现的谱系去掉了齿鳞质，鳞片也变得更薄、更圆润。

还可以提一下其他几个基础四足形亚纲族群，不过在大多数情况下，它们与一般的四足形亚纲之间也只在细枝末节上存在差异。最近发现的新形态包括Canowindridae科，它是冈瓦纳东部地区（现在的澳大利亚和南极洲）特有的三个属之中的一

（左图）来自早石炭纪澳大利亚维多利亚州的*Barameda mitchelli*的头骨是有史以来第一块保存完好、得到了描述的根齿鱼目化石。

（下图）*Barameda decipiens*下颌主要特征的草图。ifd=下齿骨小孔。（感谢蒂姆·霍兰德提供图片）

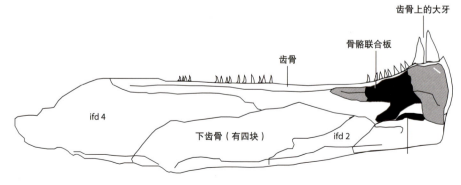

第十二章 巨大的牙齿，强壮的鱼鳍 | 213

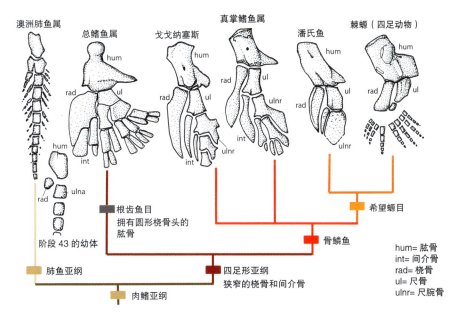

（上图）早石炭纪澳大利亚维多利亚州根齿鱼 Barameda mitchelli 的重构图片（感谢彼得·斯考滕提供图片）

个分支。这种原始骨鳞鱼族群的特征包括拥有大的鳃盖骨，宽而扁平的头骨和非常小的眼睛，可能还有额外的骨骼占据着面颊单位中眶后骨的位置。其中第一个得到描述的属是 Canowindra grossi（以新南威尔士州的卡南德拉镇命名）它是在1973年

（下图）肉鳍亚纲的鳍骨形态，以及它与四足形亚纲之间关系的假说。请注意其中一些典型的四足形亚纲特征：具有强壮的肱骨，尺骨、桡骨和间介骨（int）。

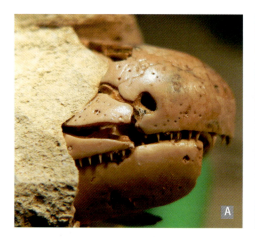

由基思·汤普森进行描述的,但他当时还无法将这种鱼归到任何一个特定的肉鳍亚纲族群中。近年来,人们在从维多利亚(*Beelarongia*)和南极洲(*Koharolepis*)描述了更多的属,填补了进化序列中的空缺。其中最原始的成员拥有菱形鳞片和骨头,它们都被齿鳞质所覆盖。而派生出最多形态的 *Canowindra* 则没有齿鳞质,鳞片是圆形的,腹部有块凸起,就与tristichopterids一样。

Osteolepididae由众所周知的形态所代表,如苏

(上图)晚泥盆纪的*Gogonasus*从石灰岩中伸出来的口鼻部(A)。请注意,它有四足形亚纲鱼类和四足动物所独有的单一外鼻孔。*Gogonasus*(B)的头骨,该头骨化石经过了酸液制备。这是泥盆纪晚期西澳大利亚戈戈构造区的四足形亚纲鱼类,顶部有异常大的气孔。

(下图)栖息于泥盆纪珊瑚礁上的*Gogonasus*的重建图片。(感谢布莱恩·朱提供图片)

第十二章　巨大的牙齿，强壮的鱼鳍 | 215

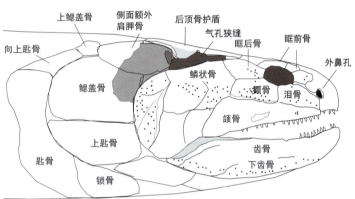

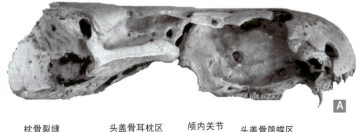

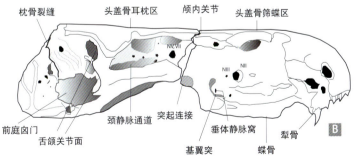

（左上图）Gogonasus胸鳍附近的三根骨骼，即肱骨（上），桡骨（左）和尺骨（右）。

（右上图）Gogonasus头部的真皮骨。

（左图）Gogonasus（A）的头盖骨，指出了解剖特征（B）。

格兰老红砂岩的骨鳞鱼、*Gyroptychius*和*Thursius*。它们的长通常度不到50cm，真皮骨的结构相对保守。它们都长着简单的歪尾，两条背鳍和厚的菱形鳞片。

Megalichthyinids是个先进的骨鳞鱼族群，直到二叠纪中期才灭绝，那时候其他所有科都已经灭绝很久了。它们保留了齿鳞质层，同时也出现了特化，拥有环绕鼻孔周围的顶盖骨，宽的腭腔，以及从前颌骨延伸到嘴里的中凸起，这一凸起部分较长。一些megalichthyinids的真皮骨上也有一种特殊的铰接，能将头骨顶部的两半连接到一起。这个群非常成功，它们居住在冈瓦纳和欧美大陆的煤沼和湖泊中，以Megalichthys和Megapomus为代表，最大的物种有1~2m或更长。

Tristichopteridae群中包括齿鳞质层较少，或者完全没有齿鳞质层的形态，其中大部分成员的头骨顶部也失去了外颞骨，除了来自澳大利亚的一个原始属（*Marsdenichthys*）。*Marsdenichthys*或许不是这个群的一份子，但跟它的关系至少也很近。（霍兰德等人，2010）。这个科中最著名的成员是来自晚泥盆纪加拿大埃斯屈米纳克湾动物群的*Eusthenopteron foordi*，这是种长约1m的中型鱼。真掌鳍鱼是斯德哥尔摩的埃里克·亚尔维克耗费25年、进行了详细研究的鱼类，他用这种鱼头骨化石的连续切片制作了头盖骨和鳃弓的大型蜡模。他把头骨嵌入到树脂中，进行切片，每片有十分之一毫米厚。然后对切片拍照，放大10倍，就能切割出一层显示骨骼和软骨位置的蜡来。亚尔维克就这样缓慢地建立蜡层，从而创造出了他的模型。他接下来发表了几篇篇幅浩荡的论文，阐明了真掌鳍鱼细致的解剖结构。时至今日，这个属仍然是所有古生代鱼类中最有名的一个。完整的真掌鳍鱼化石在魁北克的埃

这是来自晚泥盆纪澳大利亚新南威尔士州的*Canowindra gross*的白化头骨铸件。它是澳大利亚和南极洲（冈瓦纳东部）特有的一个四足形亚纲科的成员。

第十二章 巨大的牙齿，强壮的鱼鳍 | **217**

（A）来自泥盆纪澳大利亚中部的 *Beelarongia* 的白化头骨铸件。（B）中泥盆纪澳大利亚维多利亚州霍威特山遗址中，出土了很多完整的鱼类化石。

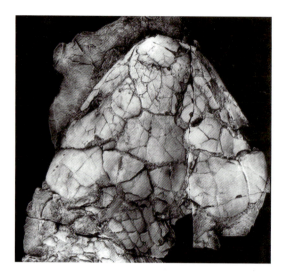

*Koharolepis*是一种来自中泥盆纪南极维多利亚地克林山的canowindrid骨鳞鱼。研究者认为这些鱼是所有已知骨鳞鱼中最原始的。

骨鳞鱼（*Osteolepis*）是一种来自中泥盆纪苏格兰的老红砂岩，被齿鳞质覆盖的四足形亚纲成员（A）。（B）骨鳞鱼头骨的背视图。（获得了伦敦自然历史博物馆的转载许可）

斯屈米纳克构造区中很常见，其他物种在俄罗斯和欧洲得到了人们的描述。*Jarvikia*是在俄罗斯发现的一种大型鱼类，这个族群中最大的成员包括东格陵兰的*Eusthenodon*和北美的海纳螈。

近年来，佩尔·阿尔伯格和泽莉娜·约翰松在晚泥盆纪澳大利亚新南威尔士的卡南德拉遗址，描述了一些保存非常完好的tristichopterids化石。其中包括体积较大的*Mandageria*和较小的*Cabonnichthys*。*Mandageria*有尖锐的口鼻部和小眼睛。它有一块发达的颈部关节，可以更快地张开充满大牙齿

第十二章 巨大的牙齿，强壮的鱼鳍 | **219**

（左上图）*Megalichthys laticeps*的头骨顶部，该化石来自石炭纪的苏格兰。注意闪亮的齿鳞质表面。（获得了伦敦自然历史博物馆的转载许可）

（右上图）*Claradosymblema*，一种来自早石炭纪澳大利亚昆士兰州中部的megalichthyinid鱼。这是其顶视图。

（左图）*Megapomus*的头骨，这是来自石炭纪俄罗斯的megalicht-hyinid。（感谢莫斯科鲍里斯拉克古生物研究所的奥列格·列别德夫提供图片）

（左图）*Marsdenichthys longioccipitus*，一种来自中泥盆纪澳大利亚维多利亚州霍威特山的四足形亚纲，它跟tristichopterids的起源时间差不多。这是头骨的乳胶皮模型。

（下图）*Eusthenopteron*，来自晚泥盆纪魁北克埃斯屈米纳克构造区。*Eusthenopteron*也许是人们研究最深的化石鱼类。瑞典的古生物学家埃里克·亚尔维克劳心劳力，制作了该鱼类化石样本切片的蜡质模型，这些切片只有十分之一毫米厚。他花了差不多30年来完成这项工作。

第十二章 巨大的牙齿，强壮的鱼鳍 | 221

*Jarvikia*的头骨顶部，以及一些脸颊和颌骨化石，这是晚泥盆纪俄罗斯的一种tristichopterid。（感谢莫斯科鲍里斯拉克古生物研究所的奥列格·列别德夫提供图片）

的嘴巴。它是个游泳健将，身体呈流线型。加文·杨（2008）最近的研究表明，澳大利亚tristichop-terids可能代表一种当地特有的群体，它拥有独特的腭骨和颧骨形态。

尽管代表了从肯氏鱼等内鼻孔鱼（choanate fishes）到四足动物的数个进化层积（或进化阶段），但骨鳞鱼也许是研究鱼类向陆生动物进化过渡时最重要的一组鱼类，特别是其中衍生出来的最终进化枝elpistostegalians。这些鱼与原始两栖动物之间的共同点，比它们与其他任何鱼的都要多。本书的最后一章将更详细地讨论脊椎动物进化历程中的这一大步。

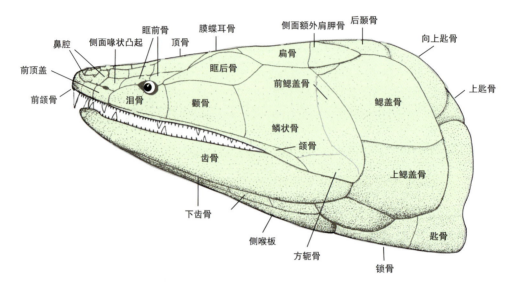

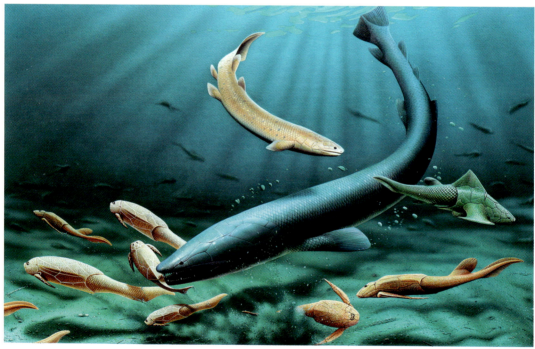

（上图）来自晚泥盆纪澳大利亚新南威尔士卡南德拉的流线型tristichopterid成员*Mandageria*的头部。

（下图）晚泥盆纪（澳大利亚）动物群的重建场景，其中*Mandageria*正在狩猎盾皮鱼（桨鳞鱼、沟鳞鱼和*Groenlandaspis*），背景处潜伏着*Canowindra*。（感谢澳大利亚卡南德拉鱼类历史博物馆提供图片）

第十三章

进化中最伟大的一步

从水中游动的鱼到步行于地面的陆上动物

脊椎动物进化过程中最重大的一步无疑是：水生的鳃呼吸生物进化成了陆生、呼吸空气并能行走的生物。尽管这涉及到许多复杂的解剖学变化，但我们接下来会详细讨论肉鳍亚纲的希望螈目分支所产生的变化，后者变成了原始的四足动物（两栖动物）。而这并不是什么大不了的事情，因为这一族群早已拥有了发生变化所需的前提条件。以潘氏鱼和提塔利克鱼（*Tiktaalik*）为代表的这些鱼类拥有强壮的四肢、肩胛骨和骨盆带。它们的胳膊和腿（也就是鳍）的骨骼模式被所有陆地动物沿用了下来。它们的头骨和颚骨模式完全不需要改变。原始的两栖动物就来源于这些鱼类。

四足动物的第一块化石证据来自距今3.95亿年的波兰浅海沉积物中的移动轨迹化石（内兹维斯基等人，2010）。这块化石似乎意味着还有一种尚未发现的生物形态存在，因为它比最早的希望螈目还要早1000万年形成。到了晚泥盆纪时，四足动物已经出现了辐射分化，散播到全球各地的不同地区。这些早期样本与标准的四足动物形态并不相似，它们还保留了很多鱼类的特征，例如用鳃呼吸，尾巴类似鱼尾，还拥有覆盖大部分身体的鳞片。目前研究者一般认为，棘螈和*Ventastega*等最早的著名形态是彻头彻尾的水生生物。在第一批两栖动物开始分化后不久，第一批爬行动物的原型就在早石炭纪时诞生了。脊椎动物接下来剩余的进化过程相比之下都比较简单，只不过是基本的爬行动物形态不断分化出各种谱系罢了。

从鱼类到四足陆地脊椎动物（四足动物）的过渡一直是进化理论难以分析清楚的领域，直到最近还一直是古生物学界中争议最大的领域。第一批两栖动物最可能来自哪些鱼类呢？这个问题更是引发了很大争论。下面这段文字来自于20世纪早期流行的一本地质学书籍，它很好地说明了这一进化重大步骤的部分神秘之处：

我们认识到了这些事实，并且还了解了（化石两栖动物）某些属的鱼型结构，这不由得让人觉得它们来自于石炭纪的沼泽中，是真正的鱼类缓慢演化而成的。它们先是在泥里无助地蠕动，后来出于方便呼吸而长出了肺部；出于方便运动而长出了四肢；最后又长出了强大而奇特的牙齿。这些牙齿是用来咀嚼植物的，研究者假定植物是它们的主要食物来源[引自B.韦伯斯特·史密斯（B. Webster Smith），《过去的世界》（*The World in The Past*），1926]。

所以说，20世纪早期的科学家觉得陆生动物来自于在泥里蠕动的鱼类，这些鱼离开水体的时间足够长，差不多在同一时间长出了肺部和四肢。然而我们现在知道，鱼类在离开水之前，就已经发育出了很完整的肺，某些鱼类还拥有与陆生动物相同的手臂和腿骨。事实上，鱼类在进化过程中出现了许多重要的变化，这些变化是它们走上陆地所需的基础。我们现在对早期两栖动物的化石记录比之前要完备许多，这些化石让我们对呼吸空气的这些现存鱼类的生理状况有了进一步了解，这其中包括肺鱼和许多种使用辅助呼吸器官的辐鳍鱼（格拉汉姆，1995）。更重要的是，我们现在能够研究生物生长和变化过程的本质，并记录下生物胚胎发育或

青蛙是两栖动物的现存代表，而两栖动物又是所有现存陆生动物中最原始的。两栖动物与爬行动物、鸟类和哺乳动物一样，都是四足动物，也就是身体结构中包含了四条腿的动物。

第十三章 进化中最伟大的一步 **225**

潘氏鱼的口鼻部,一种来自早泥盆纪—晚泥盆纪拉脱维亚的希望螈目鱼类。(感谢莫斯科鲍里斯拉克古生物研究所的奥列格·列别德夫提供图片)

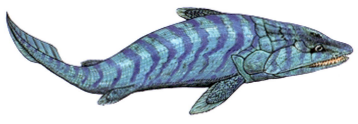

潘氏鱼的重建图片。请注意,它拥有一颗大头,眼睛位于头骨的顶部,并且离得很近,还拥有强壮的成对躯干(仍然保留着鳍)。

生长发育时间的简单变化(这叫异时性)所引起的主要形态变化。在结合了这一切新的成果和发现之后,我们逐渐确定了陆地脊椎动物出现时的准确图景。

古生物学家在很久之前就发现了石炭纪的两栖动物化石。但直到20世纪时,人们才发现了第一批泥盆纪两栖动物的化石。另外,在过去10年中,人们同样发现了许多保存完好的泥盆纪两栖动物及其移动痕迹的化石,这为研究鱼类和四足动物之间的大飞跃提供了新的线索。这类发现表明,第一批四足动物与它们的鱼型祖先间并没有多大的区别。它们可能拥有长着趾的四肢,并没有鳍,但其中的一些成员仍然是完全水生的动物,能够在水下用鳃呼吸,一生中的大部分时间内都拥有跟鱼类差不多的生活方式。

从水到陆地:如何生存

水中的生命与陆地上的生命相差甚远。鱼类与陆地动物的身形不同,因为鱼类的四周都是水,同时,作用于它们身体上的力量也是不同的。所以说,重力是一种力量,与水之间的摩擦是另一种力量,它们在水柱中的身体浮力也是另一种力量。通过平衡自身的浮力,鱼在水中能够达到中性重量(也就是没有重量)。这样一来,它能将自己的能量从尾部引导出来,并借助鱼鳍来创造流体动力升力,从而在水中向上或向下运动。但现实并非这么简单。许多鱼类(硬骨鱼)使用鱼鳔调节体内的气体,通过浮力的微小变化在水中升降。鲨鱼和其他一些鱼类没有鱼鳔,它们用其他方法来让自己获得中性浮力,比如生长出一块充满油的大肝脏,以及长出翅膀般的胸鳍,以增加水中的升力。

但若是要在水中生存,除了要支撑住身体、上下移动之外,还涉及到很多事情。这些事情包括呼吸、感应周围环境、排泄和进食,还包括避开捕食者。另外,最重要的则是繁殖。所有这些功能都要有所改动，这才能让鱼类成功征服陆地。

鳃呼吸的前提是溶解在水中的氧总是有一定的可持续水平，这样氧气就可以穿过鳃上的细膜，流入血液之中。为了保持通过鳃的水流量不变，鱼类会使用不同的泵水方法，或者跟鲨鱼一样，在流动的水中不停地移动，或者停止不动。因此，水会通过鱼嘴进入体内，这些水不是从鳃盖处流出体外，就是被鳃给泵出去。要想让鳃将水泵出去，那鱼就要移动自己的嘴，还要改变鳃的容积。这样看的话，过渡到呼吸空气并不是很困难的事情。现在也有许多用鳃呼吸的鱼类能在短时间内呼吸空气，它们用鱼鳔来进行气体交换，能够获得少量的氧气（例如弹涂鱼）。

进食能力似乎是所有生物的基本要求，这不一定是鱼类离开水体的诱因。事实上，第一批陆地脊椎动物的体型相当笨拙，它们可能会从水中稍微跑出来一会，然后又回到水里。它们的身体和头骨类似总鳍鱼类，更适合捕捉水中的猎物。在四足动物的进化过程中，于陆地上进食的能力，以及与之相应的身体结构，都是在这之后很久才出现的。对于一只速度缓慢的两栖动物来说，如果要捕捉陆生昆虫，将它们当作食物来源的话，那它至少要满足下面两个条件中的一个：要么能猛地向前扑去或者向前疾奔，捕捉毫不知情的猎物；要么像现在的许多青蛙一样，生长出一种长舌头，伸出舌头捕捉飞虫。没有证据表明早期的四足动物有什么长舌头，这更可能是后来的两栖动物所产生的特化；因此，我们必须找到身体形态和四肢各关节的证据，证明这些动物并不是陆地上的捕猎健将。

如果要闯入一片新的栖息地中，那对周围环境的感知是另一个重要的前提条件。在水里的时候，鱼类基本依靠侧线感官系统来监测水中的运动情况，或是搜寻猎物，或是觉察到接近它们的大型捕食者。它们较少使用眼睛和听觉系统。能短暂离开水体的鱼则依靠眼睛来观察食物，查看迫近自己的险情。化石鱼类与化石四足动物之间的主要差异之一是：鱼类往往长有侧线管道，有一排与外部相通的孔隙围绕着这些管道；而四足动物的真皮骨上则长有宽而开放的沟槽，这些沟槽容纳了它们的感官线。随着这些动物变得更适应陆上的生活，其他感官最终代替了侧线系统，只有当生物处于水中时，侧线才能派上用场。早期两栖动物耳膜的演变是这方面的首批重大转变之一。较高级的骨鳞鱼拥有长的舌颌骨，这些骨头支撑着它们的颌骨关节，而四足动物的舌颌骨则变成了内耳上方支撑耳部薄膜的结构。因此，它变成了镫骨，这种骨头的目的是将随空气传播的振动传入内耳。随着爬行动物和哺乳动物出现，更复杂的中耳骨出现了，其中包括砧骨和锤骨。虽说对陆地动物而言，眼睛和鼻孔在感知周围的栖息地环境时越来越重要，但从鱼类进化到

四足动物的镫骨（上），这是从舌颌骨或者四足形亚纲鱼类的第一鳃弓骨列（下）处进化而来的。

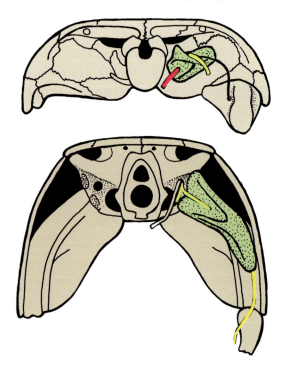

第一批四足动物的路途上，这些结构实际上并没有什么变化，只不过在某个阶段中发育出了泪腺，以保持眼睛湿润。

排泄是另一个重要的身体机能，它跟这样一个总体问题有关：防止动物在脱离水环境后脱水。鱼和水栖动物一直处于水中，会往水里排泄，并不担心脱水的问题。但排出尿液和潮湿粪便的陆地动物会遇到体内水分不断降低的问题，它们必须喝更多水，补足流失的水分。早期四足动物的皮肤上覆盖着与鱼鳞类似的鳞片，能保护皮肤，防止脱水。

第一批真正能自如地在水体之外生活的动物是爬行动物。在第一批两栖动物出现后不久，爬行动物就诞生了。这一伟大的创新是硬壳蛋的诞生，证明了产下硬壳蛋的爬行动物是首批能够长时间远离水的生物。是的，"先有鸡还是先有蛋"这个古老谜语的真实答案确实在这得到了解答——蛋的出现时间比鸡要早很多。

希望螈目——是鱼还是长着鳍的两栖动物？

本书的最后几章概述了古生代的肉鳍鱼及其分化情况。然而其中有一个非常特殊的群体被留到了最后解释，也就是希望螈目（其中包括潘氏鱼和早期四足动物）。直到不久之前，它们还是骨鳞鱼之下的一个族群，不过汉斯-彼得·舒尔策在1991年与俄罗斯古生物学家艾米利亚·沃罗比耶娃（Emilia Vorobyeva）一起发表的一篇论文重新描述了这个族群，并将这些鱼放到了潘氏鱼这个新目下。与其他任何鱼群相比，潘氏鱼与早期四足动物间拥有更多相同的解剖学特征。那么究竟什么是潘氏鱼呢？为了回答这个问题，我们将把第一批四足动物和潘氏鱼一起作介绍，因为这些都属于希望螈目之下。

目前希望螈目包含大约十几个已知物种，其中大多数是在过去10年间才得到了辨识、发现或描述的。其中只有提塔利克鱼（努纳武特语里的"大鱼"）和潘氏鱼（意为"潘德尔的鱼"）两种是人们详细了解的。潘氏鱼是希望螈目中首个不止出土了零碎残片、还出土了完整遗体的物种。德国科学家沃尔特·格罗斯于1941年在拉脱维亚著名的洛德遗址中发现了这种鱼的遗骸，其中包括口鼻部和颅骨，他还对这种鱼进行了描述。来自该遗址的化石物质以三维形式保存着，保存状况良好，周围的沉积物是一种软质粘土。人们最近发现了更完整的潘氏鱼标本，让舒尔策和沃罗比耶娃为主的一些人对其解剖特征的各方各面进行了描述，这些人还包括佩尔·阿尔伯格，凯瑟琳·布瓦韦尔（Catherine Boisvert）和其他一些研究者。

最近，布瓦韦尔发现潘氏鱼的胸鳍上含有类似趾头的东西，它们与早期四足动物中的趾头看起来是同源的。这种鱼的腹鳍很小，在将动物抬出水面时，这种鳍一定发不上什么力。

潘氏鱼具有以下几个特点：中部喙状凸起骨与前上颌骨间没有接触；头部下方有一块非常大的中喉骨；嘴巴位于突出的口鼻部下方；鼻腔内则有一处侧向凹陷。

人们对提塔利克鱼的了解来自于加拿大北部数个保存完好的个体，尼尔·舒宾的团队于1999～2004年进行了一系列的实地考察，发现了这些化石（舒宾在他2008年的书中对此进行了概述）。尼尔·舒宾、泰德·达斯勒、小法里斯·詹金斯（Farish Jenkins Jr.）和杰森·唐斯在最近的一系列论文中描述了这种鱼的颅骨和胸鳍骨骼解剖特征（舒宾等人，2006；达斯勒等人，2006；唐斯等人，2008）。提塔利克鱼和潘氏鱼之间的主要差异是提塔利克鱼的头骨缺乏骨骼，并且比潘氏鱼的口鼻部更长，也拥有更坚固的胸鳍骨骼。有人觉得提塔利克鱼可能长着一块原始的腕关节，能帮助它们将头部推出水面。提塔利克鱼的颅骨顶部有一个非常大的气孔狭缝，这也与辅助呼吸有关。

（左图）希望螈目的部分头骨，这块化石来自晚泥盆纪加拿大埃斯屈米纳克构造群，是顶视图。当人们第一次描述这种鱼时，认为它是种四足动物，但后来发现它是种鱼。

（下图）鱼的前半部与陆上动物 Tiktaalik rosae 最为接近。这种动物是尼尔·舒宾和他的团队从弗拉斯阶加拿大北极地区的岩床中首次发现，并于2006年向全世界公开的，它完美地弥合了鱼类和两栖动物之间的空缺。（T.达斯勒）

这些鱼与两栖动物间有一些相同的特征，具体特征为：它们的身体较长，头很大，占到了总长的四分之一。它们有大的胸鳍和小的腹鳍，但没有背鳍或臀鳍。它们的头骨宽阔而平坦，双眼位于头顶，靠得很近，并有独特的眉弓。外鼻孔位于腹部，靠近嘴的边缘。大牙齿的横截面中包含了珐琅质和牙本质融合而成的复杂结构，许多两栖动物也拥有这种结构。从颅骨后部一直算到眼部的话，那它们颅骨顶部的骨骼就有三对中间骨，其他四足形亚纲则有两对。它们的颧骨很大，将上颌骨和鳞

状骨分隔开来,就与两栖动物一样。颧骨与颅骨顶部相隔了一段距离,使得颅骨的每个侧面都留下了一条大的气孔狭缝。颅骨骨骼的外部形态表明颅内关节已经融合到了一起,所以说它们的颅骨与其他许多肉鳍亚纲的不同,后者的可动性更强。胸鳍上长有骨化程度较高的肱骨、尺骨和桡骨,肱骨的骨体比其他任何鱼的都要长。它们的椎骨也不同寻常,因为上面只有椎间体存在,而大的神经弓则跨越了脊索。肋骨附着在神经弓和椎间体上,与四足动物一样。身体上覆盖着菱形的骨质鳞片,但没有齿鳞质。

魁北克埃斯屈米纳克构造区的希望螈是这个族群的另一个例子,但人们对它的了解很少。当英国古生物学家斯坦利·维斯托尔在1938年首次描述这个生物的一块不完整的头骨顶部化石时,他确定这是一种原始的两栖动物。20世纪80年代时,人们发现了一些新的化石材料,这才证明了它是一种潘氏

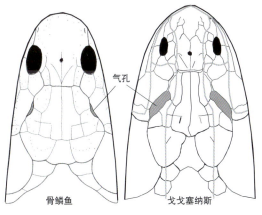

(上图)人们发现提塔利克鱼的地方,这里位于加拿大北极地区的努纳武特。(T.达斯勒)

(下图)显示了Gogonasus和骨鳞鱼头部气孔尺寸的图片。Gogonasus的气孔较大,这可能是对环境的一种适应,当时全球氧含量较低,需要将呼吸空气当作辅助呼吸的手段之一。

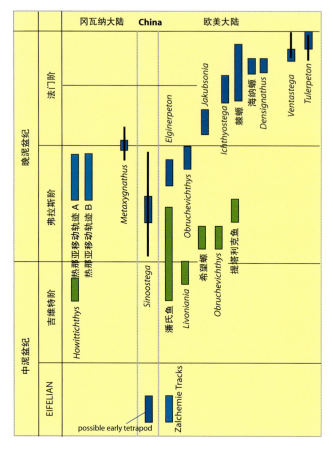

（上图）最早的四足动物和希望螈的涵盖范围和关系，以时间顺序排列。中泥盆纪早期时，四足动物在欧美大陆上已经站稳脚跟了，这是因为人们在波兰发现了那一时期的一些移动轨迹化石。

（下图）Obruchevichthys是一种仅有数块骨骼残骸的elpisosteglian类鱼，这些残骸包括这块下颌，它来自弗拉斯阶的俄罗斯。（感谢莫斯科鲍里斯拉克古生物研究所的奥列格·列别德夫提供图片）

鱼，对它进行的重新描述让汉斯-彼得·舒尔策尝试着发掘潘氏鱼和四足动物之间的紧密联系。希望螈的化石只有为数不多的几块头骨残片，大体上看与潘氏鱼非常接近。Obruchevichthys是人们划分到这个族群中的另一个成员，来自俄罗斯。人们之所以做出这种决定，完全是因为该物种的一块下颌化石显示出了许多与早期四足动物相似的特征。

所以说，潘氏鱼的骨骼化石残片几乎无法与早期的两栖动物间区分开来，这过去曾让人们出现过一些混淆。在研究导致鱼类进化为两栖动物的一系列事件之前，我们首先需要确定最早的、真正的四足动物是什么样的。

四足动物干群

有关四足动物起源最古老的明确证据来自最近发现的一些移动轨迹化石。这些移动轨迹保存在波兰圣十字山脉的浅海碳酸盐岩石中，距今3.95亿年。华沙大学的格热戈日·尼德兹维斯基（Grzegorz Niedwiedzki，2010）和他的同事们描述了这一移动轨迹化石，其中显示出了明确的足趾痕迹。他们还指出，这个时候有一系列能够留下移动轨迹的动物（至少有两种形态）出现，其中一种相当大，约有2.5m长。这些化石的形成日期比其他四足动物的移动轨迹化石和遗骸化石形成的都要早上1000万～1200万年，也比第一批希望螈目鱼类的形成日期要早很多，人们基本认为后者是早期四足动

2010年初，波兰扎尔彻梅采石场中发现了距今3.95亿年的这些移动轨迹化石，迫使科学家们重新思考鱼类何时离开水中，走向陆地的这个问题。现在看来，四足动物干群应是在中泥盆纪进化出来的。人们最近在中国发现了同时期的四足动物化石，也证明了这一观点。（感谢华沙大学的皮奥特尔·斯泽雷科提供图片）

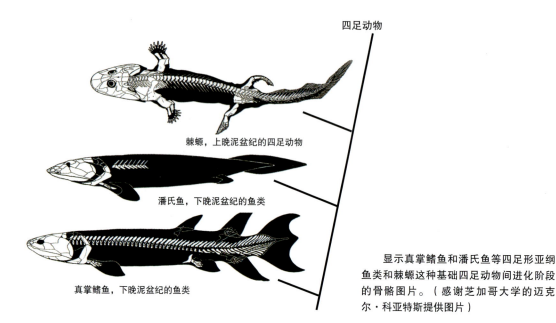

显示真掌鳍鱼和潘氏鱼等四足形亚纲鱼类和棘螈这种基础四足动物间进化阶段的骨骼图片。（感谢芝加哥大学的迈克尔·科亚特斯提供图片）

物的姊妹群体。

所有这些都表明四足动物很可能诞生于早泥盆纪末期。安妮·沃伦（Anne Warren）及其同事早在1986年就把来自澳大利亚维多利亚州格兰姆皮安地区格雷尼尔萨（Glenilsa）的一些神秘移动轨迹描述成了早期的四足动物，但其他研究人员则认为它们太老（处于志留纪-泥盆纪边界），缺乏明确的足趾痕迹。这一新发现给了我们这样的启发：四足动物的移动轨迹可能会比以前所预期的要更早出现，古生物学家应该在浅海和泻湖等其他环境中寻找它们的化石。当本书即将付印时，我才得知中国刚发现了中泥盆纪（艾菲尔阶）的四足动物骨骼。这样一来的话，关于这一发现的文献一经发表，或许就会巩固这样一个事实：四足动物在这个时间段中已经出现，并出现了分化。

最古老的可辨四足动物遗骸仍然是*Elginerpeton*的，佩尔·阿尔伯格对苏格兰斯卡特克雷格遗址处发现的一些下颌骨、头骨、肩带以及颅后骨进行了描述。它们来自于弗拉斯阶（下晚泥盆纪）的上半段。

人们于20世纪70年代初在澳大利亚维多利亚州的热那亚河遗址处发现了早期四足动物的移动轨迹。这些移动轨迹在1997年得到了珍妮·克拉克的重新研究。她发现至少有两个物种在红砂岩上留下了自己的印记，这些移动轨迹化石距今有3.65亿年的历史，被缓慢流动的溪流给保存了下来。加文·杨认为这处遗址是早-中法门阶的，这样的话，它就跟*Elginerpeton*一样老，或许还要比它更老一些。根据这些化石来看，四足动物在晚泥盆纪之初出现了分化，分散到了各片海洋之中，这些海洋将冈瓦纳大陆和欧美大陆隔开了。

最近几年中，法门阶宾夕法尼亚州的红山遗址得到了泰德·达斯勒和尼尔·舒宾的研究，他们发现并描述了其中破碎的四足动物残骸。这些残骸包括*Densignathus*和*Hynerpeton*的下颌骨和肩带骨，以及一块无名物种的肱骨。这块肱骨似乎比潘氏鱼的更高级，但缺乏棘螈和*Ichthyostega*四肢的高级特征。

来自澳大利亚维多利亚州热那亚河床的这块砂岩板上有一些移动轨迹，它们来自两种不同的四足

(左图)澳大利亚维多利亚州热那亚河床的这块砂岩板上有一些移动轨迹,它们来自两种不同的四足动物。这些痕迹最早形成于早-中弗拉斯阶,是冈瓦纳大陆上早期四足动物的存在证据。维多利亚西部的格兰姆皮安有一些更古老的移动轨迹。

动物。这些痕迹最早形成于早-中弗拉斯阶,是冈瓦纳大陆上早期四足动物的存在证据。维多利亚西部的格兰姆皮安有一些更古老的移动轨迹。

保存完好的化石材料中最原始的四足动物之一是*Ventastage curonica*,这是来自晚法门阶拉脱维亚西部文塔河遗址的科特莱利构造区的一种鱼类。人们首次发现这一物种的时间是1994年,在继续发掘了一段时间后,出土了一块基本完整的头骨,还有保存良好的肩带和中轴骨,这些骨骼最近得到了佩尔·阿尔伯格和其同事的描述(2008)。*Ventastega*与*Densignathus*和*Elginerpeton*都似乎拥有一种类似四足动物的先进下颌结构,头骨则仍然显示出了潘氏鱼的头骨特征,在结构上与鱼类头骨差不多。

第一批得到详细了解的四足动物是晚泥盆纪东格陵兰岛的ichthyostegalids类四足动物,其中包括了*Ichthyostega*和棘螈。瑞典科学家贡纳·萨维-索德伯格(Gunnar Save-Soderbergh)和埃尔克·亚尔维克的早期描述性工作,揭示了这些两栖动物的基本结构。不过在过去的几十年间,克拉克、阿尔伯格和迈克·科亚特斯的研究,则揭示了这些两栖

(下图)一只早期四足动物的肱骨(上臂骨),它也可能是近似四足动物的鱼类,来自宾夕法尼亚州海纳附近的红山遗址。(T.达斯勒)

（左图）位于宾夕法尼亚州海纳附近红山遗址的早期四足动物 Densignathus 的下腭。（T.达斯勒）

（下图）Ventastega 的头部和颈部重建图，这是由佩尔·阿尔伯格、埃尔文斯·卢塞维斯和他们的同事在拉脱维亚文塔河遗址发现的晚泥盆纪四足动物。

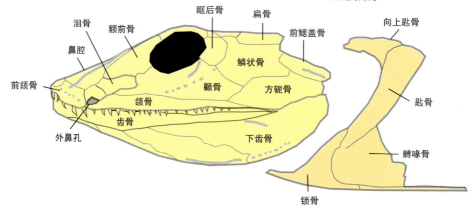

Ichthyostega 的头骨，这是20世纪30年代在格陵兰岛东部发现，最早出现的晚泥盆纪四足动物之一，后来由瑞典的埃里克·亚尔维克进行了详细描述。

动物许多新的解剖特征，这些研究以20世纪80年代东格陵兰的新发现为基础。

头骨的骨化程度很高，应该没有四足形亚纲鱼类所拥有的那种颅骨内关节。另外，它们的头盖骨和脸颊结构就像潘氏鱼那样。Ichthyostega 是个例外，这种鱼的头骨顶部后方有块不寻常的中间骨，受到了融合。相对于全身的大小而言，头骨比较大，眼睛则位于头骨中上部。它们只有一对外鼻孔，其开口朝下，靠近嘴巴。嘴里面还有一个大的腭鼻孔（后鼻孔）存在，旁边是犁骨和其他带齿的腭骨。头盖骨并无铰接，相对于颅骨的整体尺寸而言，它变小了许多。棘螈的鳃弓成分显示出，这种动物的成体能够在水中呼吸。所以说，这些早期两栖动物仍然高度地依赖着水体。

这些早期两栖动物有条长尾巴，上面有一根由骨棒（鳞质鳍条）支撑、发育良好的尾鳍。鳞片看起来像真皮骨的薄片，可能覆盖了腹部表面。前肢和后肢上有许多足趾（七或八个），在

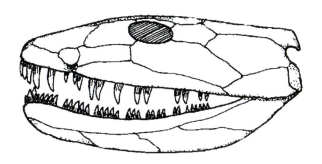

Ichthyostega的头部复原图（侧视图）。它的牙齿确实很大，表明它以鱼类和其他四足动物为食。

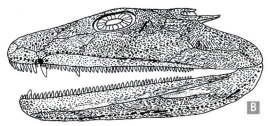

棘螈的头骨和部分骨骼（A），这是一种来自晚泥盆纪格陵兰岛东部的四足动物，它的手和脚上有八个足趾，并且具有用于水中呼吸的鳃，就像一条鱼一样。棘螈的头骨，显示了头骨中的主要骨头（B）。（已获得剑桥大学动物学博物馆的转载许可）

每只手或脚上，这些足趾都可能会分出一系列大的足趾，以及一系列小很多的结构。另一种来自泥盆纪俄罗斯的两栖动物 *Tulerpeton* 的前肢有六个足趾。这些动物的身体外部没有外肩带骨，不过它们的锁骨则是一块巨大的骨头，位置比较高。科亚特斯和奥列格·列别德夫认为，*Tulerpeton* 是所有泥盆纪四足动物中最接近爬行动物的那种。它拥有不对称的脚，这显示出它可能是部分陆生的动物。

一般来说，这些最早的两栖动物的结构非常类似于人们已经描述过了的潘氏鱼。只有四足动物的四肢上有足趾，鱼拥有的是鳍。大部分的鱼都具一

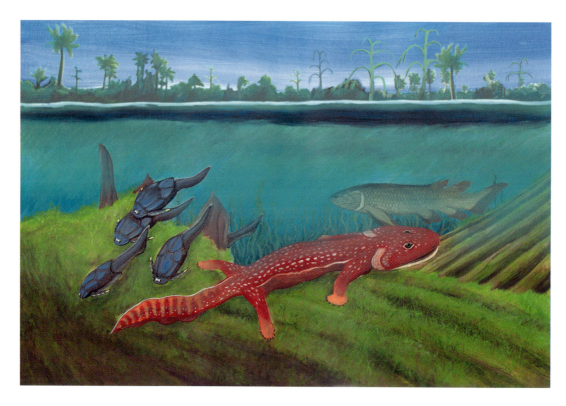

(上图)距今约3.6亿年的格陵兰岛东部,四足动物棘螈在狩猎一群桨鳞鱼属的盾皮鱼,而孔鳞鱼目的全褶鱼则位于后方,安静地移动着。(感谢布莱恩·朱提供图片)

(左图)晚泥盆纪四足动物 Tulerpeton 的六趾足,来自俄国的安德雷耶夫卡遗址,(感谢莫斯科鲍里斯拉克古生物研究所的奥列格·列别德夫提供图片)

系列完整的鳃盖骨,这种骨头覆盖了鳃室,不过提塔利克鱼没有这种骨头。

我们在上文中讨论的化石拥有特定的地理范围,包括约3.95亿年前的波兰移动轨迹。根据这一范围来看,似乎能假定欧美大陆是最可能进化出四足动物的地方。但最近来自中国和冈瓦纳大陆东部的一些发现似乎提出了另一种假设,这些地方可能是四足形亚纲分化过程的一个中心地带。东冈瓦纳大陆独特的动物群包含四足形亚纲干群,canowindrids,最早出现、最具代表性的根齿鱼,以及已知

Eucritta melanlimnetes(意思是"黑礁湖中的生物")是早石炭纪苏格兰的四足动物。四足动物们此时已经开始侵入陆地了。

tristichopterids 中可能最原始的一种(不过这仍然处于争论之中)。这些都表明希望螈目这种更高级的进化枝可能在这里首次出现。热那亚河移动轨迹来自冈瓦纳大陆,同时又有上面说的这些数据存在,所以我认为冈瓦纳可能是产生了这一进化大飞跃的地方。我的这个模型假定希望螈目在第一次进化之后出现了辐射分化,侵入到了北半球,不过这纯粹是我的推断而已。一些证据清楚地表明,目前只有北半球大陆(劳亚大陆)才有希望螈目鱼类的踪迹。南极洲和澳大利亚的部分地区还有新的化石鱼类和四足动物遗址,这些地方未来有可能为解决这一谜题提供重要帮助。

第一批真正的陆地四足动物可能会被人们划分为两栖动物,这些四足动物的代表是由珍妮·克拉克描述的形态,比如来自早石炭纪苏格兰的彼得普斯螈(*Pederpes*)。彼得普斯螈的手和脚上有五个足趾,这是人们所熟悉的一种结构,它的足趾不对称,这一事实表明它适合在陆上行走,不适合在水中游泳。澳大利亚昆士兰州杜卡布鲁克(Ducabrook)有一种与它年龄类似的神秘形态,也就是人们新发现的 *Ossinodus*,它是另一种原始四足动物,头骨特征跟彼得普斯螈非常类似。在这些形态出现后不久,更先进的两栖动物开始出现,并在整个石炭纪时期不断分化。

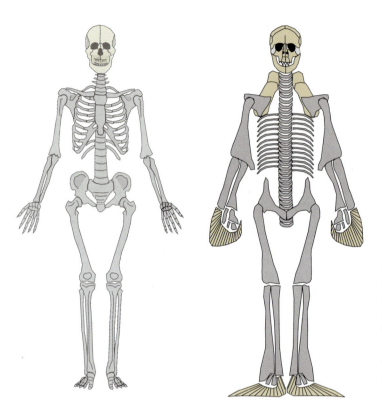

泥盆纪四足形亚纲鱼类的身体骨骼结构不断变化，逐渐变大，变得与人体的比例相似。人体结构中有许多是鱼类所进化出来的，这种现象就是这一理论有力的、可见的证据。在四足动物离开水体、侵入陆地之后，它们只进行了一系列微调，就逐渐进化成了爬行动物、鸟类、恐龙、哺乳动物，最终进化出了人类。

鱼类的一小步，人类的一大步

我们现在已经了解了这一进化过程中的竞争者（也就是鱼类），还有进化过程的结果（进化出了两栖动物），也了解到了它们踏出这一大步的可能位置。但是它们为什么要走这一步？是什么因素促使鱼类最终进化成了陆地上的"旱鸭子"？难道它们只是想远离泥盆纪海洋、河流和湖泊中鱼类无意义的激烈竞争，还是说有更深刻的原因存在，促使它们入侵一片环境险恶的新栖息地？在鱼类上岸之前，陆地上不仅有植物（植物十分多样）踏足，而且早就有了形态各异的节肢动物和其他无脊椎动物。两栖动物肯定获得了新的食物来源，但这不一定是它们进化出足趾和呼吸能力的充足理由。当时鱼类身上已经有了踏足陆地所需器官的前身，这与进化中产生的大部分创新一样。

我们发现，两栖动物的肺也只不过是得到改良的硬骨鱼鱼鳔而已。足趾只不过是鳍的末端，与潘氏鱼末端的桡骨同源（布瓦韦尔和阿尔伯格，2009）；另外，骨鳞鱼和属于根齿鱼目的鱼类在鱼鳍上也都长出了坚固的肱骨、尺骨和桡骨。早期四足动物和潘氏鱼的头骨几乎完全一样，在头骨方面，它们并不需要做出什么变化。最近对晚泥盆纪东格陵兰和拉脱维亚两栖动物所做的研究表明，它们实际上只是稍微有所变化的鱼类，仍然居住在水中，靠鳃呼吸，由于内部存在腭鼻孔（或后鼻孔），所以研究者假定它们也拥有呼吸空气的能力。它们的手和脚上有很多足趾，而跟它们关系最近的鱼类祖先则拥有桨状鳍，与这些足趾很类似。换句话说，一些早期两栖动物进化出来的所有适应措施可能都是一种特化，让它们在水中更为自如，更适应它们独有的生活方式。

许多肉鳍鱼或许已经能离开水体，在河岸上爬行或蠕动片刻。第一批两栖动物可能是先进的潘氏鱼进化出来的。进化过程可能十分平静，要么是更早地出现性成熟，要么是减缓发育速度，将更多的幼年特征带入到成年阶段中去。这是一些未知的环境或饮食因素所导致的。这些早期四足动物继续像鱼一样生活着，虽说它们对自己鳍的末端做出了改动，形成了原始的手指和脚趾，但这并没有改变它们的生活方式。它们或许在早期阶段发育出了短鳍条，用它来支撑足趾间的网。当在水中游动或爬上泥泞的河岸时，四肢上变大的足趾可能成了一种有效的适应方式，能让它们更有效地改变移动方向。

腕关节和踝关节由于躯干结构的简单改变而产生了进化，这促使它们在接下来更频繁地造访陆地。四肢突然变得更加实用，这几乎算是一个意外之喜。另外，它们开始向更远离水的地方进发，这可能是因为它们发现了新的食物来源，或者单纯是因为这种行为让它们得到了更安静、更孤立的水池子，能让它们更安全地繁衍后代。繁殖通常是进化过程中的强大动力，因为这对物种的延续起着重要的作用，这一点毫无疑问。

真正的创新之处还要等5000多万年才会到来，到了那个时候，两栖动物会更擅长在陆地上移动。它们下一个进化阶段中的重点是让四肢能在地面上自如地撑起身体，并且能在重力作用下支撑住身体的重量，而不像过去一样适应水中的浮力。它们对中轴骨做出了很大改动，脊骨大为增强，能支撑手臂和腿部，便于让它在陆地上有效地移动。但尽管产生了这些适应措施，而且石炭纪时期又出现了两栖动物的大分化，但它们在生活和繁殖时总要回归水中。

对 *Gogonasus* 或提塔利克鱼进行的解剖学研究表明，我们自己身上的大部分骨头最早都出现在这些泥盆纪鱼类的身上。事实上，如果简单地将 *Gogonasus* 的身体结构放大到与人类一样的话，那我们就获得了一个强有力的例子，显示出进化是怎样耍弄我们的直觉的。我们发现人体结构的绝大部分在泥盆纪时期都已经出现了，此后，当鱼类以四足动物形态入侵陆地之后，脊椎动物接下来的进化过程多半是一系列的微调，最终得到了一套成功的身体结构。

在我看来，从鱼到人的脊椎动物进化之路上，最伟大的单次飞跃是羊膜卵（含有胚胎羊膜）的诞生。这使得早期四足动物能够远离海洋、河流和湖泊，寻找新的内陆栖息地。它们终于与水断开了祖传的关系。脊椎动物对大陆的进军才刚刚开始。接下来的事情，大家也都知道了。

鱼的分类

此处以化石鱼类为主，根据J.纳尔逊的研究（2006）修改而成，尽可能统一列出现代鱼类的分类学源头。圆括号中的名称表示仍在广泛使用的替代名；方括号中的那些表示广泛使用的分类学名称，但它们不符合纳尔逊研究（2006）之后的现代鱼类学格式。地位未定表示难以做出确定分类的分类群。

脊椎动物亚门

Myxinomorphi总纲
  Myxini纲
    Myxiniformes目（Hyperotreti）
七鳃鳗总纲
  七鳃鳗纲
    七鳃鳗目（Hyperoartii）
conodontomorpha超类
  牙形虫类（牙形虫，对其了解大多来自微型化石）
鳍甲鱼（Pteraspidomorphi）总纲
  鳍甲鱼纲（diplorhina）
  星甲鱼亚纲
    星甲鱼目（如星甲鱼）
  亚兰达甲鱼亚纲
    亚兰达甲鱼目（如亚兰达甲鱼）
  异甲类亚纲
  地位未定：Cardipeltida，Corvaspidida，Lepidaspidida，Tesseraspidida，Traquairaspidiformes，Tolypelepidida
  Cyathaspidiformes亚纲

    Pteraspidiformes目
缺甲鱼总纲
  缺甲鱼纲
    Birkeniida目
    Jaymoytiiformes目
花鳞鱼总纲
  花鳞鱼纲
    Sandiviformes目
    Loganelliformes目
    Shieliiformes目
    Phlebolepidiformes目
    花鳞鱼目
    Furcacaudiformes目
osteostracomorphii总纲
  头甲鱼纲（Monorhina）
    Galeaspidiformes目
    Pituriaspidiformes目
    Cephalaspidiformes目（骨甲鱼亚纲）
  地位未定：Ateleaspis

cornuata进化枝

Gnathostomata总纲

Grade Placodermiomorphi

  盾皮鱼纲

  地位未定：Stensioella，假瓣甲鱼

    Antiarchiformes目

    云南鱼亚目[云南鱼]

    沟鳞鱼亚目

    棘胸鱼目

      [棘胸鱼]

    硬鲛目[硬鲛]

    瓣甲鱼目

      [瓣甲鱼]

    褶齿鱼目

      [褶齿鱼]

    节甲鱼目[节甲鱼]

    Actinolepidoidei亚目

    叶鳞鱼亚目

    Phylctaeniida亚目

    短胸亚目

Grade chondrichthiomorphi

  软骨鱼纲

  地位未定：Mongolepidida科（例如Mongolepis），

    Doliodus，Pucapumpella

  全头鱼亚纲

    Orodontiformes目

    Petalodontiformes目

    Helodontiformes目

    Iniopterygiformes目

    Debeeriformes目

    Eugeneodontiformes目

    全头鱼总目

    沙齿鲛目

    Copodontiformes目

    Squalorajiformes目

    软鳝鲛目

    Menaspiformes目

    Cochliodontiformes目

    银鲛目

      Echinochimaeroeroi亚目

      Myracanthiodei亚目

      Chimaeroidei亚目

  elasmobranchii亚纲

  地位未定：Plesioselachus

  Cladoselachimorpha附纲

    裂口鲨目

  Xenacanthimorpha附纲

    异棘鲨目

  Euselachii附纲

    栉棘鲨目

  Division Hybodontida

    弓鲛目

  Division neoselachii

  鲨亚门（鲨鱼）

    GALEOMORPHI总目

    虎鲨

    须鲨目

    鼠鲨目

    Carchariniformes目

    SQUALIMORPHI总目

    六鳃鲨目

    棘鲨目

角鲨目

扁鲨目

Pristiphoriformes目

新鳐亚门（鳐鱼）

Torpediniformes目

Pristiformes目

鳐形目

燕魟目

Grade Teleostomi

棘鱼纲

地位未定：Yealepis，Seretolepis

 Climatiiformes目

 坐棘鱼目

 棘鱼目

硬骨鱼级（=euteleostomi）

 地位未定：Lophosteus，Andreolepis

辐鳍鱼纲

枝鳍亚纲

 多鳍目

硬鳞亚纲

 Cheirolepiformes目

 古鳕目

 鳗鳕目

 Guidayichthyiformes目

 显吻鱼目

 龙鱼目

 鲟目

 褶鳞鱼目

 侧鳞鱼目

 裂齿鱼目

 卢加鱼目

新鳍鱼亚纲

Macrosemiiformes目

半椎鱼目

雀鳝目

硬齿鱼目

弓鳍目

针吻鱼目

厚茎鱼目

真骨鱼门

叉鳞鱼目

薄鳞鱼目

Tselfatiiformes目

osteossomorpha亚门

乞丐鱼目

Lycopteriformes目

月眼鱼目

骨舌鱼目

海鲢亚门

海鲢目

狐鳀目

鳗形目

Saccopharygiformes目

Crossognathiformes目

ostarioclupeomorpha亚门（otocephala）

鲱形总目

Ellimmichthyiformes目

鲱形目

骨鳔总目

无耳鳔统

鼠鱚目

骨鳔统

鲤形目

脂鲤目

鲇形目

电鳗目

euteleosteii亚门

原棘鳍总目

水珍鱼目

胡瓜鱼目

鲑目

狗鱼目

狭鳍鱼总目

巨口鱼目

ATELEOPODOMORPHA总目

Ateleopodiformes目

CYCLOSQAMATA总目

Aulopiformes目

灯笼鱼总目

灯笼鱼目

LAMPRIOMORPHA总目

Lampriformes目

须鳂总目

Polymixiformes目

Ctenothrissiformes目

副棘鳍总目

鲑鲈目

Sphenocephaliformes目

鳕形目

Ophidiformes目

Batrachoidiformes目

鮟鱇目

棘鳍总目

鲻形统

鲻形目

Atherinomorpha统

ATHERINEA总目

银汉鱼目

CYPRINODONTEA总目

颌针鱼目

鲤齿目

鲈形系

奇鲷目

金眼鲷目

海鲂目

刺鱼形目

合鳃目

鲉形目

鲈形目

鲽形目

鲀形目

肉鳍鱼纲

地位未定：Ligulalepis、鬼鱼、Meemania

  爪齿鱼目

    （=爪齿鱼，Struniiformes）

腔棘亚纲

  空棘目（空棘鱼）

肺鱼四足亚纲

地位未定：奇异鱼、蝶柱鱼

  肺鱼亚纲

    孔鳞鱼目

      （=全褶鱼）

    双鳍鱼总目

    Dipnoiformes目

角齿肺鱼目

地位未定：四足形亚纲，
　　根齿鱼目

地位未定：Osteolepidimorpha

Osteolepidiformes目

未排序的进化支：希望螈目+四足动物

希望螈附纲

　　希望螈目

四足动物附纲

词汇表

括号中的词语是来自正式科学术语的口语化词汇，或者是更常用的词汇。地质时间和具体日期列于第一章的图表中。

棘形目（acanthodiform）：棘鱼的三个主要目之一，其特征是背鳍和肩甲不足，并且拥有发达的鳃耙，通过过滤来捕食。

棘鱼纲（acanthodian）：一类无颌鱼，鳍的前端都有骨质棘。它们生活在志留纪和二叠纪之间，是这三大目的成员：栅棘鱼目、坐棘鱼目以及棘鱼目。

棘胸鱼目（acanthothoracid=palaeacanthaspid）：早泥盆纪中兴旺发达的七种主要盾皮鱼之一。它们的甲胄和头骨骨化程度很高，骨头上多半有精美的表面饰物。例子：Brindabellaspis。

齿冠层（Acrodin）：除了鳕鳞鱼等一些原始的泥盆纪形态之外，所有条鳍鱼（辐鳍鱼）齿尖上的一种稠密齿质。

空棘鱼（actinistian, coelacanth）：肉鳍鱼（总鳍鱼类）的主要族群之一，其特征包括：尾部拥有流苏状鳍，下颌较低，长有短齿骨和长角骨等。人们普遍将之称为腔棘鱼，这是矛尾鱼唯一的现存属。

辐鳍鱼亚纲（actinopterygian）：包括了绝大多数的现存鱼类，是三种硬骨鱼（osteichthyans）亚类之一。其主特征是拥有基本由鳞质鳍条支持的鳍；鳞片上也有硬鳞质层。例子：鳟鱼、金鱼、鲑鱼。

无颌鱼（Agnatha）：意思是"没有下巴"。在本书中，这个术语指没有颌骨的鱼。

缺甲鱼亚纲（anaspids）：一群身形狭长的无颌鱼类，缺乏甲胄和配对的鳍，栖息于志留纪和泥盆纪时期的欧美大陆。例子：Birkenia、莫氏鱼。

胴甲鱼（antiarch）：盾皮鱼七大主要目中的一个，特点是有一块长的躯干护盾，短小的头盾，眼睛和鼻孔位于中间，胸鳍有所修改，是骨质的凸出物。例子：沟鳞鱼、Asterolepis。

节甲鱼（arthrodire, euathrodire）：七个主要盾皮鱼目之一，其特征在于具有两对上颌齿盘，所有已知的盾皮鱼物种中，有超过60%属于这个目。节甲鱼（意思是带关节的颈部）在头部护盾和躯干护盾之间拥有发育良好的颈部关节。其中包括最大的盾皮鱼，也就是恐鱼这种巨大的掠食者。例子：尾骨鱼，Eastmanosteus。

Aspidin（Agnatha）：一些已灭绝的无颌鱼类所拥有的特殊骨骼，表面覆盖着装饰用的牙质雕塑，海绵状的中间层和无细胞的基底。

Asterolepidoidei（Asterolepididae, asterolepid）：胴甲鱼中盾皮鱼的主要族群之一，其特点是有一条短而坚固的胸鳍附肢，长的躯干护盾比附肢伸展得更远；它拥有短的头部护盾，上面有非常大的圆形开口（是头部护盾上为眼部和鼻孔留出的孔洞）。例子：星鳞鱼、兵鱼。

基鳃骨（Batoidei）：鳃弓中的大腹部骨或一系列的骨头，存在于一切有颌类鱼中。硬骨鱼的基鳃骨上有小齿骨覆盖。

鳐目（batoids, rays）：鳐鱼是扁平的软骨鱼，有大的翅膀状胸鳍。例子：鲼（Myliobatis）。

底栖（Benthic）：栖息于底部（居住在海、河或湖底附近）。

生物地层学（Biostratigraphy）：利用化石来关联地层或确定沉积层的相对年龄。

沟鳞鱼（Bothriolepididae, Bothriolepid）：盾皮鱼中胴甲鱼的一个主要亚目，其特征在于具有长而分段的胸鳍附肢，这一附肢一般延伸到躯干护盾之外；另外，它的头部护盾带有小的圆形开口（容纳眼睛和鼻孔的中心孔），并且经常具有隐藏在颈内的后松果板。例子：沟鳞鱼。

Camuropiscidae（camuropiscid）：这是节甲鱼（盾皮鱼）的一个科，人们目前仅在晚泥盆纪澳大利亚西部的戈戈构造区发现过这种鱼。它们的身形细长，呈流线型，眼睛很大，拥有捕食带硬壳猎物时所使用的颌板，其中有些成员演化出了管状的长口鼻部（喙状凸起板）。例子：Camuropiscis、Rolfosteus。

真鲨目（Carcharhiniformes）：鲨鱼的主要目之一，包含鲸鱼和黑顶礁鲨（black-tipped reef sharks）。例子：真鲨。

角齿肺鱼（ceratodontids）：带有齿板的一个肺鱼科，头骨结构大大缩水，并有一条连续的中鳍（臀鳍、背鳍与尾鳍融合到了一起）。从中生代到现代。例子：Ceradotus、Neoceradotus。

角舌骨（Ceratohyal）：有颌鱼的第一鳃弓（舌骨弓）中的一块大骨头，位于下舌骨和舌颌（或上舌骨）部件之间。肺鱼和一些总鳍鱼的角舌骨特别大。

鳕鳞鱼科（chirolepid）：中晚泥盆纪的一个原始条鳍鱼科（辐鳍鱼），鳞片小，下颌长，缺乏许多先进的特征，比如牙齿上的齿冠层。例子：鳕鳞鱼（其中唯一一个已知属）。

软骨鱼（chondrichthyan）：缺乏软骨化骨的鱼类，由非常小的盾状鳞片覆盖皮肤，其中包括鲨鱼、鳐鱼和银鲛（全头鱼）。

硬鳞总目（chodrostean）：原始的条鳍鱼（辐鳍鱼）族群。尽管它们的头骨、鳞片和部分腹鳍带上仍然保留着真皮骨，但它们已经形成了一套多为软骨的骨骼。所有的原始条鳍鱼（例如古鳕类）曾经都是这个族群的成员，但现在，人们对这一族群进行了严格的划分，其中包括匙吻鲟（paddlefishes）和鲟鱼。

进化枝（分支系统学）Clade（cladistics）：人们假设出来的一种"枝条"，上面的生物共享派生自同一处的特性（共源性状）。通过共有的衍生特征对生物进行分组的研究就是系统发生分类学，或称分支系统学。

鳍足（Claspers）：用于体内受精的雄性生殖结构，附着在腹鳍上。在鱼类中，存在于软骨鱼和一些盾皮鱼身上。

栅棘鱼目（climatiiform）：一个棘鱼目，其肩带附近有外真皮骨，多半有着精致的装饰，其精致程度跟胸鳍附着处存在的胸板和鳍板类似。例子：栅鱼、异形鱼、Euthacanthus。

Coccosteomorph（coccosteid）：盾皮鱼中节甲鱼的一个族群或等级，拥有发达的颌以及捕猎时使用的尖牙，还有宽阔的头部护盾和躯干护盾，长的中背板，多半还有一条位于身体后部的脊椎。例子：尾骨鱼。

Cochliodontiformes（cochliodonts）：Holocephalomorpha之内的一种古生代软骨鱼目，拥有用以碾碎猎物的齿板，每块颌骨上只有两三颗牙齿。它们与银鲛密切相关，因为它们身上有位于腹鳍前的触手，位置要前于雄性的鳍足。例子：Cochliodus、Erismacanthus。

牙形石（Conodont）：古生代-三叠纪的原始脊索动物群，其特征在于具有蠕虫状的身体，尾巴由脊棒所支撑，并且在头部区域具有一组类似于下颌骨的结构，其中包含磷酸盐，可能用于捕食或过滤海水。它们微小的含磷酸盐元素通常位于海洋沉积物中，并广泛用于测定岩石年代。

齿鳞质（Cosmine）：位于一些灭绝的肉鳍鱼的真皮骨上，是一层有光泽的外部骨骼组织。它位于牙本质层上，有一层外部的珐琅质层，里面容纳了一套由烧瓶型空腔所组成的系统，它们通过表面上的孔洞与外界相通。人们认为它是为皮肤准备的复杂血管系统的一部分。

总鳍鱼类（crossopterygian）：鱼类系统学家不再使用的一个古老术语，表示一种以其流线型头骨为特征，长有肉鳍，捕食其他鱼类的肉鳍硬骨鱼亚纲，其头盖骨分为筛蝶区和oticco-occipital区。最近的一些发现表明总鳍鱼类不是单系群。

冠群（Crown group）：一群拥有共源性状的有机体所组成的进化枝，既包括现存分类群，也包括已灭绝形态。

牙本质（Dentin）：在四足动物的牙齿，以及许多原始鱼类的牙齿、脊椎和真皮骨中所存在的组织，坚硬且密集。牙本质层内输送养分的管道排列模式和纤维的方向各式各样，所以人们区分出了许多种化石牙本质。

真皮骨骼（Dermal bone）：形成于皮肤内真皮中的骨骼，常有一层表面装饰物存在。包括鱼类的所有外部头骨和四足动物头骨中的许多板状骨骼。鳞片只是覆盖鱼类身体的小型真皮骨而已。

膜蝶耳骨（Dermosphenotic）：某些辐鳍鱼的头骨骨骼，位于头骨顶部的两侧，并与眼睛后方的面颊结构相邻。它让主要的侧线一直连通到了脸颊处。

恐鱼科（dinichthyids）：盾皮鱼中节甲鱼的一个科，体型巨大，在上下颌骨处有厚实的躯干护盾和大的尖牙。其中一些成员的护甲上已经没有了棘板。包括有史以来最大的盾皮鱼，如邓氏鱼和惧鱼，人们认为它们长达8m。

肺鱼（dipnoan, lungfishes）：这些"两次呼吸"的鱼长着鳃和肺，拥有呼吸空气的能力。早期的肺鱼拥有组成了头骨顶部的骨骼镶嵌物，与其他硬骨鱼的头骨模式没有可比性。其中大多数成员的牙列拥有坚硬的齿板，用于碾碎猎物；或者拥有覆盖腭骨、下颌骨的鲨革状细齿，它也分布于腹鳃弓的骨骼上。例子：双鳍鱼、澳洲肺鱼属。

双鳍鱼科（dipterid）：泥盆纪的肺鱼科，具有发育良好的齿板，上面有很多行牙齿；存在两条背鳍，同时部分真皮骨中保留有齿鳞质。例子：双鳍鱼。

末梢（Distal）：通常指的是"处于最远处"的某个器官（比如"手是手臂的末梢"）。

背（Dorsal）：顶部（汽车的背视图是从车顶往下看时的样子）。一块骨头的背表面则指的是从骨骼上方向下看时的样子，骨骼的位置与生前一样。

Durophagous：通过碾碎猎物来进食，尤其是那些带有硬壳的猎物。这些生物通常具有硬齿板而非尖牙。

Edestoidei（edestid）：一群在晚古生代（特别是二叠纪）时十分兴盛的化石鲨鱼，其特征是拥有发育良好的联合齿旋，组成这种齿旋的是刀刃一般的牙齿，这些牙齿的两边受到了压迫。它们的头骨或身体形状仍鲜为人知。例子：旋齿鲨、剪齿鲨、Agassizodus。

软骨化骨（Endochondral bone）：由软骨核心所生成的骨骼，代替了软骨骨架，例子包括了肢骨。

真掌鳍鱼属（=Tristicopteridae）：已经失去了骨骼和鳞片中齿鳞质层的先进肉鳍鱼科，具有窄而扁平的头部，大部分成员的头骨中也没有了外颞骨的存在①。鳞片的基底面上拥有环绕鳞片的凸起。例子：真掌鳍鱼、Marsdenichthys、Eusthenodon。

额骨（Frontals）：位于硬骨鱼和四足动物头骨顶部中线上的成对骨骼。大多数鱼类和四足动物的额骨包围了松果体开口（又称松果体孔）。

盔甲鱼亚纲（galeaspid）：在志留纪至晚泥盆纪期间生活在中国（华南和华北岩层）的一类无颌鱼，身上拥有护甲。它们的特点是只拥有一块头部护盾，眼睛前方有大的中开口和松果体开口。

属（Genus，复数为genera）：分类学术语，指的是具有共同特征的一组物种。

鳃弓（Gill arches）：支撑鳃的一连串骨骼或软骨，它们与头盖骨在背侧铰接，并在腹部与一系列中基鳃骨连接了起来。第一鳃弓是舌骨弓（舌颌、上舌骨、角舌骨、下舌骨等）。它通常被称为内脏骨骼。

冈瓦纳（Gondwana）：古代的一块超级大陆，包括了今天的澳大利亚、南极洲、南美洲、非洲、印度和一部分东南亚地区。存在于奥陶纪-三叠纪时期，在庞亚大陆分裂后留下了一些残余物，直到大约9000万年前，澳大利亚和南极洲仍然相连。

有颌类（gnathostomes）：指所有拥有下颌的脊椎动物。

头盾（Head shield）：头部护盾覆盖在盾皮鱼头部的护盾，包括头骨顶部和面颊单元。

异时性（Heterochrony）：一套进化机制，来自于累积起来的形态学变化。这些变化来自于生物发育时间点的变化。其中包括两种情况：一是幼态持续或过型形成，指的是由于较早成熟，而使得幼体的特征保留到了成体之上；二是滞留发生，指的是成长过程延长后所造成的结果。

异甲类（Heterostracan）：一群灭绝的无颌鱼类，拥有护甲（存在于奥陶纪-泥盆纪），有多个板块在身体周围环绕，形成骨质护盾。例子：甲冑鱼、镰甲鱼。

全头鱼（Holocephali）：软骨鱼的一个族群，上颌骨跟头盖骨相融合，拥有鳃盖和得到改进的齿列，全头鱼使用这些齿列来捕食硬壳猎物。全头鱼包括了银鲛。

Holocephalomorpha：软骨鱼的一个族群，包括现在的全头鱼和一些已经灭绝、与全头鱼有紧密联系的原始物种，如cochliodont、瓣齿鱼和iniopterygian鱼。

全褶鱼科（holoptychiid）：灭绝的孔鳞鱼目（肺鱼亚纲）下的一个科，拥有圆鳞，口鼻部有一块nariodal骨，骨骼上也已经没有了齿鳞质的踪迹。例子：全褶鱼、雕鳞鱼属。

全骨类（holostean）：一度指代比古鳕类更为先进的条鳍鱼，但不如硬骨鱼多样。它现在指代的是包括了弓鳍鱼和雀鳝的一个鱼类族群。

Hybodontodoidei（hybodonts）：来自一个特定单系群的绝种鲨鱼，具有粗壮的背鳍脊，牙冠上拥有多个尖角，皮肤中也有增大了的颅骨小齿。它从石炭纪一直存活到了白垩纪末期。

舌颌（Hyomandibular）：舌骨弓中的大背侧骨，用于为原始鱼类支撑下颌关节，靠在腭方骨上。在先进的肉鳍亚

---

① 颞骨指的是位于头骨两侧的骨骼，人类的颞骨一左一右分布于头骨两侧。——译者注

纲之中，舌颌与头盖骨有两个铰接处，而四足动物的舌颌则有所改动，转向上方，形成了内耳的形状。

Inioptergii（iniopterygians）：来自晚古生代北美的软骨鱼，属于Holocephalomorpha这一族群，背鳍十分高，上面长有坚硬的刺。它们的齿板有时会和头盖骨融合。

颅内关节（Intracranial joint）：将多数肉鳍鱼头盖骨两大区域连接起来的关节，有一些谱系在接下来的进化过程中又失去了这种关节。

颧骨（Jugal）：硬骨鱼脸颊处的骨头，一般比较大，是眼部下方眶下骨骼的一部分，里面携带着眶下感觉线管道。

泪骨（lachrymal）：常位于硬骨鱼脸颊前端的骨骼，一般比较小，是眶下骨骼的一部分，并带有眶下感觉线管道。

鼠鲨目（lamnid）：一群没有瞬①眼睑的鲨鱼，包括灰鲭鲨、大白鲨和大西洋鲭鲨。

侧（Lateral）：侧面。物体或生物的外表面。

侧线（Lateral-line）：主要的感觉线管道，沿鱼的身体一直延伸到头骨顶部。

鳞质鳍条（Lepidotrichia）：鳍条，支撑着硬骨鱼真皮所形成鱼鳍的骨棒。

Lophosteiformes（lophosteids）：鲜为人知的晚志留纪/早泥盆纪基础硬骨鱼，据信与辐鳍鱼密切相关，它们的牙齿上没有齿冠层，而鳞片上也没有嵌合式铰接结构。

上颌（maxillary）：大多数硬骨鱼的上颌骨，形成于真皮中，并带有齿。

单系（Monophyletic）：指一群拥有相同衍生特征（共源性状）的生物体，这种情况证明了它们同属一个密切相关的进化枝。

Naris（nares）：外鼻孔。

鼻骨（Nasal bone）：鱼类口鼻部的真皮骨骼，带有容纳了眶上感觉线的管道，鼻骨上常有为了外鼻孔而准备的凹口。

鼻脑垂腺开口（Nasophypohysial opening）：七鳃鳗和骨甲鱼头部顶部的单个开口，其侧面与鼻孔和垂体管道相连。

自游（Nectonic）：自由地游动。

新鳍鱼（neopterygians）：一个多样的辐鳍鱼族群，它们的鳍条数量与背鳍和臀鳍支撑物的数量相等，上咽齿列更为坚固，锁骨或缩水或消失。

Neoselachii（Neoselachii）：分化出来的鲨鱼所组成的一条进化枝，它们的齿冠上有很多层珐琅质，并拥有穿透了基底的牙根管。

新真骨鱼亚群（Neoteleosteii）：分化出来的辐鳍鱼所组成的一条进化枝，其中一个特点是拥有特殊的缩肌，与咽部的齿板相配套。

脑颅（Neurocranium）：头盖骨（颅内膜），一整块软骨，或者一系列的骨化物，围绕并保护大脑，骨化发生于软骨内或软骨膜上。

枕骨（Occipital）：与头部或头盖骨的颈部或后部相关。

爪齿鱼目（onychodontids）：一群生活在泥盆纪，已灭绝的肉鳍鱼，下颌上都拥有齿旋，这些齿旋在两侧受到压迫。它们又名Struniiformes。例子：爪齿鱼属、Strunius。

Operculogular系列（Operculogular series）：一系列覆盖硬骨鱼鳃弓的板状真皮骨，包括鳃盖、下鳃盖、鳃盖条以及喉板。

眼眶（Orbit）：头骨上的洞，用于容纳眼睛。眼眶刻痕是眼睛边上一块骨骼的边缘。

眼眶开口（Orbital fenestra.）：位于一些盾皮鱼（胴甲鱼和棘胸鱼）头部护盾中心位置的孔，用于容纳眼睛和鼻孔。

装饰（Ornamentation）：指的是由真皮骨表面的结节、突起或网状脊所组成的精细图案，一些盾皮鱼和无颌鱼有着发育特别良好的装饰。

骨鳞鱼（Osteolepiformes）：泥盆纪-二叠纪的一种四足形亚纲硬骨鱼的并系，都只有一对外鼻孔，在腭骨处拥有发育良好的后鼻孔。这一族群内包括希望螈目的各个亚群，其中包括四足动物。具体包括了一些单系科，比如Tristichopteridae和Megalichthyidae。骨鳞鱼科可能不是单系的。

Otolith（Otolith）：耳石。鱼类的耳石由球霰石组成，存在于硬骨鱼之中。软骨鱼和盾皮鱼也可能拥有耳石，但这些耳石的形成方式与真正的耳石不同。

Pachyosteomorph（Pachyosteomorph）：盾皮鱼中节甲鱼的进化级类群，躯干护盾的后部有开口，是为胸鳍所准备的。

过型形成（Paedomorphosis）：某种生物即将成年时存在的特征出现在了后代的成体身上，最终导致新的物种形成。这是一种异质性。

---

① 即"瞬膜"，现存于蜥蜴等动物的眼部。——译者注

Palaeacanthaspid（Palaeacanthaspid）：见棘胸鱼目。

古鳕亚目（palaeoniscid）：一个术语，主要指基础辐鳍鱼的进化级类群（并系进化枝），存在于泥盆纪-白垩纪时期。

古生物学（Paleobiology）：对曾存活于世的生物的化石进行研究，涉及到对其生物特征的重建。古动物学适用于对已灭绝动物展开的研究。

古地理学（Paleogeography）：对过去的大陆位置和环境的研究，使用了主要来源于化石分布情况的信息，结合了古代地磁资料和有关过去温度、湿度的岩石指标。

古生物学（美国拼法：Paleontology 英国/澳大利亚拼法：palaeontology）：对化石的研究。

潘氏鱼（=希望螈目）（=Elpistostegalia）：分化程度很高的四足形亚纲鱼类和基础的四足动物，拥有很大的头骨和位于两侧的眼眶。其中一些成员已经没有了鳃盖骨。例子：提塔利克鱼和四足动物。

庞亚大陆（Pangaea）：三叠纪时期所有陆地大陆合并到一起，从而形成的一片古代超级大陆。这块大陆在晚侏罗纪时开始分裂。

平行进化（集合，趋同）（convergence，homoplasy）：两个或更多谱系（也就是非同源结构）中相似特征的进化。角龙（ceratopsian dinosaurs）的角以及野牛的角所存在的进化过程是一个例子，而蛇颈龙以及鲸鱼的鳍状肢的进化过程则是另一个例子。

并系族群（Paraphyletic group）：一组非单系生物，并且也没有相同的特征，但除开这些之外，它们似乎是相关的。其中包括一些进化级类群，这些群体中的基础成员与冠群的关系不太近。盾皮鱼很可能是一个并系族群。

蝶骨（Parasphenoid）：盾皮鱼和硬骨鱼腭骨中的骨骼，处于中间，往往长有牙齿。

顶骨（Parietals）：骨鱼类和四足动物中环绕松果体区域，成对出现的头骨骨骼。在较老的文献中，辐鳍鱼的顶骨往往被称为额骨。

顶骨护盾（Parietal shield）：一组覆盖了头盖骨后半部的真皮骨，出现在一些肉鳍亚纲的身上，又称 oticco-occipital 护盾。

Pectoral（Pectoral）：与胸部相关。用于描述动物躯干周围长出成对肢干或鳍的地方，例如胸鳍、胸带等。

滞留发生（Peramorphosis）：新物种的某些特征经过发育，超越了其祖先的成体，具体手段是延长生长阶段或生长率。这是一种异质性。

鲈形总目（Percomorpha）：位于棘鳍总目内的一群先进硬骨鱼，属于辐鳍鱼类。

软骨化骨（Perichondral bone）：由软骨化骨（一层随着骨骼发育，逐渐环绕骨骼中软骨的组织）形成的骨骼，常有薄薄的一层包裹着软组织周围的非细胞骨。

瓣甲鱼目（Petalichthyida）：盾皮鱼的一个主要族群，头骨细长，通常有两对颈部[①]，躯干护盾上没有后部的侧线。例子：月甲鱼。

Petrodentine（Petrodentine）：高度矿化的密集组织，是许多肺鱼齿板上尖牙的中心。

咽（pharyngeal）：鱼类的咽指的是鱼嘴内部的腔室，它向深处延展，直到达到鳃弓为止。

Pholidophoridiformes（Pholidophoridiformes）：已灭绝的硬骨鱼（辐鳍鱼）的一个基本族群。例子：叉鳞鱼。

叶鳞鱼目（phyllolepids）：一个盾皮鱼中的节甲鱼族群，背腹扁平，有一块很大的中颈部板，在头部护盾上有四散开来的感觉线。例子：叶鳞鱼、Cowralepis。

系统发生（phylogenetic）：与一个生物族群的进化有关，是对它们之间关系的研究（系统发生方面的系统学通常叫分支学）。

松果体开口（Pineal opening）：许多脊椎动物的头顶有时会形成小开口，位于眼睛之间，有时候是成对的，松果体板或一系列骨板有时会覆盖这些开口。松果体和准松果体器官对光很敏感。

盾皮鱼纲（盾皮鱼）（Placodermi, placoderms）：一组志留纪-泥盆纪的有颌脊椎动物，它们具有覆盖头部和躯干、相互重叠的骨板。例子：邓氏鱼、沟鳞鱼。

孔鳞鱼目（Porolepiformes）：一组硬骨鱼中的肺鱼亚纲，它们的眼睛小而宽广，头部平坦，而脸颊处则有前气孔板存在。它的牙齿有着复杂的内折叠模式，类似于 dendrodont 那样。例子：Holotychius、孔鳞鱼目。

后部（Posterior）：某块表面或某个物体的后端，或者

---

① 原文如此。——译者注

后部。

前颌骨（premaxillary）：硬骨鱼和四足动物上颌骨的成对中位真皮骨，上面带有小齿。

近端（Proximal）：最靠近头部的生物体部分。例子：手臂的近端靠近肩部。

褶齿鱼目（ptyctodonts）：一个带有durophagus的齿列，短的躯干护盾，并拥有一双很大眼睛的盾皮鱼族群。雄性有真皮组成的鳍足。人们最近发现了处于该物种雌性成员体内的胚胎，显示出这种鱼会将它们的后代直接生下来。

硬鲛目（Rhenanida）：主要处于早泥盆纪的扁平盾皮鱼族群，身上常有棋盘状、镶嵌起来的真皮护甲。例子：Gemuendina。

根齿鱼目（Rhizodontida）：生活于中泥盆纪-石炭纪的鱼类族群，其中大多是巨大的掠食性四足形亚纲。它们具有坚硬的胸鳍，就像船桨一样，并且还有长而不分叉的鳞质鳍条。例子：根齿鱼、Strespodus。

肉鳍亚纲（Sarcopterygii）：硬骨鱼的一个族群，拥有强健的成对鳍，胸鳍上拥有一块与肩带连接的骨骼（肱骨）。其中包括了腔棘鱼、肺鱼，以及灭绝了的族群，比如爪齿鱼、骨鳞鱼、孔鳞鱼以及根齿鱼。

鲨革（Shagreen）：来自于代表"未经过鞣制加工的皮革"的一个词、在此代表着鲨鱼和鳐鱼等鱼类那粗糙的皮肤，上面有许多小颗粒。

Sinolepidoids（Sinolepidoids）：一个盾皮鱼中的胴甲鱼族群，躯干护盾上有大的开口，位于腹部，头部有很长的枕骨区域，并且还有分段的胸鳍。例子：Sinolepis、Grenfellaspis。

脊（Spines）：指的是位于某些鱼类的鱼鳍前端，细长且常有装饰的骨质结构。它可能深深地插入到了鱼的肌肉组织中去，或者通过与其他骨头相融合，从而与肩带结构固定到了一块。

气孔（Spiracles）：位于软骨鱼的主鳃前方的一个小开口，是为鳃裂所准备的。基本的硬骨鱼中的气孔可能位于头骨顶部骨骼中，或者位于头骨和面颊板之间，面颊板通向气孔室，用于辅助某些物种的呼吸。例子：多鳍鱼。

干群（Stem group）：属于进化枝底部某一谱系的成员，它们大多缺乏特点，没有什么特化，而特化正是划分冠群的关键特征。

鱼鳔（Swim-bladder）：硬骨鱼体内的气体交换器官，能够调节鱼类在水柱中的深度。它有时也是一个辅助呼吸装置，与肺部的起源有着直接关系。

接续骨（Symplectic bone）：位于某些鱼骨的舌骨弓上，在舌骨和角舌骨之间。

共源性状（Synapomorphy）：某群生物所共享的、衍生而来的特征，这些特征将它们划分到了一个单系群之中去。共源性状为进化枝下了定义。

分类群（复数为taxa）：一个分类单位。例子：物种、属或科。对生物体分类领域的研究叫做分类学。

真骨鱼类（teleosteans）：一种分化了的辐鳍鱼进化枝，它们的尾部都有尾神经骨，有可动的前颌骨，不成对的基鳃骨齿板，以及其他一些分化出的特征。这是现存最大的脊椎动物群体，其中有2.9万种得到了人们的描述。

四足动物（Tetrapod）：长着四条腿的脊椎动物，其中包括两栖动物、爬行动物、鸟类和哺乳动物。其中有些成员在接下来的进化之路上又失去了四肢，比如蛇和蚓螈。

四足形亚纲（Tetrapodomorpha）：分化出来的一个肉鳍鱼族群（包括所有四足动物），有一对外鼻孔和一个出现在上腭的后鼻孔。例子：Gogonasus、真掌鳍鱼、提塔利克鱼。

腔鳞鱼亚纲（thelodonts）：一种已经灭绝的无颌鱼进化枝，生活于志留纪-泥盆纪期间。特点是身体及头部由带有装饰物的鳞片所覆盖，常有精细的、带有雕塑的冠层。仅靠观察它们的鳞片，就能辨识出其中的很多物种来。例子：Thelodus、图里鱼。

躯干护盾（Trunk shield）：盾皮鱼身体前部周围的骨板，相互重叠并且扣在一起，呈环状。与头部护盾连接或铰接。

尾神经骨（Uroneural bones）：硬骨鱼尾部的特殊骨骼，是拉长了的神经弓结构。

腹部的（Ventral）：与生物体或骨骼的腹侧或下方相关。

胎生（viviparous）：胎生或者卵胎生。直接生下活的幼体，而非产下卵来。

Xenacanths（Xenacanths）：一个已灭绝的中-晚古生代鲨鱼族群，其特征是牙齿拥有两个冠，底部有显眼的骨质圆形凸起（圆凸）。其中有许多拥有精细的颈部脊，以及拥有装饰物的背鳍脊。

云南鱼（Yunnanolepidoids）：一种较为普通的胴甲鱼，拥有圆形的小窗孔，较大的头部护盾和较长的枕骨，胸鳍没有关节。只有志留纪/早泥盆纪的中国和越南才有这种鱼类。例子：云南鱼、Chuchinolepis。

参考文献

Chapter 1. Earth, Rocks, Evolution, and Fish

Janvier, P. 1996. *Early vertebrates*. Clarendon Press, Oxford.

Kumar, S., and Hedges, S.B. 1998. A molecular timescale for vertebrate evolution. *Nature* 392: 917–20.

Martin, A.P., Naylor, G.J.P., and Palumbi, S.R. 1992. Rates of mitochondrial DNA evolution in sharks are slow compared with mammals. *Nature* 357: 153–55.

Nelson, J. 2006. *Fishes of the world*. 4th ed. Wiley, Hoboken, New Jersey.

Romer, A.F.S., and Parsons, T.S. 1977. *The vertebrate body*. 5th ed. W.B. Saunders Co., Philadelphia.

Trinajstic, K., Marshall C., Long J.A., and Bifield, K. 2007. Exceptional preservation of nerve and muscle tissues in Late Devonian placoderm fish and their evolutionary implications. *Biology Letters* 3: 197–200.

Young, G.C. 1981. Biogeography of Devonian vertebrates. *Alcheringa* 5: 225–43.

Chapter 2. Glorified Swimming Worms

Briggs, D.E.G., Clarkson, E.N.K., and Aldridge, R.J. 1983. The conodont animal. *Lethaia* 16: 1–14.

Delsuc, F., Brinkmann, H., Chourrout, D., and Philippe, H. 2006. Tunicates and not cephalochordates are the closest living relative of vertebrates, *Nature* 439: 965–68.

Donoghue, P.C.J., and Aldridge, R.J. 2001. Origin of a mineralised skeleton. Pp. 85–105 in Ahlberg, P.E. (ed) *Major events in early vertebrate evolution: palaeontology, phylogeny, genetics, and developmental biology*. Systematics Association, London.

Gabbott, S.E., Aldridge, R.J., and Theron, J.N. 1995. A giant conodont with preserved muscle tissue from the Upper Ordovician of South Africa. *Nature* 374: 800–803.

Gans, C. 1989. Stages in the origin of vertebrates: analysis by means of scenarios. *Biological Reviews* 64: 221–65.

Gans, C., and Northcutt, R.G. 1983. Neural crest and the origins of vertebrates: a new head. *Science* 220: 268–74.

Gans, C., and Northcutt, R.G. 1985. Neural crest: the implication for comparative anatomy. *Fortschritte der Zoologie* 30: 507–14.

Hanken, J., and Hall, B.K. 1993. *The vertebrate skull*. vols 1–3. University of Chicago Press, Chicago.

Hanken, J., and Thorogood, P. 1993. Evolution and development of the vertebrate skull: the role of pattern formation. *Trends in Ecology and Evolution* 8: 9–15.

Holland, L.Z., and Holland, N.D. 2001. *Amphioxus* and the evolutionary origin of neural crest and the midbrain/hindbrain boundary. Pp. 15–32 in Ahlberg, P.E. (ed), *Major events in early vertebrate evolution: palaeontology, phylogeny, genetics, and developmental biology*. Systematics Association, London.

Janvier, P. 1981. The phylogeny of the craniata, with particular reference to the significance of fossil agnathans. *Journal of Vertebrate Paleontology* 1: 121–71.

Janvier, P. 1995. Conodonts join the club. *Nature* 374: 761–62.

Jeffries, R.P.S. 1979. The origin of chordates—a methodological essay. Pp. 443–77 in House, M.R. (ed), *The origin of the major invertebrate groups*. Academic Press, London.

Jollie, M. 1982. What are the Calcichordata? and the larger question of the origin of the Chordates. *Zoological Journal of the Linnean Society* 75: 167–88.

Kemp, A. 2002. Hyaline tissue of themally altered conodont elements and the enamel of vertebrates. *Alcheringa* 26: 23–36.

Long, J.A., and Burrett, C.F. 1989. Tubular phosphatic microproblematica from the Early Ordovician of China. *Lethaia* 22: 439–46.

Mallatt, J., and Chen, J. 2003. Fossil sister-group of craniates: predicted and found. *Journal of Morphology* 258: 1–31.

Northcutt, R.G., and Gans, C. 1983. The genesis of neural

crest and epidermal placodes: a reinterpretation of vertebrate origins. *Quarterly Review of Biology* 58: 1–28.

Ørvig, T. 1967. Phylogeny of tooth tissues: evolution of some calcified tissues in early vertebrates. Pp. 1:45–110, in Miles, A.E. (ed), *Structural and chemical organisation of teeth*. Academic Press, London.

Purnell, M.A. 1993. Feeding mechanisms in conodonts and the function of the earliest vertebrate hard tissues. *Geology* 21: 375–77.

Purnell, M. 1995. Microwear on conodont elements and macrophagy in the first vertebrates. *Nature* 374: 798–800.

Reif, W.-E. 1982. The evolution of dermal skeleton and dentition in vertebrates: the odontode regulation theory. *Evolutionary Biology* 15: 287–368.

Repetski, J.E. 1978. A fish from the Upper Cambrian of North America. *Science* 200: 529–31.

Sansom, I.J., Smith, M.M., and Smith, M.P. 1996. Scales of thelodont and shark-like fishes from the Ordovician of Colorado. *Nature* 379: 628–30.

Sansom, I.J., Smith, M.M., and Smith, M.P. 2001. The Ordovician radiation of vertebrates. Pp. 156–72 in Ahlberg, P.E. (ed), *Major events in early vertebrate evolution: palaeontology, phylogeny, genetics, and developmental biology*. Systematics Association, London.

Sansom, I.J., Smith, M.P., Armstrong, H.A. and Smith, M.M. 1992. Presence of the earliest vertebrate hard tissues in conodonts. *Science* 256: 1308–11.

Sansom, I.J., and Smith, M.P. 2005. Late Ordovician vertebrates from the Bighorn Mountain of Wyoming, USA, *Palaeontology* 48: 31–48.

Sansom, R.S., Gabbott, S. & Purnell, M.A. 2010. Non-random decay of chordate characters causes bias in fossil interpretation. *Nature* 463: 797–800.

Shu, D. A palaoentological perspective of vertebrate origins. *Chinese Science Bulletin* 48: 725–35.

Shu, D., Conway Morris, S., Han, J., Zhang, Z.-F., Yasui, K., Janvier, P., Chen, L., Zhang, X.-L., Liu, J.-N., and Liu, H.-Q. 1999. Head and backbone of the Early Cambrian vertebrate *Haikouichthys*. *Nature* 421: 527–29.

Shu, D.G., Conway Morris, S., and Zhang, X.L. 1995. A *Pikaia*-like chordate from the Lower Cambrian of China. *Nature* 374: 798–800.

Shu, D., Luo, H.-L., Conway Morris, S., Zhang, X., Hu, S.-X., Chen, L., Han, J., Zhu, M., Li, Y. and Chen, L.-Z. 1999. Lower Cambrian vertebrates from South China. *Nature* 402: 42–46.

Smith, M.M., and Hall, B. K. 1990. Development and evolutionary origins of vertebrate skeletogenic and odontogenic tissues. *Biological Reviews* 65: 277–373.

Smith, M.P. 1990. The Conodonta—palaeobiology and evolutionary history of a major Palaeozoic chordate group. *Geological magazine* 127: 365–69.

Smith, M.P., Sansom, I.J., and Cochrane, K.D. 2001. The Cambrian origin of vertebrates. Pp. 67–84 in Ahlberg, P.E. (ed), *Major events in early vertebrate evolution: palaeontology, phylogeny, genetics, and developmental biology*. Systematics Association, London.

Vickers-Rich, P. 2007. The Nama Fauna of Southern Africa. Pp. 69–87 in Fedonkin, M.A., Gehling, J.G., Grey, K., Narbonne, G.M., Vickers-Rich, P. (eds), *The rise of animals: evolution and diversification of the kingdom Animalia*. Johns Hopkins University Press, Baltimore.

Young, G.C. 1997. Ordovician microvertebrate remains from the Amadeus Basin, Central Australia. *Journal of Vertebrate Paleontology* 17: 1–25.

Young, G.C., Karatajute-Talimaa, V.N., and Smith, M.M. 1996. A possible Late Cambrian vertebrate from Australia. *Nature* 383: 810–12.

Chapter 3. Jawless Wonders

Afanassieva, O.B. 1991. *The osteostracans of the USSR (Agnatha)*. Akademia Nauka, Moscow.

Afanassieva, O.B. 1992. Some peculiarities of osteostracan ecology. Pp. 61–70 in Mark-Kurik, E. (ed), *Fossil fishes as living animals*. Academy of Sciences, Estonia.

Afanassieva, O., and Janvier, P. 1985. *Tannuaspis, Tuvaspis* and *Ilemoraspis,* endemic ostracoderm genera from the Silurian and Devonian of Tuva and Khakassia (USSR). *Geobios* 18: 493–506.

Arsenault, M., and Janvier, P. 1991. The anaspid-like craniates of the Escuminac Formation (Upper Devonian) from Miguasha (Québec, Canada), with remarks on anaspid-petromyzontid relationships. Pp. 19–40 in Chang, M.M., Liu, Y.H., and Zhang, G.R. (eds), *Early vertebrates and related problems of evolutionary biology*. Science Press, Beijing.

Belles-Isles, M., and Janvier, P. 1984. Nouveaux Osteostraci du Dévonien inférieur de Podolie (R.S.S. D'Ukraine). *Acta Palaeontologica Polonica* 4: 157–66.

Blieck, A. 1975. *Althaspis anatirostra* nov. sp., Ptéraspide du Devonien inférieur du Spitsberg. *Colloques Recherches Sommelier de Société Geologiques de France* 3: 74–77.

Blieck, A. 1980. Le genre *Rhinopteraspis* Jaekel (vertébrés, Hétérostracés) du Dévonien inférieur: systématique, morphologie, répartition. *Bulletin du Muséum national d'histoire naturelle* 4, ser. 2, sec. C, 1:25–47.

Blieck, A. 1981. Le genre *Protopteraspis* Leriche (vertébrés, Hétérostracés) du Devonien inférieur nord-Atlantique. *Palaeontographica* 173A: 141–59.

Blieck, A. 1982a. Les Hétérostracés (vertébrés, Agnathes)

del'horizon Vogti (Groupe de Red Bay, Dévonien inférieur du Spitsberg). *Cahiers de Paléontologie,* Paris, 1–51.

Blieck, A. 1982b. Les Hétérostracés (vertébrés, Agnathes) du Devonien inférieur du Nord de la France et Sud de la Belgique (Artois-Ardenne). *Annales de Société de Geologique de Belgique* 105: 9–23.

Blieck, A. 1982c. Les grandes lignes de la biogéographie de Hétérostracés du Silurien supérieur–Devonien inférieur dans le domaine nord-Atlantique. *Paleogeography, Palaeoclimatology, Palaeoecology* 38: 283–316.

Blieck, A. 1983. Biostratigraphie du Dévonien inférieur du Spitsberg: données complementaires sur les Hétérostracés (vertébrés, Agnathes) du Groupe de Red Bay. *Bulletin du Muséum national d'histoire naturelle,* 5th series, C, 1: 75–111.

Blieck, A. 1984. *Les Hétérostracés Ptéraspidiformes, Agnathes du Silurien-Dévonien du continent nord-Atlantique et des blocs avoisinants.* Cahiers de Paléontologie (Vértébrés), Paris

Blieck, A., and Goujet, D. 1973. *Zascinaspis laticephala* nov. sp. (Agnatha, Heterostraci) du Dévonien inférieur du Spitsberg. *Annales de Paléontologie (Vertébrés-Invertébrés)* 69: 43–56.

Blieck, A., and Heintz, N. 1979. The heterostracan faunas in the Red Bay Group (Lower Devonian) of Spitsbergen and their biostratigraphical significance: a review including new data. *Bulletin of the Geological Society of France* 7th series, 21: 169–81.

Blieck, A., and Heintz, N. 1983. The cyathaspids of the Red Bay Group (Lower Devonian) of Spitsgergen. The Downtonian and Devonian Vertebrates of Spitsbergen, XIII. *Polar Research* 1: 49–74.

Blieck, A., and Janvier, P. 1991. Silurian vertebrates. *Palaeontology, Special Papers* 44: 345–89.

Blom, H. 2008. A new anaspid fish from the Middle Silurian Cowie Harbour Fish Bed of Stonehaven, Scotland. *Journal of Vertebrate Paleontology* 28: 594–600.

Blom, H., Märss, T., and Miller, C.G. 2002. Silurian and lowermost Devonian birkeniid anaspids from the Northern Hemisphere. *Transactions of the Royal Society of Edinburgh: Earth Sciences* 92: 263–323.

Broad, D.S. 1973. Amphiaspidiformes (Heterostraci) from the Silurian of the Canadian Arctic Archipelago. *Bulletin of the Geological Society of Canada* 222: 35–51.

Broad, D.S., and Dineley. D.L. 1973. *Torpedaspis,* a new Upper Silurian and Lower Devonian genus of Arctic Archipelago. *Bulletin of the Geological Society of Canada.* 222: 35–51.

Damas, H. 1944. La branchie préspiraculaire des Cephalaspides. *Annales de la Société Royale Zoologique de Belgique* 85: 89–102.

Denison, R.H. 1947. The exoskeleton of *Tremataspis.* *American Journal of Science* 245: 337–67.

Denison, R.H. 1951a. The evolution and classification of the Osteostraci. *Fieldiania Geology* 11: 156–96.

Denison, R.H., 1951b. The exoskeleton of early Osteostraci. *Fieldiana Geology* 11: 198–218.

Denison, R.H. 1952. Early Devonian fishes from Utah: I. Osteostraci. *Fieldiana Geology* 11: 265–287.

Denison, R.H. 1955. The Early Devonian Vertebrates from the Knoydart Formation of Nova Scotia. *Fieldiana Zoology* 37: 449–64.

Denison, R.H. 1963. New Silurian Heterostraci from Southeastern Yukon. *Fieldiana Geology* 14: 105–41.

Denison, R.H. 1966. *Cardipeltis,* an Early Devonian agnathan of the order Heterostraci. *Fieldiana Geology* 16: 89–116.

Denison, R.H. 1967. Ordovician vertebrates from the Western United States. *Fieldiana Geology* 16: 131–92.

Denison, R.H. 1970. Revised classification of the Pteraspididae with description of new forms from Wyoming. *Fieldiana Geology* 20: 1–41.

Denison, R.H. 1971. On the tail of Heterostraci (Agnatha). *Forma et functio* 4: 87–99.

Denison, R.H. 1973. Growth and wear of the shield in Pteraspididae (Agnatha). *Palaeontographica* 143A: 1–10.

Dineley, D.L. 1964. New specimens of *Traquairaspis* from Canada. *Palaeontology* 7: 210–19.

Dineley, D.L. 1967. The Lower Devonian Knoydart faunas. *Zoological Journal of the Linnean Society* 47: 15–29.

Dineley, D.L. 1968. Osteostraci from Somerset Island. *Bulletin of the Geological Survey of Canada* 165: 49–63.

Dineley, D.L. 1976. New species of *Ctenaspis* (Ostracodermi) from the Devonian of Arctic Canada. Pp. 26–44 in Churcher, C.S. (ed), *Athlon, essays on palaeontology in honour of Loris Shano Russell.* Royal Ontario Museum, Toronto.

Dineley, D.L. 1988. The radiation and dispersal of Agnatha in Early Devonian time. *Canadian Society of Petroleum Geologists Memoir* 14 (3): 567–77.

Dineley, D.L. 1994. Cephalaspids from the Lower Devonian of Prince of Wales Island, Canada. *Palaeontology* 37: 61–70.

Dineley, D.L., and Loeffler, E.J. 1976. Ostracoderm faunas of the Delorme and associated Siluro-Devonian Formations, North Territories, Canada. *Palaeontology,* special papers 18: 1–214.

Elliott, D.K. 1984. A new subfamily of the Pteraspididae (Agnatha, Heterostraci) from the Upper Silurian and Lower Devonian of Arctic Canada. *Palaeontology* 27:169–97.

Elliott, D.K. 1987. A reassessment of *Astraspis desiderata,* the oldest North American vertebrate. *Science* 237: 190–92.

Elliott, D.K. 1994. New pteraspidid (Agnatha: Heterostraci) from the Lower Devonian Water Canyon Formation of Utah. *Journal of Paleontology* 68: 176–79.

Elliott, D.K., and Dineley, D.L. 1983. New species of *Protopteraspis* (Agnatha, Heterostraci) from the (?) Upper Silurian to Lower Devonian of Northwest Territories, Canada. *Journal of Paleontology* 57: 474–94.

Elliott, D.K., and Dineley, D.L. 1985. A new heterostracan from the Upper Silurian of Northwestern Territories, Canada. *Journal of Vertebrate Paleontology* 5: 103–10.

Elliott, D.K., and Dineley, D.L. 1991. Additional information on *Alainaspis* and *Boothaspis*, Cythathaspids (Agnatha: Heterostraci) from the Upper Silurian of Northwest Territories, Canada. *Journal of Paleontology* 65: 308–13.

Elliott, D.K., and Loeffler, E.J. 1989. A new agnathan from the Lower Devonian of Arctic Canada, and a review of the tessellated heterostracans. *Palaeontology* 32: 883–91.

Forey, P.L., and Janvier, P. 1993. Agnathans and the origin of jawed vertebrates. *Nature* 361: 129–34.

Gagnier, P.-Y. 1989. The oldest vertebrate: a 470-million-year-old jawless fish, *Sacabambaspis janvieri*, from the Ordovician of Bolivia. *National Geographic Research* 5: 250–53.

Gagnier, P.-Y. 1995. Ordovician vertebrates and agnathan phylogeny. *Bulletin du Muséum national d'histoire naturelle* 17: 1–37.

Gagnier, P.-Y., and Blieck, A. 1992. On *Sacabambaspis janvieri* and the vertebrate diversity in Ordovician seas. Pp. 21–40 in Mark-Kurik, E. (ed), *Fossil fishes as living animals*. Academy of Sciences, Estonia.

Gagnier, P.-Y., Blieck, A., and Rodrigo, G.S. 1986. First Ordovician vertebrate from South America. *Geobios* 19: 629–34.

Gross, W. 1967. Uber Thelodontier-Schuppen. *Palaeontographica* 127A:1–67.

Gross, W. 1971. Unterdevonische Thelodontier- und Acanthodier-Schuppen aus Westaustralien. *Paläontologische Zeitschrift* 45: 97–106.

Halstead, L.B. 1973. The heterostracan fishes. *Biological Reviews* 48: 279–332.

Halstead, L.B. 1987. Agnathan extinctions in the Devonian. Pp. 150:7–11 in Buffetaut, E., Jaeger, J.J., and Mazin, J.M. (eds), *Les extinctions dans l'histoire des vertébrés*. Mémoires de la Société géologique de France, nouvelle série, Paris.

Heintz, A. 1939. Cephalaspida from the Downtonian of Norway. *Norske Videnskaps Akademiens Skrifter (Matematiske-naturvidenskapslige Klasse)* 1939: 1–119.

Heintz, A. 1968. New agnathans from Ringerike Sandstone, *Norske Videnskaps Akademiens Skrifter (Matematiske-naturvidenskapslige Klasse)* 1969: 1–28.

Heintz, N. 1960. The Downtonian and Devonian vertebrates of Spitsbergen: X. Two new species of the genus *Pteraspis* from the Wood Bay series in Spitsbergen. *Norsk Polarinstitut Skriffter* 117: 1–13.

Heintz, N. 1962. The Downtonian and Devonian vertebrates of Spitsbergen: XI. *Gigantaspis*, a new genus of family Pteraspididae from Spitsbergen. A preliminary report. *Norsk Polarisntitut Arbok* 1960: 22–27.

Heintz, N. 1968. The pteraspid *Lyktaspis* n. g. from the Devonia of Vestspitsbergen. *Nobel Symposium* 4: 73–80, Stockholm.

Janvier, P. 1975a. Les yeux des cyclostomes fossiles et le problème de l'origine des Myxinoides. *Acta Zoologica* 56: 1–9.

Janvier, P. 1975b. Anatomie et position systématique des galeaspides (Vertebrata, Cyclostomata), Céphalaspidomorphes du Dévoniens inférieur du Yunnan (Chine). *Bulletin du Muséum national d'histoire naturelle* 3rd series, 278: 1–16.

Janvier, P. 1985. Les Cephalspides du Spitzberg. *Cahiers de Paleontologie, Editions du C.N.R.S.*, Paris.

Janvier, P. 1988. Un nouveau céphalaspide (osteostraci) du Dévonien inférieur de Podolie (R.S.S. D'Ukraine). *Acta Palaeontologica Polonica* 33: 353–58.

Janvier, P. 1990. La structure del'exosquelette des Galeaspida (Verteberata). *Comptes Rendues Academie Sciences, Paris*, 2nd series, 310: 655–59.

Janvier, P. 1996. The dawn of vertebrates: characters versus common ascent in the rise of the current vertebrate phylogenies. *Palaoentology* 39: 259–87.

Janvier, P. 2001. Ostracoderms and the shaping of the ganthostome characters. Pp. 172–186 in Ahlberg, P.E. (ed), *Major events in early vertebrate evolution: palaeontology, phylogeny, genetics, and developmental biology*. Systematics Association, London.

Janvier, P. 2007. Homologies and evolutionary transitions in early vertebrate history. Pp. 57–121 in Anderson, J.S., and Dieter-Sues, H. (eds), *Major transitions in vertebrate evolution*. Indiana University Press, Bloomington.

Janvier, P., and Blieck, A. 1979. New data on the internal anatomy of the Heterostraci (Agnatha) with general remarks on the phylogeny of the Craniata. *Zoologica Scripta* 8: 287–96.

Janvier, P., and Lelièvre, H. 1994. A new tremataspid osteostracan, *Aestiaspis viitaensis* n.g., n. sp., from the Silurian of Saaremaa, Estonia. *Proceedings of the Estonian Academy of Science, Geology* 43 (3): 122–28.

Janvier, P., Thanh, T.-D., and Phuong, T.-H. 1993. A new Early Devonian galeaspid from Bac Thai Province, Vietnam. *Palaeontology* 36: 297–309.

Karatajute-Talimaa, V.N. 1978. *Telodonti Silura i Devona S.S.S.R. i Shpitsbergena*. Mosklas, Vilnius, Lithuania.

Kiaer, J. 1924. The Downtonian fauna of Norway: I. Anaspida with a geological introduction, *Videnskappsselskapets Skrifter (Matematiske-naturvidenskapslige Klasse)* 6: 1–139.

Kiaer, J. 1932. The Downtonian and Devonian vertebrates of Spitsbergen: IV. Suborder Cyathaspida. *Skriffter Svalbard Ishavet* 52: 1–26.

Kiaer, J., and Heintz, A. 1935. The Downtonian and Devonian vertebrates of Spitsbergen: V. Suborder Cyathaspida, I: tribe Poraspidei, family Poraspidae. *Skriffter Svalbard Ishavet* 40: 1–138.

Khonsari, R.H., Li, B., Vernier, P., Northcutt, R.G., and Janvier, P. 2009. Agnathan brain anatomy and cranite phylogeny. *Acta Zoologica* 90: S52–S68.

Liu, S.-F. 1983. Agnatha from Sichuan, China. *Vertebrata PalAsiatica* 21: 97–102.

Liu, S.-F. 1986. Fossil Eugaleaspida from Guanxi. *Vertebrata PalAsiatica* 24: 1–9.

Liu, Y.-H. 1965. New Devonian agnathans of Yunnan. *Vertebrata PalAsiatica* 9: 125–134.

Liu, Y.-H. 1973. On the new forms of Polybranchiaspiiformes and Petalichthyida from the Devonian of Southwest China. *Vertebrata PalAsiatica* 11: 132–43.

Liu, Y.-H. 1975. Lower Devonian agnathans of Yunnan and Sichuan. *Vertebrata PalAsiatica* 13: 202–16.

Liu, Y.-H., and Wang J.-Q. 1985. A galeaspid (Agnatha) *Antiquisagittaspis cornuta* gen. et sp. nov. from the Lower Devonian of Guanxi, China. *Vertebrata PalAsiatica* 23: 247–254.

Lund, R., and Janvier, P. 1986. A second lamprey from the Lower Carboniferous (Namurian) of Bear Gulch, Montana (USA). *Geobios* 19: 647–52.

Mark-Kurik, E. 1966. On some alteration of the exoskeleton in the Psammosteidae (Agnatha). Pp. 56–60 in *The organism and its environment in the past* [in Russian], Nauka, Moscow.

Mark-Kurik, E. 1992. Functional aspects of the armour in the early vertebrates. Pp. 107–16 in Mark-Kurik, E. (ed), *Fossil fishes as living animals*, Academy of Sciences, Estonia.

Märss,T., 1979. Lateral-line sensory system of the Ludlovian thelodont *Phlebolepis elegans* Pander [in Russian]. *Eesti NSV Teaduste Akadeemia Toimetised* 28: 108–11.

Maars, T., Turner, S., and Karatajute-Talimaa, V. 2007. Agnatha: II. Thelodonti. In Schultze, H.-P. (ed), *Handbook of paleoichthyology*. Verlag F. Pfeil, Munich.

Novitskaya, L.I. 1986. Fossil agnathans of USSR—Heterostracans: cyathaspids, amphiaspids, pteraspids [in Russian]. *Akademia Nauk SSSR, Trudy Paleontologicheskogo Instituta* 219:1–159, Akademia Nauka, Moscow.

Novitskaya, L. 1992. Heterostracans: their ecology, internal structure and ontogeny. Pp 51–60 in Mark-Kurik, E. (ed), *Fossil fishes as living animals*. Academy of Sciences, Estonia.

Obruchev, D.V., and Karatajute-Talimaa, V.N. 1967. Vertebrate faunas and correlation of the Ludlovian-Lower Devonian in Eastern Europe. *Zoological Journal of the Linnean Society* 47: 5–15.

Obruchev, D.V., and Mark-Kurik, E. 1965. Devonian Psammosteids (Agnatha, Psammosteidae) of the USSR [in Russian]. *Eesti NSV Teaduste Akadeemia Geloogia Instituut*.

Ørvig, T. 1969. Thelodont scales from the Grey Hoek Formation of Andree Land, Spitsbergen. *Norsk geologische tiddskrifter* 49: 387–401.

Pan, J., and Chen L. 1993. Geraspididae, a new family of Polybranchiaspidida (Agnatha) from Silurian of Northern Anhui. *Vertebrata PalAsiatica* 31: 225–30.

Powrie, J. 1870. On the earliest known vestiges of vertebrate life; being a description of the fish remains of the Old Red Sandstone of Forfarshire. *Transactions of the Geological Society of Edinburgh* 1: 284–301.

Ritchie, A. 1964. New lights on the Norwegian Anaspida. *Norske Videnskaps Akademiens Skrifter (Matematiske-naturvidenskapslige Klasse)* 14:1–35.

Ritchie, A. 1967. *Ateleaspis tessellate* Traquair, a non-cornuate cephalaspid from the Upper Silurian of Scotland. *Zoological Journal of the Linnean Society, London* 47: 69–81.

Ritchie, A. 1968a. New evidence on *Jamoytius kerwoodi*, an important ostracoderm from the Silurian of Lanarkshire, Scotland. *Palaeontology* 11: 21–39.

Ritchie, A. 1968b. *Phlebolepis elegans* Pander, an Upper Silurian thelodont of Oesel, with remarks on the morphology of thelodonts. Pp. 4: 81–88 in Ørvig, T. (ed), *Current problems in lower vertebrate phylogeny, Nobel Symposium*, Almqvist and Wiksell, Stockholm.

Ritchie, A. 1980. The Late Silurian anaspid genus *Rhyncholepis* from Oesel, Estonia, and Ringerike, Norway. *American Museum Novitates* 2699: 1–18.

Ritchie. A. 1984. Conflicting interpretations of the Silurian agnathan *Jamoytius*. *Scottish Geology* 20: 249–56.

Ritchie, A. 1985. *Arandaspis prionotolepis*. The Southern four-eyed fish. Pp. 95–106 in Rich, P., and van Tets, G. (eds), *Kadimakura*. Pioneer Design Studios, Lilydale, Victoria, Australia.

Ritchie, A., and Gilbert-Tomlinson J. 1977. First Ordovician vertebrates from the southern hemisphere. *Alcheringa* 1: 351–68.

Sansom, I., Smith, M.M., and Smith, M.P. 2001. The Ordovician radiation of vertebrates. Pp. 156–71 in Ahlberg, P.E. (ed), *Major events in early vertebrate evolution: palaeontology, phylogeny, genetics, and developmental biology*. Systematics Association, London.

Sansom, R. 2007. A review of the problematic osteostracan genus *Auchenaspis* and its role in thyestidian evolution. *Palaeontology* 50: 1001–11.

Sansom, R. 2009. Phylogeny, classification and character polarity of the Osteostraci (Vertebrata). *Journal of Systematic Paleontology* 7: 95–115.

Smith, M.M., and Coates, M.I. 2001. The evolution of vertebrate dentitions: phylogenetic pattern and developmental models. Pp. 223–40 in Ahlberg, P.E. (ed) *Major events in early vertebrate evolution: palaeontology, phylogeny, genetics, and developmental biology.* Systematics Association, London.

Smith, M.P., and Sansom, I.J. 1995.The affinity of *Anatolepis* Bockelie and Fortey. *Geobios* 28(2): S61–S63.

Stensiö, E.A. 1927. The Downtonian and Devonian vertebrates of Spitsbergen: I. Family Cephalaspidae. *Skrifter om Svalbard og Ishavet* 12: 1–391.

Stensiö, E.A. 1932. *The cephalaspids of Great Britain.* British Museum (Natural History), London.

Stensiö, E.A. 1939. A new anaspid from the Upper Devonian of Scaumenac Bay, Canada, with remarks on other anaspids. *Kungliga Svenska Vetenskapakadamiens Handlingar* 3rd series, 18: 3–25.

Stensiö, E.A. 1964. Les cyclostomes fossiles ou Ostracodermes. Pp. 4:92–382 in Piveteau, J. (ed), *Traité de paléontologie.* Masson, Paris.

Stensiö, E.A. 1968. The Cyclostomes with special reference to the diphyletic origin of the Petromyzontida and Myxinoidea. *Nobel Symposium* 4: 13–71.

Tarlo, L.B. 1962. The classification and evolution of the Heterostraci. *Acta Palaeontolgia Polonica* 7 (1–2): 249–90.

Tarlo, L.B. 1964. Psammosteiformes (Agnatha)—a review with descriptions of new material from the Lower Devonian of Poland: I. General Part. *Acta Palaeontologia Polonica* 13: 1–135.

Tarlo, L.B. 1965. Psammosteiformes (Agnatha)—a review with descriptions of new material from the Lower Devonian of Poland: II. Systematic Part. *Acta Palaeontologia Polonica* 15: 1–168.

Turner, S. 1970. Fish help trace continental movements. *Spectrum* 79: 810.

Turner, S. 1973. Siluro-Devonian thelodonts from the Welsh Borderland. *Journal of the Geological Society of London* 129: 557–84.

Turner, S. 1976. Fossilium Catalogus: I. Animalia, Pars 122 Thelodonti (Agnatha). Dr W. Junk B.V., 's-Gravenhage 1–35.

Turner, S. 1982a. Thelodonts and correlation. Pp. 128–33 in Rich, P.V., and Thompson, E.M. (eds), *The fossil vertebrate record in Australasia.* Monash Offset Printing, Clayton, Australia.

Turner, S. 1982b. A new articulated thelodont (Agnatha) from the Early Devonian of Britain. *Palaeontology* 25: 879–89.

Turner, S. 1986. Vertebrate fauna of the Silverband Formation, Grampians, western Victoria. *Proceedings of the Royal Society of Victoria* 98: 53–62.

Turner, S. 1991. Monophyly and interrelationships of the Thelodonti. Pp. 87–120 in Chang, M.M., Liu, Y.H., and Zhang, G.R. (eds), *Early vertebrates and related problems of evolutionary biology.* Science Press, Beijing, China.

Turner, S. 1992. Thelodont lifestyles. Pp. 21–40 in Mark-Kurik, E. (ed.), *Fossil fishes as living animals.* Academy of Sciences, Estonia.

Turner, S., and Dring, R.S. 1981. Late Devonian thelodonts (Agnatha) from the Gneudna Formation, Carnarvon Basin, Western Australia. *Alcheringa* 5: 39–48.

Turner, S., and Janvier, P. 1979. Middle Devonian Thelodonti (Agnatha) from the Khush-Yeilagh Formation, North-east Iran. *Geobios* 12: 889–92.

Turner, S., Jones, P.J., and Draper, J.J. 1981. Early Devonian thelodonts (Agnatha) from the Toko Syncline, western Queensland and a review of other Australian discoveries. *Bureau of Mineral Resources Journal of Australian Geology and Geophysics* 61: 51–69.

Turner, S., and Tarling, D.H. 1982. Thelodont and other agnathan distributions as a test of Lower Palaeozoic continental reconstructions. *Palaeogeography, Palaeoclimatology, Palaeoecology* 39: 295–311.

Turner, S., and Young, G.C. 1992. Thelodont scales from the Middle-Late Devonian Aztec Siltstone, southern Victoria Land, Antarctica. *Antarctic Science* 4: 89–105.

Van der Brughen, W., and Janvier, P. 1993. Denticles in thelodonts. *Nature* 364: 107.

Wang, J.-Q., and Zhu, M. 1994. *Zhaotongaspis janvieri* gen. et sp. nov., a galeaspid from Early Devonian of Zhaotong, northeastern Yunnan. *Vertebrata PalAsiatica* 32: 230–43.

Wang, N.-Z. 1984. Thelodont, acanthodian and chondrichthyan fossils from the Lower Devonian of Southwest China. *Proceedings of the Linnean Society of New South Wales* 107: 419–41.

Wang, N.-Z. 1991. Two new Silurian galeaspids (jawless craniates) from Zhejiang Province, China, with a discussion of galeaspid-gnathostome relationships. Pp. 41–65 in Chang, M.M., Liu, Y.H., and Zhang, G.R. (eds), *Early vertebrates and related problems of evolutionary biology.* Science Press, Beijing.

Wang, N.-Z., and Dong, Z. 1989. Discovery of late Silurian

microfossils of Agnatha and fishes from Yunnan, China. *Acta Palaeontologica Sinica* 8: 192–206.

Wang, S.-T., Dong, Z., and Turner, S. 1986. Middle Devonian Turinidae (Thelodont, Agnatha) from Western Yunnan, China. *Alcheringa* 10: 315–25.

Wang, S.-T., and Lan C. 1984. New discovery of polybranchiaspids from Yiliang County, Northeastern Yunnan. *Bulletin of the Geological Institute, Chinese Academy of Sciences* 9: 113–23.

Wang, S.-T., Xia, S., Chen, L., and, Du, S. 1980. On the discovery of Silurian Agnatha and Pisces from Chaoxian County, Anhui Province, and its stratigraphical significance. *Bulletin of the Geological Institute, Chinese Academy of Sciences* 2: 101–12.

Wangsjö, G. 1952. The Downtonian and Devonian vertebrates of Spitzbergen: IX. Morphologic and systematic studies of the Spitsbergen cephalaspids. *Norsk Polarinstitut Skriffter* 97: 1–615.

White, E.I. 1935. The ostracoderm *Pteraspis* Kner and the relationship of the agnathous vertebrates. *Philosophical Transactions of the Royal Society of London* B 527: 381–457.

White, E.I. 1938. New pteraspids from South Wales. *Quarterly Journal of the Geological Society of London* 94: 85–115.

White, E.I. 1946. The genus *Phialaspis* and the "*Psammosteus* Limestones." *Quarterly Journal of the Geological Society of London* 101: 207–42.

White, E.I. 1950a. The vertebrate faunas of the Lower Old Red Sandstones of the Welsh Borders. *Bulletin of the British Museum (Natural History), Geology* 1: 51–67.

White, E.I. 1950b. *Pteraspis leatherensis* White, a Dittonian zone fossil. *Bulletin of the British Museum (Natural History), Geology* 1: 69–89.

White, E.I. 1961. The Old Red Sandstone of Brown Clee Hill and the adjacent area: II. Palaeontology. *Bulletin of the British Museum (Natural History), Geology* 5: 243–310.

White, E.I. 1973. Form and growth in *Belgicaspis* (Heterostraci). *Palaeontographica* 143A: 11–24.

Wilson, M.V.H., and Caldwell, M.W. 1993. New Silurian and Devonian fork-tailed "thelodonts" are jawless vertebrates with stomachs and deep bodies. *Nature* 361: 442–44.

Wilson, M.V.W., Hanke, G.F., and Märss, T. 2007. Paired fins of jawless vertebrates and their homologies across the "agnathan"-gnathostome transition. Pp. 122–149 in Anderson, J.S., and Dieter-Sues, H. (eds), *Major transitions in vertebrate evolution*. Indiana University Press, Bloomington.

Young, G.C. 1991. The first armoured agnathan vertebrates from the Devonian of Australia. Pp. 67–85 in Chang, M.M., Liu, Y.H. and Zhang, G.R. (eds), *Early vertebrates and related problems of evolutionary biology*. Science Press, Beijing.

Zhu, M. 2000. Catalogue of Devonian vertebrates in China, with notes on bio-events. *Courier Forschungsinstitut Senckenberg* 223: 373–90.

Zhu, M., and Zhikun, G. 2006. Phylogenetic relationships of galeaspids (Agnatha). *Vertebrata PalAsiatica*, 44: 1–27.

Chapter 4. Armored Fishes and Fish with Arms

Ahlberg, P., Trinajstic, K., Johanson, Z. and Long, J. 2009. Pelvic claspers confirm chondrichthyan-like internal fertilisation in arthrodires. *Nature* 458: 888–89.

Anderson, P.S.L. 2008. Shape variation between arthrodire morphotypes indicates possible feeding niches. *Journal of Vertebrate Paleontology* 28: 961–69.

Anderson, P.S.L., and Westneat, M.W. 2007. Feeding mechanics and bite force modelling of the skull of *Dunkleosteus terrelli*, an ancient apex predator. *Biology Letters* 3: 76–79.

Arsenault, M., Desbiens, S., Janvier, P., and Kerr, J. 2004. New data on the soft tissues and external morphology of *Bothriolepis canadensis* (Whiteaves, 1880), from the Upper Devonian of Miguasha, Quebec. Pp. 439–54 in Arratia, G., Wilson, M.V.H., and Cloutier, R. (eds), *Recent advances in the origin and early radiation of vertebrates*. Verlag F. Pfeil, Munich.

Carr, R.K. 1991. Reanalysis of *Heintzichthys gouldii* (Newberry), an aspinothoracid arthrodire (placodermi) from the Famennian of northern Ohio, with a review of brachythoracid systematics. *Zoological Journal of the Linnean Society* 103: 349–90.

Carr, R.K., and Hlavin, W.J. in press. Two new species of *Dunkleosteus* Lehman, 1956, from the Ohio Shales Formation (USA, Famennian) and the Kettle Point Formation (Canada, Upper Devonian) and a cladistic analysis of the Eubrachythoraci (Placodermi, Arthrodira). *Zoological Journal of the Linnean Society.*

Carr, R.K., Johanson, Z., and Ritchie, A. 2009. The phyllolepid placoderm *Cowralepis mclachlani:* insights into the evolution of feeding mechanism in jawed vertebrates. *Journal of Morphology* 270: 775–804.

Chaloner, W. G., Forey, P.L., Gardiner, B.G., Hill, A.J., and Young, V.T. 1980. Devonian fish and plants of the Bokkeveld Series of South Africa. *Annals of the South African Museum* 81: 127–57.

Denison, R. H. 1941. The soft anatomy of *Bothriolepis*. *Journal of Paleontology* 15: 553–61.

Denison, R.H. 1958. Early Devonian fishes from Utah: III. Arthrodira. *Fieldiana Geology* 11: 461–551.

Denison, R.H. 1975. Evolution and classification of placoderm fishes. *Breviora* 432: 553–615.

Denison, R.H. 1978. Placodermi. Pp. 1–128: in Schultze, H.-P. (ed), *Handbook of paleoichthyology*. Gustav Fischer Verlag, Stuttgart, Germany.

Denison, R.H. 1983. Further consideration of placoderm evolution. *Journal of Vertebrate Paleontology* 3: 69–83.

Denison, R.H. 1984. Further consideration of the phylogeny and classification of the order Arthrodira (Pisces: Placodermi). *Journal of Vertebrate Paleontology* 4: 396–412.

Dennis, K.D., and Miles, R.S. 1979a. A second eubrachythoracid arthrodire from Gogo, Western Australia. *Zoological Journal of the Linnean Society* 67: 1–29.

Dennis, K.D., and Miles, R.S. 1979b. Eubrachythoracid arthrodires with tubular rostral plates from Gogo, Western Australia. *Zoological Journal of the Linnean Society* 67: 297–328.

Dennis, K.D., and Miles, R.S. 1980. New durophagous arthrodires from Gogo, Western Australia. *Zoological Journal of the Linnean Society* 69: 43–85.

Dennis, K.D., and Miles, R.S. 1981. A pachyosteomorph arthrodire from Gogo, Western Australia. *Zoological Journal of the Linnean Society* 73: 213–58.

Dennis, K.D., and Miles, R.S. 1982. A eubrachythoracid arthrodire with a snub-nose from Gogo, Western Australia. *Zoological Journal of the Linnean Society* 75: 153–66.

Dennis-Bryan, K., 1987. A new species of eastmanosteid arthrodire (Pisces: Placodermi) from Gogo, Western Australia. *Zoological Journal of the Linnean Society* 90: 1–64.

Dennis-Bryan, K., and Miles, R.S. 1983. Further eubrachythoracid arthrodires from Gogo, Western Australia. *Zoological Journal of the Linnean Society* 67: 1–29.

Desmond, A.J. 1974. On the coccosteid arthrodire *Millerosteus minor*. *Zoological Journal of the Linnean Society* 54: 277–98.

Dineley, D.L., and Liu, Y.-H. 1984. A new actinolepid arthrodire from the Lower Devonian of arctic Canada. *Palaeontology* 27: 875–88.

Downs, J., and Donohue, P. 2009. Skeletal histology of *Bothriolepis canadensis* (Placodermi, Antiarchi) and evolution of the skeleton at the origin of jawed vertebrates. *Journal of Morphology* 270: 1364–80.

Dunkle, D.H., and Bungart, P.A. 1939. A new arthrodire from the Cleveland Shale Formation. *Scientific Publications of the Cleveland Museum of Natural History* 8(2): 13–28.

Dunkle, D.H., and Bungart, P.A. 1940. On one of the least known of the Cleveland Shale Arthrodira. *Scientific Publications of the Cleveland Museum of Natural History* 8(3): 29–47.

Dupret, V. 2008. First wuttagoonaspid (Placodermi, Arthrodira) from the Lower Devonian of Yunnan, South China. Origin, dispersal and palaeobiogeograhic sifgnificance. *Journal of Vertebrate Palaeontology* 28:12–20.

Dupret, V., and Zhu, M. 2008. The earliest phyllolepid (Placodermi, Arthrodira), gavinaspis convergens, from the late Lochkovian (Lower Devonian) of Yunnan, South China. *Geology magazine* 145: 257–78.

Dupret, V., Zhu, M., and Wang, J.-Q. 2009. The morphology of *Yujiangolepis liujingensis* (Placodermi, Arthrodira) from the Pragian of Guangxi (South China) and its phylogenetic significance. *Zoological Journal of the Linnean Society* 157: 70–82.

Eastman, C.R. 1907. Devonic fishes of the New York formations. *Memoirs of the New York State Museum* 10: 1–235.

Forey, P.L., and Gardiner, B.G. 1986. Observations on *Ctenurella* (Ptyctodontida) and the classification of placoderm fishes. *Zoological Journal of the Linnean Society* 86: 43–74.

Gardiner, B.G. 1984. The relationships of placoderms. *Journal of Vertebrate Palaeontology* 4: 379–95.

Gardiner, B.G., and Miles, R.S. 1975. Devonian fishes of the Gogo Formation, Western Australia. *Colloques internationale du C.N.R.S.* 218: 73–79.

Gardiner, B.G. and Miles, R.S. 1990. A new genus of eubrachythoracid arthrodire from Gogo, Western Australia. *Zoological Journal of the Linnean Society* 99: 159–204.

Gardiner, B.G. and Miles, R.S. 1994. Eubrachythoracid arthrodires from Gogo, Western Australia. *Zoological Journal of the Linnean Society* 112: 443–77.

Goujet, D. 1972. Nouvelles observations sur la joue d'*Arctolepis* (Eastman) et d'autres Dolichothoraci. *Annales de Paléontologie* 58: 3–11.

Goujet, D. 1973. *Sigaspis*, un nouvel arthrodire du Dévonien inférieur du Spitsberg. *Palaeontographica* 143A:73–88.

Goujet, D. 1975. *Dicksonosteus*, un nouvel arthrodire du Dévonien inférieur du Spitsberg. Remarques sur le squelette visceral des Dolichothoraci. *Colloques internationale du C.N.R.S.* 218: 81–99.

Goujet, D. 1984a. Les poissons placoderms du Spitsberg. Arthrodires Dolichothoraci de la Formation de Wood Bay (Dévonien inférieur). *Cahiers de Paléontologie, Section Vértébres*. Editions du centre national de la recherche scientifique, Paris.

Goujet, D. 1984b. Placoderm interrelationships: a new interpretation, with a short review of placoderm classifications. *Proceedings of the Linnean Society of New South Wales* 107: 211–43.

Goujet, D., Janvier, P., and Suarez-Riglos, M., 1985. Un nouveau Rhénanide (vertebrata, Placodermi) de la Formation de Belén (Dévonien moyen), Bolivie. *Annales de Paléontologie*. 71: 35–53.

Goujet, D., and Young, G.C. 2004. Placoderm anatomy and phylogeny: new insights. Pp. 109–26 in Arratia, G., Wilson, M., and Cloutier, R. (eds), *Recent advances in the origin and early radiation of vertebrates*. Verlag F. Pfeil, Munich.

Gross, W., 1931. *Asterolepis ornata* Eichwald, und das Antiarchi-problem. *Palaeontographica* 75: 1–62.

Gross, W. 1932. Die Arthrodira Wiuldungens. *Geologische und Palaeontologische Abhandlungen* 19: 5–61.

Gross, W., 1937. Die Wirbeltiere des rheinischen Devonbs: II. *Abhandlungen der Preussischen Geologischen Landesanstadlt* 176: 5–83.

Gross, W. 1958. Uber die älteste Arthrodiran-Gattung. *Notizblatt des Hessisches Landesamt Bodenforsch, Weisbaden*.

Gross, W. 1959. Arthrodiran aus dem Obersilur der Prager Mulde. *Palaeontographica* 113A: 1–35.

Gross, W. 1961. *Lunaspis broilli* und *L. heroldi* aus dem Hunsruckscheifer (Unterdevon; Rheinland). *Notizblatt des Hessisches Landesamt Bodenforsch, Weisbaden* 89: 17–43.

Gross, W. 1962. Neuuntersuchung der Dolichothoraci aus dem Unterdevon von Overath bei Köln. *Paläontologische Zeitschrift* 45–63.

Gross, W. 1963. *Gemuendina stuertzi* Traquair. Neuuntersuchung. *Notizblatt des Hessisches Landesamtes für Bodenforschung, Wiesbaden* 91: 36–73.

Gross, W. 1965. Uber die Placodermen-gattungung *Asterolepis* und *Tiarsapis* aus dem Devon Belgiens und einen fraglichen *Tiaraspis*—Rest aus dem Devon Spitzbergens. *Institut Royal des Sciences naturelles Belgique, Bulletin* 41: 1–19.

Heintz, A. 1932. The structure of *Dinichthys*, a contribution to our knowledge of the Arthrodira. Pp. 115–224 in *The Bashford Dean memorial volume*. The American Museum of Natural History, New York.

Heintz, A. 1934. Revision of the Estonian Arthrodira: I. Family Homosteidae Jaekel. *Archiv für die Naturkunde Estlands* 10 (1): 180–290.

Heintz, A. 1968. The spinal plate in *Homosteus* and *Dunkleosteus*. *Nobel Symposium* 4: 145–51.

Hemmings, S.K. 1978. The Old Red sandstone antiarchs of Scotland. *Pterichthyodes* and *Microbrachius* [monograph]. Palaeontographical Society, London.

Hills, E.S. 1936. On certain endocranial structures in *Coccosteus*. *Geological magazine* 73: 213–26.

Ivanov, A.O. 1988. A new genus of arthrodires from the Upper Devonian of Timan. *Paleontological Journal* 117–20.

Janvier, P. 1978. The Upper Devonian of the Middle East, with special reference to the Antiarchi of the Antalya "Old Red Sandstone." Pp. 2:331–40 in Izdar, E., and Nakoman, E. (eds), *Sixth colloquium on geology of the Aegean region*. Piri Reis International Contributions Series, Piri Reis University, Istanbul, Turkey.

Janvier, P. 1979. Les vertébrés Dévoniens de l'Iran central: III. Antiarches. *Geobios* 12: 605–8.

Janvier, P. 1995. The branchial articulation and pectoral fin in antiarchs (Placodermi). *Bulletin du Muséum national d'histoire naturelle* 17: 143–61.

Janvier, P., and Marcoux, J. 1977. Les grès rouges de l'Armutgözlek Tepe: leur faune de poissons (Antiarches, Arthrodires et Crossoptérygiens) d'age Dévonien supérieur (Nappes d'Anatalya, Tuarides occidentales, Turquie). *Géologie Méditeranéene* 4: 183–88.

Janvier, P., and Pan, J. 1982. *Hyrcanaspis bliecki* n.g. n. sp., a new primitive euantiarch (Antiarcha, Placodermi) from the Eifelian of northeastern Iran, with a discussion on antiarch phylogeny. *Neues Jahrbuch für Geologie und Paleontologie Ablandlungen* 164: 364–92.

Janvier, P., and Ritchie, A. 1977. Le genre *Groenlandaspis* Heintz (Pisces, Placodermi, Arthrodira) dans le Dévonien d'Asie. *Colloques Researches Academie des Sciences de Paris series D*, 284: 1385–88.

Johanson, Z. 1997. New *Remigolepis* (Placodermi, Antiarchi) from Canowindra, New South Wales, Australia. *Geological magazine* 134: 813–46.

Johanson, Z. 1998. The Upper Devonian *Bothriolepis* (Antiarchi, Placodermi) from near Canowindra, New South Wales, Australia. *Records of the Australian Museum* 50: 315–48.

Johanson, Z. 2002. Vascularization of the osteostracan and antiarch (Placodermi) pectoral fin: similarities, and implications for placoderm relationships. *Lethaia* 35: 169–86.

Johanson, Z., Carr, R., and Ritchie, A. (in press). Fusion, gene misexpression and homeotic transformations in vertebral development of the gnathostome stem group (Placodermi). *International Journal of Developmental Biology*.

Lehman, J.P. 1956. Les arthrodires du Dévonien supérieur du Tafilalt (sud marocain). *Notes et Mémoires Services Géologique de Maroc*. 129: 1–70.

Lehman, J.P. 1977. Nouveaux arthrodires du Tafilalt et de ses environs. *Annales de Paléontologie* 63: 105–32.

Lelièvre, H. 1984a. *Atlantidosteus hollardi* n.gen. n.sp., nouveau Brachythoraci (Vértébrés, Placodermes) du Dévonien inférieur du Maroc presarharien. *Bulletin du Muséum national d'histoire naturelle* 4: 197–208.

Lelièvre, H. 1984b. *Antineosteus lehmani* n.gen. n.sp., nouveau Brachythoraci du Dévonien inférieur du Maroc presarharien. *Annales de Paléontologie* 70: 115–58.

Lelièvre, H. 1988. Nouveau matériel d'*Antineosteus lehmani* Lelièvre 1984 (Placoderme, Brachythoraci) et d'Acanthodiens du Dévonien inférieur (Emsien) d'Algerie. *Bulletin du Muséum national d'histoire naturelle* 4: 287–302.

Lelièvre, H. 1991. New information on the structure and the systematic position of *Tafilalichthys lavocati* (Placoderme, Arthrodire) from the Late Devonian of Tafilalt, Morocco. Pp. 121–30 in Chang, M.M., Liu, Y.H., and Zhang, G.R. (eds), *Early vertebrates and related problems of evolutionary biology*. Science Press, Beijing.

Lelièvre, H., Janvier, P., and Goujet, D. 1981. Les vertébrés Dévoniens de l'Iran central: IV. Arthrodires et ptyctodontes. *Geobios* 14: 677–709.

Lelièvre, H., Feist, R., Goujet, D. and Blieck, A. 1987. Les vertébrés Dévoniens de la Montagne Noire (sud de la France) et leur apport à la phylogenie des Pachyosteomorphes (Placodermes, Arthrodires). *Palaeovertebrata* 17: 1–26.

Liu, H.-T. 1955. *Kiangyouosteus,* a new arthrodiran fish from Szechuan, China. *Acta Palaeontologica Sinica* 3: 261–74.

Liu, S.-F. 1973. New materials of *Bothriolepis shaokuanensis* and the age of the fish bearing beds. *Vertebrata PalAsiatica* 11: 36–42.

Liu, S.-F. 1974. The significance of the discovery of yunnanolepidoid fauna from Guanxi. *Vertebrata PalAsiatica* 12: 144–148.

Liu, S.-F. 1981. Occurrence of *Lunaspis* in China. *Chinese Science Bulletin* 26: 829.

Liu, S.-F. 1982a. Preliminary note of the Arthrodira from Guanxi, China. *Vertebrata PalAsiatica* 20: 106–14.

Liu, S.-F. 1982b. An arthrodire endocranium. *Vertebrata PalAsiatica* 20: 271–75.

Liu, T.-S., and P'an, K. 1958. Devonian fishes from the Wutung Series near Nanking, China. *Palaeontologica Sinica* 141: 1–41.

Liu, Y.-H. 1962. A new species of *Bothriolepis* from Yunnan. *Vertebrata PalAsiatica* 6: 80–85.

Liu, Y.-H. 1963. On the Antiarchi from Chutsing, Yunnan. *Vertebrata PalAsiatica* 7: 39–45.

Liu, Y.-H. 1979. On the arctolepid arthrodires from the Lower Devonian of Yunnan. *Vertebrata PalAsiatica* 17: 23–34.

Liu, Y.-H. 1991. On a new petalichthyid, *Eurycaraspis incilis* gen. et sp. nov., (placodermi, Pisces) from the Middle Devonian of Zhanyi, Yunnan. Pp. 139–77 in Chang, M.M., Liu, Y.H., and Zhang, G.R. (eds), *Early vertebrates and related problems of evolutionary biology*. Science Press, Beijing.

Liu, Y.-H., and Wang, J.-Q. 1981. On three new arthrodires from the Middle Devonian of Yunnan. *Vertebrata PalAsiatica* 19: 295–304.

Long, J.A. 1983. New bothriolepid fishes from the Late Devonian of Victoria, Australia. *Palaeontology* 26: 295–320.

Long, J.A. 1984a. A plethora of placoderms: the first vertebrates with jaws? Pp. 185–210 in Archer, M., and Clayton, G. (eds), *Vertebrate zoogeography and evolution in Australasia,* Hesperian Press, Carlisle, Australia.

Long, J.A. 1984b. New phyllolepids from Victoria and the relationships of the group. *Proceedings of the Linnean Society of New South Wales* 107: 263–304.

Long, J.A. 1984c. New placoderm fishes from the Early Devonian Buchan Group, eastern Victoria. *Proceedings of the Royal Society of Victoria* 96: 173–86.

Long, J.A. 1988a. New information on the Late Devonian arthrodire *Tubonasus* from Gogo, Western Australia. *Memoirs of the Association of Australasian Palaeontologists* 7: 81–85.

Long, J.A. 1988b. A new camuropiscid arthrodire (Pisces: Placodermi) from Gogo, Western Australia. *Zoological Journal of the Linnean Society* 94: 233–58.

Long, J.A. 1990. Two new arthrodires (placoderm fishes) from the Upper Devonian Gogo Formation, Western Australia. *Memoirs of the Queensland Museum* 28: 51–63.

Long, J.A. 1994a. A second incisoscutid arthrodire from Gogo, Western Australia. *Alcheringa* 18: 59–69.

Long, J.A. 1995a. A new groenlandaspidid arthrodire (Pisces; Placodermi) from the Middle Devonian Aztec Siltstone, southern Victoria Land, Antarctica. *Records of the Western Australian Museum* 17: 35–41.

Long, J.A. 1995b. A new plourdosteid arthrodire from the Late Devonian Gogo Formation, Western Australia: systematics and phylogenetic implications. *Palaeontology* 38: 1–24.

Long, J.A., and Werdelin, L. 1986. A new species of *Bothriolepis* (Placodermi, Antiarcha) from Tatong, Victoria, with descriptions of others from the state. *Alcheringa* 10: 355–99.

Long, J.A., and Young, G.C. 1988. Acanthothoracid remains from the Early Devonian of New South Wales, including a complete sclerotic capsule and pelvic girdle. *Memoirs of the Association of Australasian Palaeontologists* 7: 65–80.

Long, J.A., Trinajstic, K., and Johanson, Z. 2009. Devonian arthrodire embryos and the origin of internal fertilisation in vertebrates. *Nature* 457: 1124–26.

Long, J.A., Trinajstic, K., Young, G.C., and Senden, T. 2008. Live birth in the Devonian Period. *Nature* 453: 650–52.

Luksevics, E.V. 1991. New *Remigolepis* (Pisces, Antiarchi) from the Famennian deposits of the central Devonian field (Russia, Tula region) [in Russian]. *Daba un Muzejs* 3: 51–56.

Malinovskaya, S. 1973. *Stegolepis* (Antiarchi, Placodermi) a new Middle Devonian genus from central Kazakhstan [in Russian]. *Palaeontological Journal* 7: 189–99.

Malinovskaya, S. 1977. Taxonomical status of antiarchs from central Kazakhstan. Pp. 29–35 in *Essays on phylogeny and systematics of fossil fishes and agnathans.* Akademia Nauka, Moscow.

Malinovskaya, S. 1992. New Middle Devonian antiarchs (Placodermi) of central Kazakhstan. Pp. 177–84 in Mark-Kurik, E. (ed.) *Fossil fishes as living animals,* Academy of Sciences, Estonia.

Mark-Kurik, E. 1973a. *Actinolepis* (Arthrodira) from the Middle Devonian of Estonia. *Palaeontographica* 143A: 89–108.

Mark-Kurik, E. 1973b. *Kimaspis,* a new palaeacanthaspid from the early Devonian of central Asia. *Eesti NSV teaduste akadeemia toimetised* 22: 322–30.

Mark-Kurik, E. 1977. The structure of the shoulder girdle in early ptyctodontids. Pp. 61–70 in Menner, V.V. (ed), *Ocherki po filogenii i sistematike iskopaemykh ryb i beschelyustnykh,* Akademia Nauka, Moscow.

Mark-Kurik, E. 1992. The inferognathal in the Middle Devonian arthrodire *Homostius. Lethaia* 25: 173–78.

Miles, R.S. 1966a. The placoderm fish *Rhachiosteus pterygiatus* Gross and its relationships. *Transactions of the Royal Society of Edinburgh* 66: 377–92.

Miles, R.S. 1966b. *Protitanichthys* and some other coccosteomorph arthrodires from the Devonian of North America. *Kungliga Svenska Vetenskapakadamiens Hanlingar* 10: 1–49.

Miles, R.S. 1967a. Observations on the ptyctodontid fish *Rhamphodopsis* Watson. *Zoological Journal of the Linnean Society* 47: 99–120.

Miles, R.S. 1967b. The cervical joint and some aspects of the origin of the Placodermi. *Colloques internationale du C.N.R.S.* 163: 49–71.

Miles, R.S. 1968.The Old Red Sandstone antiarchs of Scotland. Family Bothriolepididae [monograph]. The Palaeontographical Society, London.

Miles, R.S. 1969. Features of placoderm diversification and the evolution of the arthrodire feeding mechanism. *Transactions of the Royal Society of Edinburgh* 68: 123–70.

Miles, R.S. 1971. The Holonematidae (placoderm fishes): a review based on new specimens of Holonema from the Upper Devonian of Western Australia. *Philosophical Transactions of the Royal Society of London* 263B: 101–234.

Miles, R.S. 1973. An actinolepid arthrodire from the Lower Devonian Peel Sound Formation, Prince of Wales Island. *Palaeontographica* 143A: 109–18.

Miles, R.S., and Dennis, K. 1979. A primitive eubrachythoracid arthrodire from Gogo, Western Australia. *Zoological Journal of the Linnean Society* 66: 31–62.

Miles, R.S., and Westoll, T.S. 1968. The placoderm fish *Coccosteus cuspidatus* Miller ex Agassiz from the Middle Old Red Sandstone of Scotland: I. Descriptive morphology. *Transactions of the Royal Society of Edinburgh* 67: 373–476.

Miles, R.S., and Young, G.C. 1977. Placoderm interrelationships reconsidered in the light of new ptyctodontids from Gogo, Western Australia. *Linnean Society Symposium Series* 4: 123–98.

Ørvig, T. 1957. Notes on some Palaeozoic lower vertebrates from Spitsbergen and North America. *Norsk geologische tiddskrifter* 37: 285–353.

Ørvig, T. 1960. New finds of acanthodians, arthrodires, crossopterygians, ganoids and dipnoans in the Upper Middle Devonian Calcareous Flags (Oberer Plattenkalk) of the Bergisch-Paffrath Trough (Part 1). *Paläontologische Zeitschrift* 34: 295–335.

Ørvig, T. 1962. Y a-t-il une relation directe entre les arthrodires ptyctodontides et les holocephales? *Colloques internationale du C.N.R.S.* 104: 49–61.

Ørvig, T. 1969. Vertebrates of the Wood Bay group and the position of the Emsian-Eifelian boundary. *Lethaia* 2: 273–328.

Ørvig, T. 1975. Description with special reference to the dermal skeleton, of a new radotinid arthrodire from the Gedinnian of Arctic Canada. *Colloques internationale du C.N.R.S.* 218: 41–71.

Ørvig, T. 1980a. Histologic studies of ostracoderms, placoderms and fossil elasmobranchs: III. Structure and growth of gnathalia in certain arthrodires. *Zoologica Scripta* 9: 141–59.

Ørvig, T. 1980b. Histologic studies of ostracoderms, placoderms and fossil elasmobranchs: IV. Ptyctodontid tooth plates and their bearing on holocephalan ancestry: the condition in chimaerids. *Zoologica Scripta* 14: 55–79.

Pageau, Y. 1969. Nouvelle faune ichtyologique de Dévonian moyen dans les Grès de Gaspé (Quebec): II. Morphologie et systematique. *Le Naturaliste Canadien* 96: 399–478, 805–89.

Pan, J. 1981. Devonian antiarch biostratigraphy of China. *Geological magazine* 118: 69–75.

Pan, J., Hou, F., Cao, J., Gu, Q., Liu, S.-Y., Wang, J., Gao, L., and Liu, C. 1987. *Continental Devonian of Ningxia and its biotas.* Geological Publishing House, Beijing.

Pan J., Wang, S.-T., Liu, S.-Y., Gu, G.-C., and Jia, H. 1980. Discovery of Devonian *Bothriolepis* and *Remigolepis* in Ninxia. *Acta Geologica Sinica* 54: 176–86.

Panteleyev, N. 1992. New remigolepids and high armoured antiarchs of Kirgizia. Pp. 185–92 in Mark-Kurik, E. (ed), *Fossil fishes as living animals.* Academy of Sciences, Estonia.

Ritchie, A. 1973. *Wuttagoonaspis* gen. nov., an unusual arthrodire from the Devonian of western New South Wales, Australia. *Palaeontographica* 143A: 58–72.

Ritchie, A. 1975. *Groenlandaspis* in Antarctica, Australia and Europe. *Nature* 254: 569–73.

Ritchie, A. 1984. A new placoderm, *Placolepis* gen. nov. (Phyllolepidae) from the Late Devonian of New South Wales, Australia. *Proceedings of the Linnean Society of New South Wales* 107: 321–53.

Ritchie, A. 2007. *Cowralepis*, a new genus of phyllolepid fish (Pisces, Placodermi) from the Late Middle Devonian of New South Wales, Australia. *Proceedings of the Linnean Society of New South Wales* 126: 215–59.

Ritchie, A., Wang, S.-T., Young, G.C., and Zhang, G.-R. 1992. The Sinolepidae, a family of antiarchs (placoderm fishes) from the Devonian of South China and eastern Australia. *Records of the Australian Museum* 44: 319–70.

Schultze, H.-P. 1973. Large Upper Devonian arthrodires from Iran. *Fieldiana Geology* 23: 53–78.

Schultze, H.-P. 1984. The head-shield of *Tiaraspis subtilis* (Gross) (Pisces, Arthrodira). *Proceedings of the Linnean Society of New South Wales* 107: 355–65.

Smith, M.M., and Johanson, Z. 2003. Separate evolutionary origins of teeth from evidence in fossil jawed vertebrates. *Science* 299: 1235–36.

Stensiö, E.A. 1925. On the head of macropetalichthyids with certain remarks on the head of other arthrodires. *Field Museum Natural History Publication Series* 4: 87–197.

Stensiö, E.A. 1931. On the Upper Devonian vertebrates of East Greenland. *Meddelesler om Grønland*. 86: 1–212.

Stensiö, E.A. 1936. On the Placodermi of the Upper Devonian of East Greenland. Supplement to Part 1. *Meddelesler om Grønland* 97 (1): 1–52.

Stensiö, E.A. 1939. On the Placodermi of the Upper Devonian of East Greenland. Second supplement to Part 1. *Meddelesler om Grønland* 97 (3): 1–33.

Stensiö, E.A. 1942. On the snout in arthrodires. *Kungliga Svenska Vetenskapakademiens Hanlingar* 20(3): 1–32.

Stensiö, E.A. 1944. Contributions to the knowledge of the vertebrate fauna of the Silurian and Devonian of Western Podolia: II. Notes on two arthrodires from the Downtonian of Podolia. *Arkiv für Zoologi* 35: 1–83.

Stensiö, E. A. 1948. On the Placodermi of the Upper Devonian of East Greenland: II. Antiarchi: subfamily Bothriolepinae. With an attempt at a revision of the previously described species of that family. *Meddelelser om Grønland* 139, Palaeozoologica Groenlandica, 2 : 1–622.

Stensiö, E.A. 1959. On the pectoral fin and shoulder girdle of the arthrodires. *Kungliga Svenska Vetenskapakademiens Hanlingar* 8: 1–229.

Stensiö, E.A. 1963. Anatomical studies on the arthrodiran head: I. Preface, geological and geographical distribution, the organization of the arthrodires, the anatomy of the head in the Dolichothoraci, Coccosteomorphi and Pachyosteomorphi. Taxonomic appendix. *Kungliga Svenska Vetenskapakademiens Hanlingar* 4 (9) 2: 1–419.

Stensiö, E.A. 1969a. Anatomie des arthrodires dans leur cadre systématique. *Annales de Paléontologie* 57: 151–86.

Stensiö, E.A. 1969b. Elasmobranchiomorphi Placodermata Arthrodires. Pp. 71–692 in Piveteau, J.P. (ed), *Traite de paléontologie*. Masson, Paris.

Trinajstic, K. 1995. The role of heterochrony in the evolution of the eubrachythoracid arthrodires with special reference to *Compagospiscis croucheri* and *Incisoscutum ritchiei* from the Late Devonian Gogo Formation, Western Australia. *Geobios, Memoire Special* 19: 125–28.

Trinajstic, K. 1999. New anatomical information on *Holonema* (Placodermi) based on material from the Frasnian Gogo Formation and the Givetian-Frasnian Gneudna Formation, Western Australia. *Geodiversitas* 21: 69–84.

Trinajstic, K.M., and Hazelton, M. 2007. Ontogeny, phenotypic variation and phylogenetic implications of arthrodires from Gogo Formation, Western Australia. *Journal of Vertebrate Paleontology* 27: 571–83.

Trinajstic, K.M., and McNamara, K.J.M. 1999. Heterochrony in the Late Devonian arthrodiran fishes *Compagopiscis* and *Incisoscutum*. *Records of the Western Australian Museum Supplement* 57: 93–106.

Trinajstic, K., and Long, J.A. 2009. A new genus and species of ptyctodont (Placodermi) from the Late Devonian Gneudna Formation, Western Australia, and an analysis of ptyctodont phylogeny. *Geological magazine* 146: 743–86.

Upeniece, I., and Upenieks, J. 1992. Young Upper Devonian antiarch (*Asterolepis*) individuals from the Lode quarry, Latvia. Pp. 167–76 in Mark-Kurik, E. (ed), *Fossil fishes as living animals*. Academy of Sciences, Estonia.

Vezina, D. 1986. Les plaques gnathales de *Plourdosteus canadensis* (Placodermi, Arthrodira) du Dévonien supérieur du Québec (Canada): remarques sue la croissance dentaire et al mécanique masticatrice. *Bulletin de la Muséum de l'histoire naturelle* 4th series, 8: 367–91.

Vezina, D. 1990. Les Plourdosteidae fam. nov. (Placodermi, Arthrodira) et leurs relations phyletiques au sein des Brachythoraci. *Canadian Journal of Earth Sciences* 27, 677–83.

Wang, J. 1982. New materials of Dinichthyidae. *Vertebrata PalAsiatica* 20: 181–86.

Wang, J. 1991a. The Antiarchi from the Early Silurian of Hunan. *Vertebrata PalAsiatica* 29: 240–44.

Wang, J. 1991b. New material of *Hunanolepis* from the Middle Devonian of Hunan, Pp. 213–47 in Chang, M.M., Liu, Y.H., and Zhang G.R. (eds), *Early vertebrates and related problems of evolutionary biology*. Science Press, Beijing.

Wang, J. 1991c. A fossil Arthrodira from Panxi, Yunnan. *Vertebrata PalAsiatica* 29: 264–75.

Wang, J., and Wang, N. 1983. A new genus of Coccosteidae. *Vertebrata PalAsiatica* 21: 1–8.

Wang, J., and Wang, N. 1984. New materials of Arthrodira from the Wuding Region, Yunnan. *Vertebrata PalAsiatica* 22: 1–7.

Wang, S.-T. 1987. A new antiarch from the Early Devonian of Guanxi. *Vertebrata PalAsiatica* 25: 81–90.

Wang, S.-T, and Cao, R., 1988. Discovery of Macropetalichthyidae from the Lower Devonian in Western Yunnan. *Vertebrata PalAsiatica* 26: 73–75.

Watson, D.M.S. 1934. The interpretation of arthrodires. *Proceedings of the Zoological Society of London* 3: 437–64.

Watson, D.M.S. 1938. On *Rhamphodopsis,* a ptyctodont from the middle Old Red Sandstone of Scotland. *Transactions of the Royal Society of Edinburgh* 59: 397–410.

Werdelin, L., and Long, J.A. 1986. Allometry in *Bothriolepis canadensis* Whiteaves (Placodermi, Antiarcha) and its significance to antiarch evolution. *Lethaia* 19: 161–69.

Westoll, T.S. 1945. The paired fins of placoderms. *Transactions of the Royal Society of Edinburgh* 61: 381–98.

Westoll, T.S. 1967. *Radotina* and other tesserate fishes. *Zoological Journal of the Linnean Society* 47: 83–98.

Westoll, T.S., and Miles, R.S. 1963. On an arctolepid fish from Gemünden. *Transactions of the Royal Society of Edinburgh* 65: 139–53.

White, E.I. 1952. Australian arthrodires. *Bulletin of the British Museum (Natural History), Geology* 1: 249–304.

White, E.I. 1978. The larger arthrodiran fishes from the area of the Burrinjuck Dam, N.S.W. *Transactions of the Zoological Society of London* 34: 149–262.

White, E.I., and Toombs, H.A. 1972. The buchanosteid arthrodires of Australia. *Bulletin of the British Museum (Natural History), Geology* 22: 379–419.

Woodward, A. S. 1941. The head shield of a new macropetalichthyid (*Notopetalichthys hillsi*; gen. et sp. nov.) from the Middle Devonian of Australia. *Annals and Magazine of Natural History* 8: 91–96.

Young, G.C. 1979. New information on the structure and relationships of *Buchanosteus* (Placodermi: Euarthrodira) from the Early Devonian of New South Wales. *Zoological Journal of the Linnean Society* 66: 309–52.

Young, G.C. 1980. A new Early Devonian placoderm from New South Wales, Australia, with a discussion of placoderm phylogeny. *Palaeontographica* 167A: 10–76.

Young, G.C. 1981. Biogeography of Devonian vertebrates. *Alcheringa* 5: 225–43.

Young, G.C. 1983. A new antiarchan fish (Placodermi) from the Late Devonian of southeastern Australia. *Bureau of Mineral Resources Journal of Australian Geology and Geophysics* 8: 71–81.

Young, G.C. 1984a. An asterolepidoid antiarch (placoderm fish) from the Early Devonian of the Georgina Basin, central Australia. *Alcheringa* 8: 65–80.

Young, G.C. 1984b. Comments on the phylogeny and biogeography of antiarchs (Devonian placoderm fishes), and the use of fossils in biogeography. *Proceedings of the Linnean Society of New South Wales* 107: 443–73.

Young, G.C. 1984c. Reconstruction of the jaws and braincase in the Devonian placoderm fish *Bothriolepis*. *Palaeontology* 27: 625–61.

Young, G.C. 1985. New discoveries of Devonian vertebrates from the Amadeus Basin, central Australia. *BMR Journal of Australian Geology and Geophysics* 9: 239–54.

Young, G.C. 1986. The relationships of placoderm fishes. *Zoological Journal of the Linnean Society* 88: 1–57.

Young, G.C. 1988a. Antiarchs (placoderm fishes) from the Devonian Aztec Siltstone, southern Victoria Land, Antarctica. *Palaeontographica* A202: 1–125.

Young, G.C. 1988b. New occurrences of phyllolepid placoderms from the Devonian of central Australia. *Bureau of Mineral Resources Journal of Australian Geology and Geophysics* 10: 363–76.

Young, G.C. 1990. New antiarchs (Devonian placoderm fishes) from Queensland, with comments on placoderm phylogeny and biogeography. *Memoirs of the Queensland Museum* 28: 35–50.

Young, G.C. 2003. A new species of *Atlantidosteus* Lelièvre, 1984 (placodermi, Arthrodira, Brachythoraci) from the Middle Devonian Broken River area (Queensland, Australia). *Geodiversitas* 25: 681–94.

Young, G.C. 2004a. Large brachythoracid arthrodires (placoderm fishes) from the early Devonian of Wee Jasper, New South Wales, Australia, with a discussion of basal brachythoracid characters. *Journal of Vertebrate Paleontology* 24: 1–17.

Young, G.C. 2004b. Homosteiid remains (placoderm fishes). From the Early Devonian of the Burrinjuck area, New South Wales. *Alcheringa* 28: 129–46.

Young, G.C. 2004c. A Devonian brachythoracid arthrodire skull (placoderm fish) from the Broken River area, Queensland. *Proceedings of the Linnean Society of New South Wales* 125: 43–56.

Young, G.C. 2005. Early Devonian arthrodire remains (Placodermi? Holonematidae) from the Burrinjuck area, New South Wales, Australia. *Geodiversitas* 27: 201–19.

Young, G.C. 2008a. The relationships of antiarchs (Devonian

placoderm fishes): evidence supporting placoderm monophyly. *Journal of Vertebrate Paleontology* 28: 626–36.

Young, G.C. 2008b. Number and arrangement of extraocular muscles in primitive gnathostomes: evidence from extinct placoderm fishes. *Biology Letters* 4: 410–14.

Young, G.C., and Goujet, D. 2003. Devonian fish remains from the Dulcie Sandstone and Cravens Peak beds, Georgina basin, central Australia. *Records of the Western Australian Museum Supplement* 65: 1–85.

Young, G.C., and Zhang, G. 1992. Structure and function of the pectoral joint and operculum in antiarchs, Devonian placoderm fishes. *Palaeontology* 35: 443–64.

Young, G.C., and Zhang, G. 1996. New information on the morphology of yunnanolepid antiarchs (placoderm fishes) from the Early Devonian of South China. *Journal of Vertebrate Paleontology* 16: 623–41.

Young, V.T. 1983. Taxonomy of the arthrodire *Phylctaenius* from the Lower or Middle Devonian of Campbellton, New Brunswick, Canada. *Bulletin of the British Museum (Natural History), Geology* 37: 1–35.

Zhang, G. 1978. The antiarchs from the Early Devonian of Yunnan. *Vertebrata PalAsiatica* 16: 147–86.

Zhang, G. 1984. New form of Antiarchi with primitive brachial process from Early Devonian of Yunnan. *Vertebrata PalAsiatica* 22: 81–91.

Zhang, G., and Liu, S. 1978. Fossil *Bothriolepis* from Yujiang Formation of Kwangsi. *Vertebrata PalAsiatica* 16: 4–6.

Zhang, G., and Liu, Y.-G. 1991. A new Antiarchi from the Upper Devonian of Jianxi, China. Pp. 67–85 in Chang, M.M., Liu, Y.H. and Zhang G.R. (eds), *Early vertebrates and related problems of evolutionary biology*. Science Press, Beijing.

Zhang, M. (Chang Meeman). 1980. Preliminary note on a Lower Devonian antiarch from Yunnan, China. *Vertebrata PalAsiatica* 18: 179–90.

Zhu, M. 1991. New information on *Diandongpetalichthys* (Placodermi: Petalichthyida). Pp. 179–94 in Chang, M.M., Liu, Y.H. and Zhang G.R. (eds), *Early vertebrates and related problems of evolutionary biology*. Science Press, Beijing.

Chapter 5. Sharks and Their Cartilaginous Kin

Anderson, M.E., Long, J.A., Gess, R.W. and Hiller, N.1999. An unusal new fossil shark (Pisces: Chondrichthyes) from the Late Devonian of South Africa. *Records of the Western Australian Museum Supplement* 57: 151–56.

Bendix-Almgreen, S.E. 1966. New investigations on *Helicoprion* from the Phosphoria Formation of South-east Idaho, U.S.A. *Biologia Danske Videnskabernes Selskabs Skrifter* 14: 1–54.

Bendix-Almgreen, S.E. 1975. The paired fins and shoulder girdle in *Cladoselache*, their morphology and phyletic significance. *Colloques internationale du C.N.R.S.* 218: 111–123.

Burrow, C.J., Hovestadt, D.C., Hovestadt-Euler, M., Turner, S., and Young, G.C. 2008. New information on the Devonian shark *Mcmurdodus*, based on material from western Queensland, Australia. *Acta Palaeontologica Polonica* 58: 155–63.

Carvalho, M.R. de, Maisey, J.G., Grande, L., 2004. Freshwater stingrays of the Green River Formation of Wyoming (early Eocene), with the description of a new genus and species and an analysis of its phylogenetic relationships (Chondrichthyes, Myliobatiformes). *Bulletin of the American Museum of Natural History* 284: 1–136.

Coates, M.I., and Sequiera, S.E.K. 2001. A new stethacanthid chondrichthyan from the Lower Carboniferous of Bearsden, Scotland. *Journal of Vertebrate Paleontology* 21: 438–59.

De Pomeroy, A.M. 1994. Mid-Devonian chondrichthyan scales from the Broken River, North Queensland, Australia. *Memoirs of the Queensland Museum* 37: 87–114.

Dick, J.R.F. 1978. On the Carboniferous shark *Tristychius arcuatus* Agassiz from Scotland. *Transactions of the Royal Society of Edinburgh* 70: 63–109.

Dick, J.F.R., and Maisey, J.G. 1980. The Scottish Lower Carboniferous shark *Onychoselache traquairi*. *Palaeontology* 23: 363–74.

Downes, J.P., and Daeschler, E. B. 2001. Variation within a large sample of *Ageleodus pectinatus* teeth (Chondrichthyes) from the Late Devonian of Pennsylvania, U.S.A. *Journal of Vertebrate Paleontology* 21: 811–14.

Duffin, C. J., and Ward, D.J.1983. Neoselachian sharks teeth from the Lower Carboniferous of Britain and the Lower Permian of the U.S.A. *Palaeontology* 26: 93–110.

Eastman, C.R. 1899. Descriptions of new species of *Diplodus* teeth from the Devonian of northeastern Illinois. *Journal of Geology* 7: 489–93.

Ehret, D.J., Hubbell, G., and McFadden, B. 2009. Exceptional preservation of the White Shark *Carcharodon* (Lamniformes, Lamnidae) from the Early Pliocene of Peru. *Journal of Vertebrate Paleontology* 29: 1–13.

Friman, L. 1983. *Ohiolepis*-Schuppen aus dem unteren Mitteldevon der Eifel (Rheinisches Schiefergebirge). *Neues Jahrbuch für Geologie und Paläontologie Monatshefte* H.4: 228–36.

Ginter, M. 1990. Late Famennian sharks from the Holy Cross Mountains, central Poland. *Acta Geologica Polonica* 40: 69–81.

Ginter, M. 2001.Chondrichthyan biofacies in the Late Famennian of Utah and Nevada. *Journal of Vertebrate Paleontology* 21: 714–29.

Ginter, M., and Ivanov, A. 1992. Devonian phoebodont shark teeth. *Acta Palaeontologica Polonica* 37: 55–75.

Goto, M. 1987. *Chlamydoselachus angineus*—a living cladodont shark. *Report of Japanese Group for Elasmobranch Studies* 23: 11–13.

Grogan, E.D., and Lund, R. 2000. *Debeerius ellefseni* (fam. nov., gen. nov. sp. nov.), an autodiastylic chondrichthyan from the Mississippian Bear Gulch Limestone of Montana (USA), the relationships of the Chondrichthyes, and comments on gnathostome evolution. *Journal of Morphology* 243: 219–45.

Grogan, E.D., and Lund, R. 2008. A basal elasmobranch, *Thrinacoselache gracia* n. gen. and sp. (Thrinacodontidae, new family) from the Bear Gulch Limestone, Serpukhovian of Montana, USA. *Journal of Vertebrate Paleontology* 28: 970–88.

Gross, W. 1938. Das Kopfskelett von *Cladodus wildungensis* Jaekel: II. Der Kieferborgen. Anhang: *Protacrodus vetustus* Jaekel. *Senckenbergiana* 20: 123–45.

Gross, W. 1973. Kleinschuppen, Flossenstacheln und Zahne aus europischen und nordamerikanischen Bonebeds des Devons. *Palaeontographica* 142A: 51–155.

Hairapetian, V., Ginter, M., and Yazdi, M. 2008. Early Frasnian sharks from Iran. *Acta Geologica Polonica* 58: 173–79.

Hampe, O. 1988. Uber die Bezahnung des Orthacanthus (Chondrichthyes: Xenacanthida; Oberkarbon Unterperm). *Paläontologische Zeitschrift* 62: 285–96.

Hampe, O. 1989. Revision der *Triodus* Arten (Chondrichthyes: Xenacanthida) aus dem saarpfalzischen Rotliegenden (Oberkarbon Perm, SW Deutschland) aufgrund ihrer Bezahnung. *Paläontogische Zeitschrift* 63: 79–101.

Hampe, O. 1991. Histological investigations on fossil teeth of the shark order Xenacanthida (Chondrichthyes: Elasmobranchii) as revealed by flourescence microscopy. *Leica Scientific and Technical Information* 10 (1): 17–27.

Hampe, O. 1993a. Growth anomalies in xenacanthid teeth. P. 29 in Turner, S. (ed), *Abstracts of the IGCP 328 Gross Symposium*. Université des Sciences et Technologies de Lille, France.

Hampe, O. 1993b. Variation of xenacanthid teeth in the Permo-carboniferous deposits of the Saar-Nahe Basin (SW Germany). Pp. 37–51 in Heideke, U. (ed) *New research on Permo-Carboniferous faunas*. Pollichia-Buch, Bad Durkheim, Germany.

Hampe, O. 1994. Neue erkenntnisse zur permokarbonischen Xenacanthiden-Fauna (Chondrichthyes, Elasmobranchii) und deren Verbreitung im südwestdeutschen Saar-Nahe-Becken. *Neues Jahrbuch für Geologie und Palaeontologie Ablandlungen* 192: 53–87.

Hampe, O., and Ivanov, A. 2007. Bransonelliformes: a new order of the Xenacanthimorpha (Chondrichthyes, Elasmobranchii). *Fossil Record* 10: 190–94.

Hampe, O., and Long, J.A., 1999. The histology of Middle Devonian chondrichthyan teeth from southern Victoria Land, Antarctica. *Records of the Western Australian Museum Supplement* 57: 23–36.

Hanke, G.F., and Wilson, M.V.H. 2004. New teleostome fishes and acanthodian systematics. Pp. 289–316 in Arratia, G., Wilson, M.V.H., and Cloutier, R. (eds), *Recent advances in the origin and early radiation of vertebrates*. Verlag F. Pfeil, Munich.

Hansen, M.C. 1978. A presumed lower dentition and spine of a Permian petalodontiform chondrichthyan, *Megactenopetalus kaibabanus*. *Journal of Paleontology* 52: 55–60.

Hansen, M. 1988. Microscopic chondrichthyan remains from Pennsylvanian marine rocks of Ohio and adjacent regions. *Ichthyolith Issues* 1: 6–7.

Harris, J. E. 1951. *Diademodus hydei*, a new fossil shark from the Cleveland Shale. *Proceedings of the Zoological Society of London* 120: 683–97.

Janvier, P. 1976. Description de restes d'Elasmobranches (Pisces) du Dévonien moyen de Bolivie. *Palaeovertebrata* 7: 126–32.

Janvier, P. 1987. Les vértebrés siluriens et dévoniens de Bolivie: remarques particulières sur le Chondrichthyens. In IV Congresso Latinamericano de Palaeontologia, Santa-Cruz 1: 159–78.

Janvier, P., and Dingerkus, G. 1991. Le synarcual de *Pucapampella* Janvier et Suarez-Riglos: une prevue de l'existence d'Holocephales (Vertebrata, Chondrichthyes) dès le Dévonien moyen. *Compte-Rendus de l'Académie des Sciences, Paris* 312: 549–52.

Johnson, G.D. 1980. Xenacanthodii (Chondrichthyes) from the Tecovas Formation (Late Triassic) of west Texas. *Journal of Paleontology* 54: 923–32.

Johnson, G.D. 1984. A new species of Xenacanthodii (Chondrichthyes, Elasmobranchii) from the Late Pennsylvanian of Nebraska. *Carnegie Museum of Natural History, Special Publications* 9: 178–86.

Karatajute-Talimaa, V.N. 1973. *Elegestolepis grossi* gen. et sp. nov., ein neuer typ der Placoidschuppe aus dem oberen Silur der Tuwa. *Palaeontographica* 143A: 35–50.

Karatajute-Talimaa, V. 1992. The early stages of the dermal skeleton formation of chondrichthyans. Pp. 223–43 in Mark-Kurik, E. (ed), *Fossil fishes as living animals*. Academy of Sciences, Estonia.

Karatajute-Talimaa, V.N., Novitskaya, L.I., Rozman, K.S., and Sodov, Z. 1990. *Mongolepis*—a new Lower Silurian genus of elasmobranchs from Mongolia. *Palaeontological Journal* 1: 37–48.

Klug, S. 2009. A new palaeospinacid shark (Chondrichthyes, Neoselachii) from the Upper Jurassic of Southern Germany. *Journal of Vertebrate Paleontology* 29: 326–35.

Leu, M.R. 1989. A Late Permian freshwater shark from eastern Australia. *Palaeontology* 32: 265–86.

Liu, G.-B., and Wang, Q., 1994. New material of *Sinohelicoprion* from Changxing, Zhejiang Province. *Vertebrata PalAsiatica* 32: 245–47.

Long, J.A. 1990. Late Devonian chondrichthyans and other microvertebrate remains from northern Thailand. *Journal of Vertebrate Paleontology* 10: 59–71.

Long, J.A., and Young, G.C. 1995. Sharks from the Middle-Late Devonian Aztec Siltstone, southern Victoria Land, Antarctica. *Records of the Western Australian Museum* 17: 287–308.

Lund, R. 1974a. *Squatinactis caudispinatus*, a new elasmobranch from the Upper Mississippian of Montana. *Annals of the Carnegie Museum of Natural History* 45: 43–55.

Lund, R. 1974b. *Stethacanthus altonensis* (Elasmobranchii) from the Bear Gulch Limestone of Montana. *Annals of the Carnegie Museum of Natural History* 45: 161–78.

Lund, R. 1977a. New information on the evolution of the bradyodont chondrichthyans. *Fieldiana Geology* 33: 521–39.

Lund, R. 1977b. A new petalodont (Chondrichthyes, Bradyodonti) from the Upper Mississippian of Montana. *Annals of the Carnegie Museum of Natural History* 46: 129–55.

Lund, R. 1977c. *Echinochimera meltoni*, new genus and species (Chimaeriformes) from the Mississippian of Montana. *Annals of the Carnegie Museum of Natural History* 46: 195–221.

Lund, R. 1980. Viviparity and interuterine feeding in a new holocephalan fish from the Lower Carboniferous of Montana. *Science* 209: 697–99.

Lund, R. 1982. *Harpagofututor volsellorhinus* new genus and species (Chondrichthyes, Chondrenchelyiformes) from the Namurian Bear Gulch Limestone, Chondrenchelys problematica Traquair (Visean), and their sexual dimorphism. *Journal of Paleontology* 56: 938–58.

Lund, R. 1983. On a dentition of *Polyrhizodus* (Chondrichthyes, Petalodontiformes) from the Namurian Bear Gulch Limestone of Montana. *Journal of Vertebrate Paleontology* 3: 1–6.

Lund, R. 1985a. Stethacanthid elasmobranch remains from the Bear Gulch Limestone (Namurian E2b) of Montana. *American Museum Novitates* 2828: 1–24.

Lund, R. 1985b. The morphology of *Falcatus falcatus* (St. John and Worthen), a Mississippian stethacanthid chondrichthyan from the Bear Gulch Limestone of Monatana. *Journal of Vertebrate Paleontology* 5: 1–19.

Lund, R. 1986a. New Mississippian holocephalan (Chondrichthyes) and the evolution of the Holocephali. Pp. 195–205 in Rusell, D.E., Santoro, J.-P., and Sigogneau-Russell, D. (eds), *Teeth revisited: Proceedings of the VIIth International Symposium on dental morphology*, Paris.

Lund, R. 1986b. On *Damocles serratus* nov. gen. et sp. (Elasmobranchii: Cladodontida) from the Upper Mississippian Bear Gulch Limestone of Montana. *Journal of Vertebrate Paleontology* 6: 12–19.

Lund, R. 1986c. The diversity and relationships of the Holocephali. Pp. 97–106 in Uyeno, T., Arai, R., Taniuchi, T., and Matsuura, K. (eds), *Indo-Pacific fish biology: Proceedings of the Second International Conference on Indo-Pacific Fishes*. Ichthyological Society of Japan.

Lund, R. 1989. New petalodonts (Chondrichthyes) from the Upper Mississippian Bear Gulch Limestone (Namurian E2b) of Montana. *Journal of Vertebrate Paleontology* 9: 350–68.

Lund, R., 1990. Chondrichthyan life history styles as revealed by the 320 million years old Mississippian of Montana. *Environmental Biology of Fishes* 27: 1–19.

Mader, H. 1986. Schuppen und Zahne von Acanthodiern und Elasmobranchiern aus dem Unter-Devon Spaniens (Pisces). *Gottinger Arbeiten zur Geologie und Paläontologie* 28: 1–59.

Mader, H., and Schultze, H.-P. 1987. Elasmobranchier-reste aus dem Unterkarbon des Rheinisches Schieferbirges und des Harzes (W-Deutchsland). *Neues Jahrbuch für Paläontologie und Geologie, Abhandlang* 175: 317–46.

Maisey, J.G. 1975. The interrelationships of the phalacanthous selachians. *Neues Jahrbuch für Geologie und Palaeontologie Ablandungen* 9: 553–67.

Maisey, J.G. 1977a. Structural notes on a cladoselachian dorsal spine. *Neues Jahrbuch für Geologie und Paläontologie, Monaltschafte* 47–55.

Maisey, J.G. 1977b. The fossil selachian fishes *Palaeospinax* Egerton 1872, and *Nemacanthus* Agassiz 1837. *Zoological Journal of the Linnean Society* 60: 259–73.

Maisey, J.G. 1978. Preservation and prefossilisation of fossil finspines. *Neues Jahrbuch für Geologie und Paläontologie, Monaltschafte* 1978: 595–99.

Maisey, J.G. 1980. An evaluation of jaw suspension in sharks. *American Museum Novitates* 2706: 1–17.

Maisey, J.G. 1981. Studies on the Palaeozoic selachian genus *Ctenacanthus* Agassiz: I. Historical review and revised diagnosis of *Ctenacanthus*, with a list of referred taxa. *American Museum Novitates* 2718: 1–22.

Maisey, J.G. 1982. Studies on the Palaeozoic selachian genus *Ctenacanthus* Agassiz: II. *Bythiacanthus* St. John and Worthen, *Amelacanthus,* new genus, *Eunemacanthus* St. John and Worthen, Sphenacanthus Agassiz, and Wodnika Münster. *American Museum Novitates* 2722: 1–24.

Maisey, J.G. 1983. Some Pennsylvanian chondrichthyan spines from Nebraska. *Transactions of the Nebraska Academy of Sciences* 11: 81–84.

Maisey, J.G. 1984a. Studies on the Palaeozoic selachian genus *Ctenacanthus* Agassiz: III. Nominal species referred to *Ctenacanthus*. *American Museum Novitates* 2774: 1–20.

Maisey, J.G. 1984b. Chondrichthyan phylogeny: a new look at the evidence. *Journal of Vertebrate Paleontology* 4: 359–71.

Maisey, J.G. 1989a. *Hamiltonichthys mapesi* g. and sp. nov. (chondrichthyes: Elasmobranchii) from the Upper Pennsylvanian of Kansas. *American Museum Novitates* 2931: 1–42.

Maisey, J.G. 1989b. Visceral skeleton and musculature of a Late Devonian shark. *Journal of Vertebrate Paleontology* 9: 174–90.

Maisey, J.G. 2001a. A primitive chondrichthyan braincase from the Middle Devonian of Bolivia. Pp. 263–88 in Ahlberg, P.E. (ed), *Major events in early vertebrate evolution: paleontology, phylogeny, genetics, and development*. Taylor and Francis, New York.

Maisey, J.G. 2001b. CT-scan reveals new cranial features in Devonian chondrichthyan "*Cladodus*" *wildungensis*. *Journal of Vertebrate Paleontology* 21(4): 807–10.

Maisey, J.G. 2004a. Endocranial morphology in fossil and recent chondrichthyans. Pp. 139–70 in Arratia, G., Wilson, M., and Cloutier, M. (eds), *Recent advances in the origin and radiation of early vertebrates*. Verlag F. Pfeil, Munich.

Maisey, J.G. 2004b. Morphology of the braincase in the broadnose sevengill shark *Notorynchus* (Elasmobranchii, Hexanchiformes), based on CT scanning. *American Museum Novitates* 3351: 1–52.

Maisey, J.G. 2005. Braincase of the upper Devonian shark *Cladodoides wildungensis* (Chondrichthyes, Elasmobranchii), with observations on the braincase in early chondrichthyans. *Bulletin of the American Museum of Natural History* 288: 1–103.

Maisey, J.G. 2008. The fossil selachian fishes *Palaeospinax* Egerton, 1872, and *Nemacanthus* Agassiz, 1837. *Zoological Journal of the Linnean Society* 60: 259–73.

Maisey, J.G., and Anderson, M.E. 2001. A primitive chondrichthyan braincase from the Early Devonian of South Africa. *Journal of Vertebrate Paleontology* 21: 702–13.

Maisey, J.G., and de Carvalho, M.R. 1997. A new look at old sharks. *Nature* 385: 779–80.

Maisey, J., Miller, R., and Turner, S. 2009. The braincase of the chondrichthyan *Doliodus* from the Lower Devonian Campbellton Formation of New Brunswick, Canada. *Acta Zoologica* 90 (Supple.): S109–S22.

Maisey, J.G., Naylor, G.J.P., and Ward. D.J. 2004. Mesozoic elasmobranchs, neoselachian phylogeny and the rise of modern elasmobranch diversity. Pp. 17–56 in Arratia, M., and Tintori, A. (eds), *Mesozoic Fishes 3–systematics, paleoenvironments and biodiversity*. Verlag F. Pfeil, Munich.

Miller, R.F., Cloutier, R. and Turner, S. 2003. The oldest articulated chondrichthyan from the Early Devonian Period. *Nature* 425: 501–4.

Moy-Thomas, J.A. 1936. The structure and affinities of the fossil elasmobranch fishes from the Lower Carboniferous rocks of Glencartholm, Eskdale. *Proceedings of the Zoological Society of London* 1936: 761–88.

Moy-Thomas, J.A. 1939. The early evolution and relationships of the elasmobranchs. *Biological Reviews* 14: 1–26.

Neilsen, E. 1932. Permo-Carboniferous fishes from East Greenland. *Meddelesler om Grønland* 86: 1–63.

Neilsen, E. 1952. On new or little known Edestidae from the Permian and Triassic of East Greenland. *Meddelesler om Grønland* 144: 1–55.

Newberry, J.S., and Worthen, A.H. 1870. Descriptions of fossil vertebrates. *Geological Survey of Illinois* 4: 347–74.

Obruchev, D. 1953. Studies on the edestids and the works of A.P. Karpinski. U.S.S.R. *Academy of Sciences Paleontological Journal* 45: 1–86.

Oelofsen, B. 1981. The fossil record of the Class Chondrichthyes in southern Africa. *Palaeontologica Africana* 24: 11–13.

Ørvig, T. 1967. Histologic studies of ostracoderms and fossil elasmobranchs: II. On the dermal skeleton of two late Palaeozoic elasmobranchs. *Arkivi Zoologica Kungliga Svenska Vetenskapakamiens* 19: 1–39.

Ossian, C. 1976. Redescription of *Megactenopetalus kaibabanus* David 1944 (Chondrichthyes, Petalodontidae) with comments on its geographic and stratigraphic distribution. *Journal of Paleontology* 50: 392–97.

Patterson, C. 1965. The phylogeny of the chimaeroids. *Philosophical Transactions of the Royal Society of London* 249 B: 101–219.

Patterson, C. 1968. *Menaspis* and the bradyodonts. *Nobel Symposium* 4: 171–205.

Pfeil, F.H. 1983. Zahnmorphologische Untersuchungen an rezenten und fossilen Haien der Ordnungen Chlamydoselachiformes und Echinorhiniformes. *Palaeoichthyologica* 1: 13–15.

Pradel, A., Langer, M., Maisey, J.G., Geffard-Kuriyama, D.,

Cloetens, P., Janvier, P., and Tafforeau, P. 2009. Skull and brain of a 300-million-year-old chimaerid fish revealed by synchrotron tomography. *Proceedings of the National Aacdemy of Sciences* 106: 5224–228.

Reif, W-E. 1978. Types of morphogenesis of the dermal skeleton in fossil sharks. *Paläontologische Zeitschrift* 52: 110–28.

Reif, W.-E. 1982. The evolution of the dermal skeleton and dentition in vertebrates. The odontode regulation theory. *Evolutionary Biology* 15: 287–368.

Reif, W.-E. 1985. Squamation and ecology of sharks. *Courier Forschungsinstitut Senckenberg* 78: 1–255.

Romer, A.S. 1964. The braincase of the Palaeozoic elasmobranch *Tamiobatis*. *Bulletin of the Museum of Comparative Zoology* 131: 89–106.

Schaeffer, B. 1967. Comments on elasmobranch evolution. Pp. 3–35 in Gilbert, P.W., Mathewson, R.F., and Rall, D.P. (eds), *Sharks, skates, and rays*. Johns Hopkins Press, Baltimore.

Schaeffer, B. 1981. The xenacanth shark neurocranium, with comments on elasmobranch monophyly. *Bulletin of the American Museum of Natural History* 169: 1–66.

Schaeffer, B., and Williams, M. 1977. Relationships of fossil and living elasmobranchs. American Zoologist 17: 101–9.

Schneider, J. 1988. Grundlagen der morphologie, taxonomie und biostratigraphie isolieter xenacanthodier-zähne (Elasmobranchii). *Heiberger Forschungschefte* 1988: 71–80.

Stensiö, E.A. 1937. Notes on the endocranium of a Devonian *Cladodus*. *Bulletin of the Geological Institute of Uppsala* 27: 128–44.

Stritzke, R. 1986. Xenacanthid shark teeth in Middle Devonian Limestones of the Rhenish Schiefergebirge, West Germany. *Journal of Paleontology* 60: 1134–35.

St. John, O.H., and Worthen, A.H. 1875. Descriptions of fossil fishes. *Geological Survey of Illinois* 6: 245–488.

Teichert, C. 1940. *Helicoprion* in the Permian of Western Australia. *Journal of Paleontology* 14: 140–49.

Traquair, R.H. 1884. Description of a fossil shark (*Ctenacanthus costellatus*) from the Lower Carboniferous rocks of Eskdale, Dumfriesshire. *Geological magazine* 1(3): 7–8.

Turner, S. 1982. Middle Palaeozoic elasmobranchs remains from Australia. *Journal of Vertebrate Paleontology* 2: 117–31.

Turner, S. 1983. Taxonomic note on "*Harpago.*" *Journal of Vertebrate Paleontology* 3: 38.

Turner, S. 1985. Remarks on the early history of chondrichthyans, thelodonts, and some "higher elasmobranchs." *Geological Survey of New Zealand Record* 9: 93–95.

Turner, S. 1990. Lower Carboniferous shark remains from the Rockhampton district, Queensland. *Memoirs of the Queensland Museum* 28: 65–73.

Turner, S. 1993. Palaeozoic microvertebrates from eastern Gondwana. Pp. 174–207 in Long, J. (ed), *Palaeozoic vertebrate biostratigraphy and biogeography*. Belhaven Press, London.

Turner, S., and Hansen, M.C. in press. *Ageleodus pectinatus* and other Lower Carboniferous shark remains from the Narrien Range, central Queensland. *Journal of Vertebrate Paleontology*.

Turner, S., and Young, G.C., 1987. Shark teeth from the Early-Middle Devonian Cravens Peak Beds. *Alcheringa* 11: 233–44.

Williams, M.E. 1985. The "Cladodont level" sharks of the Pennsylvanian Black Shales of central North America. *Palaeontographica* 190A: 83–158.

Williams, M. 1992. Jaws, the early years. Feeding behavior in Cleveland Shale sharks. *Explorer*, The Cleveland Museum of Natural History, Ohio, summer: 4–8.

Woodward, A.S. 1891. *Catalogue of the fossil fishes in the British Museum (Natural History), Cromwell Rd, SW: II. Elasmobranchii*. Trustees, British Museum, of Natural History, London.

Young, G.C. 1982. Devonian sharks from south-eastern Australia and Antarctica. *Palaeontology* 25: 817–43.

Zangerl, R. 1973. Interrelationships of early chondrichthyans. *Journal of the Linnean Society of London* 1: S1–S14.

Zangerl, R. 1979. New chondrichthyans from the Mazon Creek fauna (Pennsylvanian) of Illinois. Pp. 449–500 in Nitecki, M. (ed), *Mazon Creek faunas*. Academic Press, New York.

Zangerl, R. 1981. Paleozoic Chondrichthyes. In Schultze, H.-P. (ed), *Handbook of paleoichthyology,* part 3A. Gustav Fischer Verlag, Stuttgart, Germany.

Zangerl, R., and Case, G.R. 1973. Iniopterygia, a new order of chondrichthyan fishes from the Pennsylvanian of North America. *Fieldiana Geology* 6: 1–67.

Zangerl, R., and Case, G.R. 1976. *Cobelodus aculeatus* (Cope), an anacanthous shark from Pennsylvanian Black Shales of North America. *Palaeontographica* 154 (A): 107–57.

Zangerl, R., and Williams, M. 1975. New evidence on the nature of the jaw suspension in Palaeozoic anacanthous sharks. *Palaeontology* 18: 333–41.

Zidek, J. 1973. Oklahoma paleoichthyology: II. Elasmobranchii (*Cladodus,* minute elements of cladoselachian derivation, *Dittodus, Petrodus*). *Oklahoma Geology Notes* 33: 87–103.

Zidek, J. 1976. Oklahoma paleoichthyology: IV. Chondrichthyes. *Oklahoma Geology Notes* 36: 175–92.

Zidek, J. 1990. Xenacanth genera: how many and how to tell them apart? Pp. 30–32 in abracts volume of *Symposium on "New results on Permocarboniferous fauna."* Pfalzmuseum für Naturkunde, Bad Durkheim, Germany.

Chapter 6. Spiny-Jawed Fishes

Bernacsek, G.M., and Dineley, D.L. 1977. New acanthodians from the Delorme Formation (Lower Devonian) of Northwest Territories, Canada. *Palaeontographica* 158A: 1–25.

Burrow, C.J. 2004. Acanthodian fishes with dentigerous jawbones: the Ischnacanthiformes and *Acanthodopsis*. *Fossils and Strata* 50: 8–22.

Burrow, C.J., and Young, G.C. 1999. An articulated teleostome fish from the Late Silurian (Ludlow) of Victoria, Australia. *Records of the Western Australian Museum Supplement* 57: 1–14.

Burrow, CJ., and Young, G.C. 2004. Diplacanthid acanthodians from Aztec Siltstone (late Middle Devonian) of southern Victoria Land, Antarctica. *Fossils and Strata* 50: 23–43.

Dean, B. 1907. Notes on acanthodian sharks. *American Journal of Anatomy* 7: 209–22.

Denison, R.H. 1976. Note on the dentigerous jaw bones of Acanthodii. *Neues Jahrbuch für Geologie und Paläontologie Monatshefte* 395–99.

Denison, R.H. 1979. Acanthodii. In Schultze, H.-P. (ed). *Handbook of paleoichthyology*, part 5. Gustav Fischer Verlag, Stuttgart, Germany.

Forey, P.L., and Young, V.T. 1985. Acanthodian and coelacanth fish from the Dinantian of Foulden, Berwickshire, Scotland. *Transactions of the Royal Society of Edinburgh, Earth Sciences* 76: 53–59.

Fritsch, A. 1893. *Fauna der Gaskohle und Kalksteine der Permformation Böhemens. Band III, Heft 2: Selachii (Traquaira, Protacanthodes, Acanthodes). Actinopterygii (Megalichthys, Trissolepis)*. Selbstverlag, Prague.

Gagnier, P.-Y., and Wilson, M.V.H. 1996. Early Devonian acanthodians from Northern Canada. *Palaeontology* 39: 241–58.

Gross, W. 1940. Acanthodier und Placodermen aus Heterostius-Schichten Estlands und Lettlands. *Annales Societatis rebus naturae investigandis in Universitate Tartuensi* 46: 1–79.

Gross, W. 1947. Die Agnathan und Acanthodier des obersilurischen Beyrichienkalks. *Palaeontographica* 96A: 91–161.

Gross, W. 1971. Downtonische und Dittonische Acanthodier-Reste des Ostseegebietes. *Palaeontographica* 136A: 1–82.

Hancock, A., and Atthey, T. 1868. Notes on the remains of some reptiles and fishes from the shales of the Northumberland coal-field. *Annals of the Magazine of Natural History* 1(4): 266–78, 346–78.

Hanke, G. 2001. A revised interpretation of the anatomy and relationships of *Lupopsyrus pygmaeus* (Acanthodii, Climatiiformes?). *Journal of Vertebrate Paleontology* 21: 58A.

Hanke, G. 2002. *Paucicanthus vanelsti* gen. et sp. nov., an Early Devonian (Lochkovian) acanthodian that lacks paired fin-spines. *Canadian Journal of Earth Sciences* 39: 1071–83.

Hanke, G.F., Davis, S.P., and Wilson, M.V.H. 2001. New species of the acanthodian genus *Tetanopsyrus* from northern Canada and comments on related taxa. *Journal of Vertebrate Paleontology* 21: 740–53.

Hanke, G.F., and Wilson, M.V.H. 2004. New teleostome fishes and acanthodian systematics. Pp. 289–316 in Arratia, G., Wilson, M.V.H., and Cloutier, R. (eds), *Recent advances in the origin and early radiation of vertebrates*. Verlag F. Pfeil, Munich.

Hanke, G.F., Wilson, M.W., and Lindow, K.L.A. 2001. New species of Silurian acanthodians from the Mackenzie Mountains, Canada. *Canadian Journal of Earth Sciences* 38: 1517–29.

Heyler, D. 1969. *Vertébrés de l'Autunien de France*. Cahiers de Paléontologie, C.N.R.S., Paris.

Janvier, P. 1974. Preliminary report on Late Devonian fishes from central Iran. *Geological Survey of Iran* 31: 5–48.

Janvier, P., and Melo, J.H.G. de. 1988. Acanthodian fish remains from the Upper Silurian or Lower Devonian of the Amazon Basin, Brazil. *Palaeontology* 31: 771–77.

Janvier, P., and Melo, J.H.G. de. 1992. New acanthodian and chondrichthyan remains from the Lower and Middle Devonian of Brazil. *Neues Jahrbuch für Geologie und Palaeontologie Abhandlungen* 164: 364–92.

Jarvik, E. 1977. The systematic position of acanthodian fishes. Pp. 199–225 in Andrews, S.M., Miles, R.S., and Walker, A.D. (eds), *Problems in vertebrate evolution*. Academic Press, London.

Liu, S.-F. 1973. Some new acanthodian fossil materials from the Devonian of South China. *Vertebrata PalAsiatica* 11: 144–47.

Long, J.A. 1983. A new diplacanthoid acanthodian from the Late Devonian of Victoria. *Memoirs of the Association of Australasian Palaeontologists* 1: 51-65.

Long, J.A. 1986a. A new Late Devonian acanthodian fish from Mt. Howitt, Victoria, Australia, with remarks on acanthodian biogeography. *Proceedings of the Royal Society of Victoria* 98: 1–17.

Long, J.A. 1986b. New ischnacanthid acanthodians from the Early Devonian of Australia, with a discussion of acanthodian interrelationships. *Zoological Journal of the Linnean Society* 87: 321–39.

Long, J.A. 1990. Fishes. Pp. 255–78 in McNamara, K.J. (ed), *Evolutionary trends*. Belhaven Press, London.

Long, J.A., Burrow, C.J., and Ritchie, A. 2004. A new Late Devonian acanthodian fish from the Hunter Formation near Grenfell, New South Wales. *Alcheringa* 28: 147–56.

Miles, R.S. 1964. A reinterpretation of the visceral skeleton of *Acanthodes. Nature* 204: 457–59.

Miles, R.S. 1965. Some features in the cranial morphology of acanthodians and the relationship of the Acanthodii. *Acta Zoologica Stockholm* 46: 233–55.

Miles, R.S. 1966. The acanthodian fishes of the Devonian Plattenkalk of the Paffrath Trough in the Rhineland with an appendix containing a classification of the Acanthodii and a revision of the genus *Homalacanthus. Arkiv für Zoologi* (Stockholm) 2nd series 18: 147–94.

Miles, R.S. 1970. Remarks on the vertebral column and caudal fin of acanthodian fishes. *Lethaia* 3: 343–62.

Miles, R.S. 1973a. Relationships of acanthodians. Pp. 63–104 in Greenwood, P.H., Miles, R.S., and Patterson, C. (eds), *Interrelationships of fishes*. Academic Press: London.

Miles, R.S. 1973b. Articulated acanthodian fishes from the Old Red Sandstone of England, with a review of the structure and evolution of the acanthodian shoulder girdle. *Bulletin of the British Museum of Natural History (Geology)* 24: 113–213.

Ørvig, T. 1967. Some new acanthodian material from the Lower Devonian of Europe. *Zoological Journal of the Linnean Society* 47: 131–53.

Ørvig, T. 1973. Acanthodian dentition and its bearing on the relationships of the group. *Palaeontographica* 143A: 119–50.

Schultze H.-P., 1982. Ein primitiver Acanthodier (Pisces) aus dem Unterdevon Lettlands. *Paläontologische Zeitschrift* 56: 95–105.

Schultze, H.-P. 1990. A new acanthodian from the Pennsylvanian of Utah, USA, and the distribution of otoliths in vertebrates. *Journal of Vertebrate Paleontology* 10: 49–58.

Valiukevicius, J. J. 1979. Acanthodian scales from the Eifelian of Spitsbergen. *Palaeontology Journal* 4: 482–92.

Valiukevicius, J. J. 1985. *Acanthodians from the Narva Regional stage of the main Devonian field* [in Russian with English summary]. Mosklas, Vilnius.

Valiukevicius, J.J. 1992. First articulated *Poracanthodes* from the Lower Devonian of Severnaya Zemlya. Pp. 193–214 in Mark-Kurik. E. (ed), *Fossil fishes as living animals*. Academy of Sciences, Estonia.

V'yushkova, L. 1992. Fish assemblages and facies in the Telegitian Suprahorizon of Salair. Pp. 281–88 in Mark-Kurik, E. (ed), *Fossil fishes as living animals*. Academy of Sciences, Estonia.

Wang, N.-Z., and Dong, Z.-Z. 1989. Discovery of Late Silurian microfossils of Agnatha and fishes from Yunnan, China. *Acta Palaeontologica Sinica* 28: 196–206.

Watson, D.M.S. 1937. The acanthodian fishes. *Philosophical Transactions of the Royal Society of London B* 228: 49–146.

Woodward, A.S. 1906. On a Carboniferous fish fauna from the Mansfield district. *Memoirs of the National Museum of Victoria* 1: 1–32.

Young, G.C. 1989. New occurrences of culmacanthid acanthodians (Pisces, Devonian) from Antarctica and southeastern Australia. *Proceedings of the Linnean Society of New South Wales* 111: 11–24.

Young, V.T. 1986. Early Devonian fish material from the Horlick Formation, Ohio Range, Antarctica. *Alcheringa* 10: 35–44.

Zajic, J. 1985. New finds of acanthodians (Acanthodii) from the Kounov Member (Stephanian B, central Bohemia). *Vestnik Ustredniho ustavu geologickeho* 60: 277–84.

Zajic, J. 1986. Stratigraphic position of finds of the acanthodians (Acanthodii) in Czechoslovakia. *Acta Universitatis Carolinae, Geologica Spinar* 2: 145–53.

Zidek, J. 1976. Kansas Hamilton Quarry (Upper Pennsylvanian) *Acanthodes*, with remarks on the previously reported North American occurrences of the genus. *The University of Kansas, Paleontological Contributions* Paper 83: 1–41.

Zidek, J. 1980. *Acanthodes lundi*, new species (Acanthodii) and associated coprolites from uppermost Mississippian Heath Formation of central Montana. *Annals of the Carnegie Museum* 49: 49–78.

Zidek J. 1981. *Machaeracanthus* Newberry (Acanthodii: Ischnacanthiformes)—morphology and systematic position. *Neues Jahrbuch für Geologie und Paläontologie Monatshefte* H12: 742–48.

Zidek, J. 1985. Growth in *Acanthodes* (Acanthodii: Pisces), data and implications. *Paläontologische Zeitschrift* 59: 147–66.

Chapter 7. An Epiphany of Evolution

Basden, A. M., and Young, G. C., 2001. A primitive actinopterygian neurocranium from the Early Devonian of southeastern Australia. *Journal of Vertebrate Paleontology* 21: 754–66.

Botella, H., Blom, H., Dorka, M., Ahlberg, P.E., and Janvier, P. 2007. Jaws and teeth of the earliest bony fishes. *Nature* 448: 583–86.

Burrow, C.J. 1995. A new lophosteiform (Osteichthyes) from the Lower Devonian of Australia. *Geobios Memoire special* 19: 327–33.

Clack, J. 2007. Devonian climate change, breathing, and the origin of the tetrapod stem group. *Integrative and Comparative Biology*. 47: 510–523.

Friedman, M., 2007. *Styloichthys* as the oldest coelacanth: implications for early osteichthyan interrelationships. *Journal of Systematic Palaeontology* 5: 289–343.

Gross, W. 1969. *Lophosteus superbus* Pander, ein Teleostome aus dem SilurOesels. *Lethaia* 2: 15–47.

Gross, W. 1971. *Lophosteus superbus* Pander: Zähne. Zahn-knocken und besondere Schuppenformen. *Lethaia* 4: 131–52.

Schaeffer, B. 1968. The origin and basic radiation of the Osteichthyes. *Nobel Symposium* 4: 207–22.

Schultze, H.-P. 1968. Palaeoniscoidea-Schuppen aus dem Australiens und Kanadas und aus dem mitteldevon Spitzbergens. *Bulletin of the British Museum of Natural History (Geology)* 16(7): 343–68.

Wang, N.Z., and Dong, Z.Z. 1989. Discovery of Late Silurian microfossils of Agnatha and fishes from Yunnan, China. *Acta Paleontologica Sinica* 28: 192–206.

Zhu, M., and Schultze, H.P. 2001. Interrelationships of basal osteichthyans. Pp. 289–314 in Ahlberg, P.E. (ed) *Major events in early vertebrate evolution: paleontology, phylogeny, genetics and development.* Taylor and Francis, London.

Zhu, M., and Yu, X. 2009. Stem sarcopterygians have primitive polybasal fin articulation. *Biology Letters* 5: 372–75.

Zhu, M., Yu, X., and Janvier, P. 1999. A primitive fossil fish sheds light on the origin of bony fishes. *Nature* 397: 607–10.

Zhu, M., Zhoa, L.J., Lu, J., Qiao, T., and Qu, Q. 2009. The oldest articulated osteichthyan reveals mosaic gnathostome characters. *Nature* 458: 469–74.

Chapter 8. Primitive Ray-Finned Fishes

Aldinger, H. 1937. Permische Ganoidfishe aus Ostgronland. *Meddelesler om Grønland* 102: 1–392.

Beltan, L. 1978. Découverte d'une ichtyofaune dans le Carbonifére supérieur d'Uruguay rapports avec les faunes ichtyologiques contemporaires des autres régions du Gondwana. *Annales de la Societé Géologique du Nord* 97: 351–55.

Campbell, K.S., and Phuoc, L.D. 1983. A Late Permian actinopterygian fish from Australia. *Palaeontology* 26: 33–70.

Casier, E. 1952. Un paléoniscide du Faménnian inférieur de la Fagne: *Stereolepsis marginis*, gen. n.sp. *Bulletin de l'Institute Royale Sciences nationale de Belgique* 28: 1–10.

Casier, E. 1954. Note additionnelle relative à "*Stereolepis*" (= Osorioichthyes nov. nom) et à l'origine de l'interoperculaire. *Bulletin de l'Institute Royale Sciences nationale de Belgique* 30: 1–12.

Choo, B., Long, J.A., and Trinajstic, K. 2009. A new genus and species of basal actinopterygian fish from the Upper Devonian Gogo Formation of Western Australia. *Acta Zoologica* 90 (Supple. 1): 194–210.

Coates, M.I. 1993. New actinopterygian fish from the Namurian Manse Burn Formation of Bearsden, Scotland. *Palaeontology* 36: 123–46.

Coates, M.I. 1994. Actinopterygian and acanthodian fishes from the Visean of east Kirkton, west Lothian, Scotland. *Transactions of the Royal Society of Edinburgh* 84: 317–27.

Coates, M.I. 1995. Actinopterygians from the Namurian of Bearsden, Scotland, with comments on early actinopterygian neurocrania. *Zoological Journal of the Linnean Society* 122: 27–60.

Dunkle, D.H. 1946. A new palaeoniscoid fish from the Lower Permian of Texas. *Journal of the Washington Academy of Sciences* 36: 402–9.

Dunkle, D., and Schaeffer, B. 1973. *Tegeolepis clarki* (Newberry), a palaeonisciform from the Upper Devonian Ohio Shale. *Palaeontographica* 143A: 151–8.

Esin, D. 1990. Species of Devonian palaeoniscoid fishes of the world. *Ichthyolith Issues* 3:14.

Friedman, M., and Brazeau, M. 2010. A reappraisal of the origin and basal radiation of the Osteichthyes. *Journal of Vertebrate Paleontology* 30: 36–56.

Gardiner, B.G. 1960. A revision of certain actinopterygian and coelacanth fishes, chiefly from the Lower Lias. *Bulletin of the British Museum (Natural History) Geology* 4: 239–384.

Gardiner, B.G. 1962. *Namaichthys schroederi* Gurich and other Palaeozoic fishes from South Africa. *Palaeontology* 5: 9–21.

Gardiner, B.G. 1963. Certain palaeoniscoid fishes and the evolution of the snout in actinopterygians. *Bulletin of the British Museum of Natural History (Geology)* 8: 258–325.

Gardiner, B.G. 1967. Further notes on palaeoniscoid fishes with a classification of the Chondrostei. *Bulletin of the British Museum of Natural History (Geology)* 14: 143–206.

Gardiner, B.G. 1969. New palaeoniscoid fish from the Witteberg Series of South Africa. *Zoological Journal of the Linnean Society* 48: 423–25.

Gardiner, B.G. 1973. Interrelationships of teleostomes. Pp. 195–35 in Greenwood, P.H., Miles, R.S., and Patterson, C. (eds), *Interrelationships of fishes*. Academic Press, London.

Gardiner, B.G. 1984. Relationships of the palaeoniscoid fishes, a review based on new specimens of *Mimia* and *Moythomasia* from the Upper Devonian of Western Australia. *Bulletin of the British Museum of Natural History (Geology)* 37: 173–428.

Gardiner, B.G. 1986. Actinopterygian fish from the Dinantian of Foulden, Berwickshire, Scotland. *Transactions of the Royal Society of Edinburgh* 76: 61–66.

Gardiner, B.G., and Bartram, A.W.H. 1977. The homologies of ventral cranial fissures in osteichthyans. Pp. 227–45 in Andrews, S.M., Miles, R.S., and Walker, A.D. (eds), *Problems in early vertebrate evolution*. Academic Press: London.

Gottfried, M.D. 1992. Functional morphology of the feeding

mechanism in a primitive palaeoniscoid-grade actinopterygian fish. Pp. 151–58 in Mark-Kurik, E. (ed) *Fossil fishes as living animals*, Academy of Sciences, Estonia.

Grande, L., and Bemis, W.E. 1998. A comprehensive phylogenetic study of amiid fishes (Amiidae) based on comparative skeletal anatomy. *Journal of Vertebrate Paleontology, Special Memoir* 4: 1–690.

Gross, W. 1953. Devonische Palaeonisciden-Reste in Mittel und Osteuropa. *Paläontologische Zeitschrifter* 27: 85–112.

Gross, W. 1968. Fraglich Actinopterygier- Schuppen aus dem Silur Gotlands. *Lethaia* 1: 184–218.

Jessen, H. 1968. *Moythomasia nitida* Gross und M. cf striata Gross, devonische Palaeonisciden aus dem Oberen Plattenkalk der Bergisch-Gladbach-Paffrather Mulde (Rheinisches Schiefergebirge). *Palaeontographica* 128A: 87–114.

Jessen, H. 1972a. Schltergürtel und Pectoralflosse bei Actinopterygiern. *Fossils and Strata* 1: 1–101.

Jessen, H. 1972b. Die Bauchschuppen von *Moythomasia nitida* Gross (Pisces, Actinopterygii). *Paläontologische Zeitschrift* 46: 121–32.

Kasantseva-Selezneva, A.A. 1974. Morpho-functional characteristics of the respiratory apparatus in the Palaeonisci. *Paleontological Journal* 4: 508–16.

Kasantseva-Selezneva, A.A. 1976a. Palaeonioscoid evolution. *Acta Biologica Yugoslavica—Ichthyologia* 8: 49–57.

Kasantseva-Selezneva, A.A. 1976b. Fulcral and keel scales in palaeoniscoids. *Paleontological Journal* 1: 124–26.

Kasantseva-Selezneva, A.A. 1977. System and phylogeny of the order Palaeonisciformes. Pp. 98–116 in Menner, V.V. (ed), *Ocherki po filogenii i sistematike iskopayemych ryb i beschelyustnych*. Akademia Nauka, Moscow.

Kasantseva-Selezneva, A.A. 1978. Difference in the jaw-opening mechanism in the higher and lower actinopterygians. *Journal of Ichthyology* 18: 78–85.

Kasantseva-Selezneva, A.A. 1979. A new palaeoniscoid fish from the Permian of the Kuznetsk Basin. *Paleontological Journal* 2: 147–50.

Kasantseva-Selezneva, A.A. 1981. Late Palaeozoic palaeoniscoids of East Kazakhstan, systematics and phylogeny. *Trudy Paleontologicheskogo Instituta Akademii Nauka* 180: 1–139.

Kasantseva-Selezneva, A.A. 1982. Phylogeny of the lower actinopterygians. *Journal of Ichthyology* 22: 1–16.

Lauder, G.V. 1980. Evolution of the feeding mechanism in the primitive actinopterygian fishes: a functional anatomical analysis of *Polypterus, Lepisosteus* and *Amia*. *Journal of Morphology* 163: 283–317.

Lauder, G.V., and Liem, K. V. 1983. The evolution and interrelationships of the actinopterygian fishes. *Bulletin of the Museum of Comparative Zoology* 150, 195–197.

Lehman, J.-P. 1947. Description de quelques exemplaires de *Cheirolepis canadensis* (Whiteaves). *Kungliga Svenska Vetenskapakadamiens Hanlingar* 24: 5–40.

Lehman, J.-P. 1966. Actinopterygii, Dipnoi, Crossopterygii, Brachiopterygii. Pp. 4:1–387, 4:398–420 in Piveteau, J. (ed), *Traité de paléontologie*. Masson, Paris.

Long, J.A. 1988a. New palaeoniscoid fishes from the Late Devonian and Early Carboniferous of Victoria. *Memoirs of the Association of Australasian Palaeontologists* 7: 1–64.

Long, J.A., Choo, B. and Young, G.C. 2008. A new basal actinopterygian fish from the Middle Devonian Aztec Siltstone of Antarctica. *Antarctic Science* 20: 393–412.

Lowney, K.A. 1980. A revision of the Family Haplolepidae (Actinopterygii, Palaeonisciformes) from Linton, Ohio (Westphalian D, Pennsylvanian). *Journal of Paleontology* 54: 942–53.

Lund, R., and Melton, W.G., Jr. 1982. A new actinopterygian fish from the Mississippian Bear Gulch Limestone of Montana. *Palaeontology* 25: 485–98.

Martin, K. 1873. Ein Beitrag zur Kenntniss fossiler Euganoiden. *Zeitschrift Deutsche Geologi Ges* 25: 699.

Merrilees, M.J., and Crossman, E.J. 1973. Surface pits in the family Esocidae. *Journal of Morphology* 141: 307–20.

Moy-Thomas, J.A. 1937. The palaeoniscoids from the cement stones of Tarras Waterfoot, Eskdale, Dumfriesshire. *Annals of the Magazine of Natural History* 10: 345–56.

Moy-Thomas, J.A. 1942. Carboniferous palaeoniscoids from East Greenland. *Annals of the Magazine of Natural History* 11: 737–59.

Moy-Thomas, J.A., and Dyne, M.B. 1938. Actinopterygian fishes from the Lower Carboniferous of Glencartholm, Eskdale, Dumfriesshire. *Transactions of the Royal Society of Edinburgh* 59: 437–80.

Nielsen, E. 1942. Studies on the Triassic fishes from East Greenland. I. *Glaucolepis* and *Boreosomus*. *Meddelesler om Grønland* 138: 1–403.

Nielsen, E. 1949. Studies on the Triassic fishes from East Greenland. II. *Palaeozoologica Groenlandica* 3: 1–309.

Nybelin, O. 1976. On the so-called postspiracular bones in crossopterygians, brachiopterygians and actinopterygians. *Acta Regiae Societatis Scientiarum et Litterarum Gothoburgensis: Zoologica* 10: 5–31.

Patterson, C. 1973. Interrelationships of holosteans. Pp. 235–305 in Greenwood, P.H., Miles, R.S., and Patterson, C. (eds), *Interrelationships of fishes*. Academic Press, London.

Patterson, C. 1982. Morphology and interrelationships of primitive actinopterygian fishes. *American Zoologist* 22: 241–59.

Pearson, D.M. 1982. Primitive bony fishes with especial reference to *Cheirolepis* and palaeonisciform actinopterygians. *Zoological Journal of the Linnean Society* 74: 35–67.

Pearson, D.M., and Westoll, T.S. 1979. The Devonian actinopterygian *Cheirolepis* Agassiz. *Transactions of the Royal Society of Edinburgh* 70: 337–99.

Poplin, C. 1974. Étude de quelques paléoniscidés pennsylvaniens du Kansas. *Cahiers de Paléontologie (section vertébrés)*, Editions du C.N.R.S., Paris.

Poplin, C. 1975. Remarques sur le system arteriel epibranchial chez les actinopterygians primitifs fossils. *Colloques internationale du C.N.R.S.* 218: 265–71.

Poplin. C. 1984. *Lawrenciella schaefferi*, n.gen. n. sp. (Pisces: Actinopterygii) and the use of endocranial characters in the classification of the Palaeonisciformes. *Journal of Vertebrate Paleontology* 4: 413–421.

Poplin, C., and Heyler, D. 1993. The marginal teeth of three primitive fossil actinoipterygians. Pp. 113–24 in Heidekte, U. (ed.), *New research on Permo-Carboniferous faunas*. Pollichia-Buch, Bad Durkheim, Germany.

Rayner, D. 1951. On the cranial structure of an early palaeoniscid *Kentuckia* gen. nov. *Transactions of the Royal Society of Edinburgh* 62: 53–83.

Reed, J.W. 1992. The actinopterygian *Cheirolepis* from the Devonian of Red Hill, Nevada, and its implications for acanthodian-actinopterygian relationships. Pp. 243–50 in Mark-Kurik, E. (ed.), *Fossil fishes as living animals*. Academy of Sciences, Estonia.

Schaeffer, B. 1973. Interrelationships of chondrosteans. Pp. 207–26 in Greenwood, P.H., Miles, R.S., and Patterson, C. (eds), *Interrelationships of fishes*. Academic Press, London.

Schultze, H.-P., 1977. Ausgangform und Entwicklung der rhombischen Schuppen der Osteichthye (Pisces). *Paläontologische Zeitschrifter* 51: 152–68.

Schultze, H.-P., 1992. Early Devonian actinopterygians (Osteichthyes, Pisces) from Siberia. Pp. 233–42 in Mark-Kurik, E. (ed.), *Fossil fishes as living animals*. Academy of Sciences, Estonia.

Swartz, B.A., 2009. Devonian actinopterygian phylogeny and evolution based on a redescription of *Stegostrachelus finlayi*. *Zoological Journal of the Linnean Society* 156: 750–84.

Traquair, R., 1877. On new and little known fishes from the Edinburgh district: I. *Proceedings of the Royal Society of Edinburgh* 9: 427–45.

Traquair, R. 1877–1914. The ganoid fishes of the British Carboniferous formations [monograph]. *Palaeontographical Society (London)* 31: 1–159.

Trinajstic, K. 1999a. Scales of palaeoniscoid fishes (Osteichthyes: Actinopterygii) from the Late Devonian of Western Australia. *Records of the Western Australian Museum Supplement* 57: 93–106.

Trinajstic, K. 1999b. The Late Devonian palaeoniscoid *Moythomasia durgaringa* Gardiner and Bartram 1977. *Alcheringa* 23: 9–19.

Turner, S., and Long, J.A. 1987. Lower Carboniferous palaeoniscoids (Pisces: Actinopterygii) from Queensland. *Memoirs of the Queensland Museum* 25(1): 193–200.

Veran, M. 1988. Les éléments accessoires de l'arc hyoïdien des poissons téléostomes (Acanthodiens et Osteichthyens fossiles et actuels). *Mémoires du Muséum national d'histoire naturelle (C)* 54: 13–98.

Watson, D.M.S. 1928. On some points in the structure of the palaeoniscid and allied fish. *Proceedings of the Zoological Society of London,* 49–70.

Westoll, T.S., 1944. The Haplolepidae, a new family of Late Carboniferous bony fishes. A study in taxonomy and evolution. *Bulletin du Muséum national d'histoire naturelle* 83: 1–122.

White, E.I. 1927. The fish fauna of the Cementstones of Foulden, Berwickshire. *Transactions of the Royal Society of Edinburgh* 55: 255–87.

White, E.I. 1939. A new type of palaoniscid fish, with remarks on the evolution of the actinopterygian pectoral fins. *Proceedings of the Zoological Society of London* 109: 41–61.

Woodward, A.S. 1906. On a Carboniferous fish fauna from the Mansfield district. *Memoirs of the National Museum of Victoria* 1: 1–32.

Woodward, A.S., and White, E.I. 1926. The fossil fishes of the Old Red Sandstone of the Shetland Islands. *Transactions of the Royal Society of Edinburgh* 54: 567–71.

Chapter 9. Teleosteans, the Champions

Arratia, G. 1985. Late Jurassic teleosts (Actinopterygii, Pisces) from northern Chile and Cuba. *Palaeontographica* 189A: 29–61.

Arratia, G. 1997. *Basal teleosts ands teleostean phylogeny*. Verlag F. Pfeil, Munich.

Bean, L.B. 2006. The leptolepid fish *Cavenderichthys talbragarensis* (Woodward, 1895) from the Talbragar fish bed (Late Jurassic) near Gulgong, New South Wales. *Records of the Western Australian Museum* 23: 43–76.

Bellwood, D.R. 1996. The Eocene fishes of Monte Bolca: the earliest coral reef fish assemblage. *Coral Reefs* 15: 11–19.

Chang, M.M., and Maisey, J.M. 2003. Redescription of *Ellima branneri* and *Diplomystus shengliensis*, and relationships of some basal clupeomorphs. *American Museum Novitates* 3404 : 1–35.

Friedman, M. 2008. The evolutionary origin of flatfish asymmetry. *Nature* 454 : 209–12.

Friedman, M., Shimada, K., Martin, L.D., Everhart, M.J., Liston, J., Maltese, A., and Treibold, M. 2010. 100-million-year dynasty of giant planktivorous bony fishes in the Mesozoic seas. *Science* 327: 990–93.

Hilton, E.J. 2003. Comparative osteology and phylogenetic systematics of the fossil and living bony tongued fishes (Actinopterygii, Teleostei, Osteoglossomorpha). *Zoological Journal of the Linnean Society* 137: 1–100.

Hurley, I.A., Lockridge Mueller, R., Dunn, K.A., Schmidt, E.J., Friedman, M., Ho, R.K., Prince, V.E., Yang, Z.,Thomas, M.,G., and Coates, M.I. 2007. A new time-scale for ray-finned fish evolution. *Proceedings of the Royal Society B* 274: 489–98.

Inoua, J.G., Masaki, M., Tsukamoto, K., and Nishida, M. 2004. Mitogenomic evidence for the monophyly of elo-pomorph fishes (Teleostei) and the evolutionary origin of the leptocephalus larva. *Molecular Phylogenetics and Evolution* 32: 274–86.

Johnson, G.D., and Patterson, C. 1996. Relationships of lower euteleostean fishes. Pp. 251–332 in Stiassni, M.L.J., Parenti, L.R., and Johnson, G.D. (eds), *Interrelationships of fishes*. Academic Press, San Diego.

Li, G.Q., and Wilson, M.H.V. 1996. Phylogeny of the Osteoglossomorpha. Pp 163–74 in Stiassney, M.L.J., Parenti, L.R., and Johnstone, G.D. (eds), *Interrelationships of fishes*. Academic Press, San Diego.

Li, G.Q., Wilson, M.H.V., and Grande, L. 1997. Review of Eohiodon (Teleostei: osteoglossomopha) from western North America, with aphylogenetic reassessment of Hiodontidae. *Journal of Paleontology* 71: 1109–24.

Maisey, J.G. 1991. *Santana fossils, an illustrated atlas*. T.F.H. Publications, Neptune City, New Jersey.

McCook, L.J, Ayling, T., Cappo, M., Choat, J. H., et al. 2010. Adaptive management of the Great Barrier Reef: a globally significant demonstration of the benefits of marine reserves. *Proceedings of the National Academy of Sciences*, doi/10.1037/pnas.0909335107.

Mehta, R.S., and Wainwright, P.C. 2007. Raptorial jaws in the throat help moray eels to swallow large prey. *Nature* 449: 79–82.

Nolf, D. 1985. Otolithi piscium. Pp. 1–145 in Schultze, H.-P. (ed), *Handbook of paleoichthyology*, vol 10. Verlag F. Pfeil, Munich.

Patterson, C., 1975. The braincase of pholidophorid and leptolepid fishes, with a review of the actinopterygian braincase. *Philosophical Transactions of the Royal Society B* 269: 275–579.

Rosen, D.E, and Patterson, C. 1977. Review of ichthyodectiform and other Mesozoic teleost fishes and the theory and practice of classifying fossils. *Bulletin of the Museum of Natural History* 158: 81–172.

Chapter 10. The Ghost Fish and Other Primeval Predators

Agassiz, J.L.R. 1843–1844. *Recherches sur les poissons fossiles*. Neuchâtel, Switzerland.

Andrews, S.M. 1973. Interrelationships of crossopterygians. Pp.137–77 in Greenwood, P.H., Miles, R.S., and Patterson, C. (eds), *Interrelationships of fishes*. Academic Press, London.

Andrews, S.M. 1977. The axial skeleton of the coelacanth, *Latimeria*. Pp. 271–88 in Andrews, S.M., Miles, R.S., and Walker, A.D. (eds), *Problems in vertebrate evolution*. Academic Press, London.

Andrews, S.M., Long, J.A., Ahlberg, P.E., Campbell, K.S.W., and Barwick, R.E. 2006. Onychodus jandemarrai, new species, from the Late Devonian Gogo Formation of Western Australia. *Transactions of the Royal Society of Edinburgh, Earth Sciences* 96: 197–307.

Basden, A.M., and Young, G.C., 2001. A primitive actinopterygian neurocranium from the Early Devonian of Southeastern Australia. *Journal of Vertebrate Paleontology* 21: 754–66.

Basden, A.M., Young, G.C., Coates, M.I., and Ritchie, A., 2000. The most primitive osteichthyan braincase? *Nature* 403 185–88.

Forey, P.L. 1980. *Latimeria:* a paradoxical fish. *Proceedings of the Royal Society of London* series B 208: 369–84.

Forey, P.L. 1981. The coelacanth *Rhabdoderma* in the Carboniferous of the British Isles. *Palaeontology* 24: 203–29.

Friedman, M. 2007. *Styloichthys* as the oldest coelacanth: implications for early osteichthyan interrelationships. *Journal of Systematic Paleontology* 5: 289–343.

Jessen, H. 1973. Weitere Fishrestes aus dem Oberen Plattenkalk der Bergisch-Gladbach-Paffrather Mulde (Oberdevon, Rheinisches Schiefergebirge). *Palaeontographica* 143A: 159–87.

Jessen, H. 1980. Lower Devonian Porolepiformes from the Canadian Arctic with special reference to *Powichthys thorsteinssoni* Jessen. *Palaeontographica* 167A: 180–214.

Johanson, Z., Long, J.A., Janvier, P., and Talent, J. 2006. Oldest coelacanth from the Early Devonian of Australia. *Biology Letters* 3: 443–46.

Johanson, Z., Long, J.A., Janvier, P., Talent, J., and Warren, J.W. 2007. New onychodontiform (Osteichthyes; Sarcopterygii) from the Lower Devonian of Australia. *Journal of Paleontology* 81: 1034–46.

Long, J.A. 1991. Arthrodire predation by *Onychodus* (Pisces,

Crossopterygii) from the Upper Devonian Gogo Formation, Western Australia. *Records of the Western Australian Museum* 15: 369–71.

Lu, J., and Zhu, M. 2010. An onychodont fish (Osteichthyes, Sarcopterygii) from the Early Devonian of China and the evolution of the Onychodontiformes. *Proceedings of the Royal Society of London B* 277: 293–99.

Lund, R., and Lund, W. 1985. The coelacanths from the Bear Gulch Limestone (Namurian) of Montana and the evolution of the coelacanthiformes. *Bulletin of the Carnegie Museum of Natural History* 25: 1–74.

Schultze, H.-P., and Cumbaa, S.L. 2001. *Dialipina* and the characters of basal actinopterygians. Pp. 316–32 in Ahlberg, P.E. (ed), *Major events in early vertebrate evolution: paleontology, phylogeny, genetics and development.* Taylor and Francis, London.

Stensiö, E.A. 1937. On the Devonian coelacanthids of Germany with special reference to the dermal skeleton. *Kungliga Svenska Vetenskapakadamiens Hanlingar* (3)16(4): 1–56.

Zhu, M., and Fan, J. 1995. *Youngolepis* from the Xishanchun Formation (Early Lochovian) of Qujing, China. *Geobios memoire special* 19: 293–99.

Zhu, M., and Yu, X. 2002. A primitive fish close to the common ancestor of tetrapods and lungfish. *Nature* 418: 767–70.

Zhu, M. Yu, X., and Ahlberg, P.E. 2001. A primitive sarcopterygian fish with an eyestalk. *Nature* 410: 81–84.

Zhu, M., Yu, X., Wang, W., Zhao, W., and Jia, L. 2006. A primitive fish provides key characteristics bearing on deep osteichthyan phylogeny. *Nature* 441: 77–80.

Zhu, M., Zhoa, L.J., Lu, J., Qiao, T., and Qu, Q. 2009. The oldest articulated osteichthyan reveals mosaic gnathostome characters. *Nature* 458: 469–74.

Chapter 11. Strangers in the Bite

Ahlberg, P.E. 1989. Paired fin skeletons and relationships of the fossil group Porolepiformes (Osteichthyes: Sarcopterygii). *Zoological Journal of the Linnean Society* 96: 119–66.

Ahlberg, P.E. 1991. A re-examination of sarcopterygian interrelationships, with special reference to the Porolepiformes. *Zoological Journal of the Linnean Society* 103: 241–87.

Ahlberg, P.E. 1992a. A new holoptychioid porolepiform fish from the upper Frasnian of Elgin, Scotland. *Palaeontology* 35: 813–28.

Ahlberg, P.E. 1992b. The palaeoecology and evolutionary history of porolepiform sarcopterygians. Pp. 71–90 in Mark-Kurik, E. (ed), *Fossil fishes as living animals.* Academy of Sciences, Estonia.

Ahlberg, P.E., Johanson, Z., and Daeschler, E.B. 2001. The Late Devonian lungfish *Soederberghia* (Sarcopterygii, Dipnoi) from Australia and North America, and its biogeographical implications. *Journal of Vertebrate Paleontology* 21: 1–12.

Barwick, R.E., and Campbell, K.S.W. 1996. A Late Devonian dipnoan, *Pillararhynchus,* from Gogo, Western Australia, and its relationships. *Palaeontographica* 239A: 1–42.

Bemis, W.1984. Paedomorphosis and the evolution of the Dipnoi. *Palaeobiology* 10: 293–307.

Bernacsek, G.M. 1977. A lungfish cranium from the Middle Devonian of the Yukon Territory, Canada. *Palaeontographica* 157 B: 175–200.

Campbell, K.S.W. 1965. An almost complete skull roof and palate of the dipnoan *Dipnorhynchus sussmilchi* (Etheridge). *Palaeontology* 8: 634–37.

Campbell, K.S.W., and Barwick, R.E. 1982a. A new species of the lungfish *Dipnorhynchus* from New South Wales. *Palaeontology* 25: 509–27.

Campbell, K.S.W., and Barwick, R.E. 1982b. The neurocranium of the primitive dipnoan *Dipnorhynchus sussmilchi* (Etheridge). *Journal of Vertebrate Paleontology* 2: 286–327.

Campbell, K.S.W., and Barwick, R.E. 1983. Early evolution of dipnoan dentitions and a new species *Speonesydrion.* *Memoirs of the Association of Australasian Palaeontologists* 1: 17–49.

Campbell, K.S.W., and Barwick, R.E. 1984a. The choana, maxillae, premaxillae and anterior bones of early dipnoans. *Proceedings of the Linnean Society of New South Wales* 107: 147–70.

Campbell, K.S.W., and Barwick, R.E. 1984b. Speonesydrion, an Early Devonian dipnoan with primitive toothplates. *PalaeoIchthyologica* 2: 1–48.

Campbell, K.S.W., and Barwick, R.E. 1985. An advanced massive dipnorhynchid lungfish from the Early Devonian of New South Wales. *Records of the Australian Museum* 37: 301–16.

Campbell, K.S.W., and Barwick, R.E. 1987. Palaeozoic lungfishes—a review. *Journal of Morphology* 1: S93–S131.

Campbell, K.S.W., and Barwick, R.E. 1988a. Geological and palaeontological information and phylogenetic hypotheses. *Geological magazine* 125: 207–27.

Campbell, K.S.W., and Barwick, R.E. 1988b. *Uranolophus:* a reappraisal of a primitive dipnoan. *Memoirs of the Association of Australasian Palaeontologists* 7: 87–144.

Campbell, K.S.W., and Barwick, R.E. 1990. Palaeozoic dipnoan phylogeny: functional complexes and evolution without parsimony. *Paleobiology* 16: 143–69.

Campbell, K.S.W., and Barwick, R.E. 1991. Teeth and tooth

plates in primitive lungfish and a new species of *Holodipterus*. Pp. 429–40 in Chang, M.-M., Liu, Y. H., and Zhang, G.R. (eds), *Early vertebrates and related problems of evolutionary biology*. Science Press, Beijing.

Campbell, K.S.W., and Barwick, R.E. 1995. The primitive dipnoan dental plate. *Journal of Vertebrate Paleontology* 15: 13–27.

Campbell, K.S.W., and Barwick, R.E. 1998. A new tooth-plated dipnoan from the Upper Devonian Gogo Formation and its relationships. *Memoirs of the Queensland Museum* 42: 403–37.

Campbell, K.S.W., and Barwick, R.E. 1999. Dipnoan fishes from the Late Devonian Gogo Formation of Western Australia. *Records of the Western Australian Museum Supplement* 57: 107–38.

Campbell, K.S.W., Barwick, R.E., and Pridmore, P.E. 1995. On the nomenclature of the roofing and skull bones in primitive dipnoans. *Journal of Vertebrate Paleontology* 15: 13–27.

Campbell, K.S.W., and Bell, M.W. 1982. *Soederberghia* (Dipnoi) from the Late Devonian of New South Wales. *Alcheringa* 6: 143–52.

Campbell, K.S.W., and Smith, M.M. 1987. The Devonian dipnoan *Holodipterus*: dental variation and remodelling growth mechanisms. *Records of the Australian Museum* 38: 131–67.

Chang, M.-M. 1982. The braincase of *Youngolepis*, a Lower Devonian crossopterygian from Yunnan, south-western China. Papers in the Department of Geology, University of Stockholm, 1–113.

Chang, M.-M. 1992. Head exoskeletom and shoulder girdle of *Youngolepis*. Pp. 355–78 in Chang, M.M., Liu, Y.H. and Zhang, G.R. (eds), Early vertebrates and related problems of evolutionary biology. Science Press, Beijing.

Chang, M.-M., and Yu, X.-B. 1981. A new crossopterygian, *Youngolepis precursor*, gen. et sp. nov., from the Lower Devonian of E. Yunnan, China. *Scientia Sinica* 24: 89–97.

Chang, M.-M., and Yu, X.-B. 1984. Structure and phylogenetic significance of *Diabolichthys speratus* gen. et sp. nov., a new dipnoan-like form from the Lower Devonian of eastern Yunnan, China. *Proceedings of the Linnean Society of New South Wales* 107: 171–84.

Cheng, H. 1989. On the tubuli in Devonian lungfishes. *Alcheringa* 13: 153–66.

Churcher, C.S. 1995. Giant Cretaceous lungfish *Neoceratodus tuberculatus* from a deltaic environment in the Quseir (= Baris) Formation of Kharga Oasis, western desert of Egypt. *Journal of Vertebrate Paleontology* 15: 845–49.

Clement, A.M. 2008. A new genus of lungfish from the Givetian (Middle Devonian) of central Australia. *Acta Palaeontologica Polonica* 54: 615–26.

Clement, A., and Long, J.A. 2010a. Air-breathing adaptation in a marine Devonian lungfish. *Biology Letters* doi: 10.1098/rsbl.2009.1033.

Clement, A.M., and Long, J.A. 2010b. *Xeradipterus hatcheri*, a new holodontid lungfish from the Late Devonian (Frasnian) Gogo Formation, Western Australia, and other holodontid material. *Journal of Vertebrate Paleontology* 30:681–95.

Cloutier, R. 1996. Dipnoi (Akinetia: Sarcopterygii). Pp. 198–226 in Schultze, H.P., and Cloutier, R. (eds), *Devonian fishes and plants of Miguasha, Quebec, Canada*. Verlag F. Pfeil, Munich.

Den Blaauwen, J.L., Barwick, R.E., and Campbell, K.S.W. 2005. Structure and function of the tooth plates of the Devonian lungfish *Dipterus valenciennesi* from Caithness and the Orkney Islands. *Records of the Western Australian Museum* 23: 91–113.

Denison, R.H. 1968. Early Devonian lungfishes from Wyoming, Utah and Idaho. *Fieldiana Geology* 17: 353–413.

Denison, R.H. 1974. The structure and evolution of teeth in lungfishes. *Fieldiana Geology* 33: 31–58.

Friedman, M. 2007. The interrelationships of Devonian lungfishes (Sarcopterygii: Dipnoi) as inferred from neurocranial evidence and new data from the genus *Soederberghia* Lehman, 1959. *Zoological Journal of the Linnean Society* 151: 115–71.

Friedman, M. 2008. Cranial structure in the Devonian lungfish *Soederberghia groenlandica* and its implications for the interrelationships of "rhynchodipterids." *Earth and Environmental Transactions of the Royal Society of Edinburgh* 98: 179–98.

Gorizdro-Kulczyzka, Z. 1950. Les dipneustes dévoniens du Massif de Ste.-Croix. *Acta Geologica Polonica* 1: 53–105.

Gross, W. 1956. Uber Crossopterygier und Dipnoer aus dem Baltischen Oberdevon im Zusammenhang einer vergliechenden Untersuchung des porenkanalsystems palaozoischer Agnathen und Fische. *Kungliga Svenska Vetenskapakadamiens Handlingar* 5, 6: 5–140.

Gross, W. 1964. Uber die Randzahne des Mundes, die Ethmoidalregion des Schadels und die Unterkeifersymphyse von *Dipterus oervigi* n.sp. *Paläontogische Zeitschrift* 38: 7–25.

Jaekel, O. 1927. Der Kopf der Wirbeltiere. *Ergebnisse der Anatomie und Entwicklungsgeschichte* 27: 815–974.

Jarvik, E. 1972. Middle and Upper Devonian Porolepiformes from East Greenland with special reference to *Glyptolepis groenlandica* n.sp. *Meddelesler om Grønland* 187 (2): 1–295.

Lehman, J.-P. 1959. Les dipneustes du Devonien supérieur du Groenland. *Meddelesler om Grønland* 160 (4): 1–58.

Lehman, J.-P. 1966. Dipneustes. Pp. 245–300, vol. 4, part 3, in Piveteau, J. (ed.) *Traité de paleontologie*. Masson, Paris.

Lehman, J.-P. and Westoll, T.S. 1952. A primitive dipnoan fish from the Lower Devonian of Germany. *Proceedings of the Royal Society of London B* 140: 403–21.

Long, J.A. 1990a. Fishes. Pp. 255–78 in McNamara, K.J. (ed), *Evolutionary trends*. Belhaven Press, London.

Long, J.A. 1990b. Heterochrony and the origin of tetrapods. *Lethaia* 23: 157–63.

Long, J.A. 1992a. *Gogodipterus paddyensis* (Miles), gen. nov., a new chirodipterid lungfish from the Late Devonian Gogo Formation, Western Australia. *The Beagle, Records of the Northwest Territory Museum* 9: 11–20.

Long, J.A. 1992b. Cranial anatomy of two new Late Devonian lungfishes (Pisces: Dipnoi) from Mt. Howitt, Victoria. *Records of the Australian Museum* 44: 299–318.

Long, J.A. 1993. Cranial ribs in Devonian lungfish and the origin of dipnoan air-breathing. *Memoirs of the Association of Australasian Palaeontologists* 15: 199–209.

Long, J.A. 2006. *Swimming in stone—the amazing Gogo fossils of the Kimberley*. Fremantle Arts Centre Press, Fremantle, Western Australia.

Long, J.A., Barwick, R.E., and Campbell, K.S.W. 1997. Osteology and functional morphology of the osteolepiform fish, *Gogonasus andrewsae* Long, 1985, from the Upper Devonian Gogo Formation, Western Australia. *Records of the Western Australian Museum Supplement* 53: 1–93.

Long, J.A., and Campbell, K.S.W. 1985. A new lungfish from the Early Carboniferous of Victoria. *Proceedings of the Royal Society of Victoria* 97: 87–93.

Long, J.A., and Clement, A. 2009. The postcranial anatomy of two Middle Devonian lungfishes (Osteichthyes, Dipnoi) from Mt. Howitt, Victoria, Australia. *Memoirs of Museum Victoria* 66: 189–202.

Miles, R.S. 1977. Dipnoan (lungfish) skulls and the relationships of the group: a study based on new species from the Devonian of Australia. *Zoological Journal of the Linnean Society of London* 61: 1–328.

McKinney, M.L., and McNamara, K.J. 1991. *Heterochrony—the evolution of ontogeny*. Plenum Press, New York.

Moy-Thomas, J., and Miles, R.S. 1971. *Palaeozoic fishes*. 2nd ed. Chapman and Hall, London.

Ørvig, T., 1961. New finds of acanthodians, arthrodires, crossopterygians, ganoids and dipnoans in the upper Middle Devonian calcareous flags (Oberer Plattenkalk) of the Bergisch Gladbach Paffrath Trough. 2. *Paläontologische Zeitschrift* 35: 10–27.

Pander, C.R. 1858. Uber die Ctenodipterinen des devonischen Systems. St. Petersberg.

Pridmore, P.A., and Barwick, R.E. 1993. Post-cranial morphologies of the Late Devonian dipnoans *Griphognathus* and *Chirodipterus* and locomotor implications. *Memoirs of the Association of Australasian Palaeontologists* 15: 161–82.

Pridmore, P.A., Campbell, K.S.W., and Barwick, R.E. 1994. Morphology and phylogenetic position of the holodipteran dipnoans of the Upper Devonian Gogo Formation of northwestern Australia. *Philosophical Transactions of the Royal Society London B*. 344: 105–64.

Save-Soderbergh, G. 1937. On *Rhynchodipterus elginensis* n.g., n.sp., representing a new group of dipnoan-like Choanata from the Upper Devonian of East Greenland and Scotland. *Arkiv für Zoologi* 29: 1–8.

Save-Soderbergh, G. 1952. On the skull of *Chirodipterus wildungensis*, an Upper Devonian dipnoan from Wildungen. *Kungliga Svenska Vetenskapakadamiens Hanlingar* 3(4): 1–29.

Schultze, H.-P. 1969. *Griphognathus* Gross, ein langschnauziger Dipnoer aus dem Overdevon von Bergisch-Gladbach (Rheinisches Schiefergebirge) und von Lettland. *Geologica et Palaeontologica* 3: 21–79.

Schultze, H.-P. 1975. Das Axialskelett der Dipnoer aus dem Oberdevon von Bergisch-Gladbach (westdeutschland). *Colloques internationale du C.N.R.S.* 218: 149–57.

Schultze, H.-P. 1992. A new long-headed dipnoan (Osteichthyes) from the Middle Devonian of Iowa, USA. *Journal of Vertebrate Paleontology* 12: 42–58.

Schultze, H.-P. 2008. A Porolepiform Rhipidistian from the Lower Devonian of the Canadian Arctic. *Fossil Record* 3: 99–109.

Schultze, H.-P., and Campbell, K.S.W. 1987. Characterisation of the Dipnoi, a monophyletic group. *Journal of Morphology* 1(Supple.): 25–37.

Schultze, H.-P., and Marshall, C.R. 1993. Contrasting the use of functional complexes and isolated characters in lungfish evolution. *Memoirs of the Association of Australasian Palaeontologists* 15: 211–24.

Smith, M.M. 1977. The microstructure of the dentition and dermal ornament of three dipnoans from the Devonian of Western Australia: a contribution towards dipnoan interrelationships, and morphogenesis, growth and adaptation of skeletal tissues. *Philosophical Transactions of the Royal Society London* 281 B: 29–72.

Smith M.M. 1979. SEM of the enamel layer in oral teeth of fossil and extant crossopterygian and dipnoan fishes. *Scaning Electron Microscopy* 2: 483–90.

Smith, M.M. 1984. Petrodentine in extant and fossil dipnoan dentitions: microstructure, histogenesis and growth. *Proceedings of the Linnean Society of New South Wales* 107: 367–407.

Smith, M.M. 1992. Microstructure of enamel in the tusk teeth of *Youngolepis* compared with enamel in crossopterygians teeth and with a youngolepid-like tooth from the Lower Devonian of Vietnam. Pp. 341–53 in Chang, M.M., Liu, Y.H. and Zhang, G.R. (eds), *Early vertebrates*

and related problems of evolutionary biology. Science Press, Beijing.
Smith, M.M., and Campbell, K.S.W. 1987. Comparative morphology, histology and growth of dental plates of the Devonian dipnoan *Chirodipterus*. *Philosophical Transactions of the Royal Society of London* 317: 329–63.
Song, C.-Q., and Chang, M.-M. 1992. Discovery of *Chirodipterus* (Dipnoi) from Lower Upper Devonian of Hunan, South China. Pp. 465–76 in Chang, M.M., Liu, Y.H., and Zhang, G.R. (eds), *Early vertebrates and related problems of evolutionary biology*, Science Press, Beijing.
Thomson, K.S., and Campbell, K.S.W. 1971. The structure and relationship of the primitive Devonian lungfish *Dipnorhynchus sussmilchi* (Ethridge). *Bulletin of the Peabody Museum of Natural History* 38: 1–109.
Wang, S.-T., Drapala, V., Barwick, R.E., and Campbell, K.S.W. 1993. The dipnoan species, *Sorbitorhynchus deleaskitus*, from the Lower Devonian of Guangxi, China. *Philosophical Transactions of the Royal Society of London*, 340 B: 1–24.
White, E., and Moy-Thomas, J.A. 1940. Notes on the nomenclature of fossil fishes: II. Homonyms. D.-L. *Annals of the Magazine of Natural History London* 6: 98–103.
Young, G.C., Barwick, R.E., and Campbell, K.S.W. 1989. Pelvic girdles of lungfishes (Dipnoi). Pp. 59–83 in Le Maitre, R.W. (ed), *Pathways in geology, essays in honour of Edwin Sherbon Hills*. Blackwell Scientific Publications, Carlton, Victoria.
Zhang, M., and Yu, X. 1981, A new crossopterygian, *Youngolepis praecursor* gen. et sp. nov. from Lower Devonian of East Yunnan, Yunnan. *Scientia Sinica* 24: 89–97.

Chapter 12. Big Teeth, Strong Fins

Ahlberg, P.E., and Johanson, Z. 1997. Second tristichopterid (Sarcopterygii, Osteolepiformes) from the Upper Devonian of Canowindra, New South Wales, Australia, and phylogeny of the Tristichopteridae. *Journal of Vertebrate Paleontology* 17: 653–73.
Ahlberg, P.E., and Johanson, Z. 1998. Osteolepiforms and the ancestry of tetrapods. *Nature* 395: 792–94.
Andrews, S.M. 1985. Rhizodont crossopterygian fish from the Dinantian of Foulden, Berwickshire, Scotland, with a re-evaluation of this group. *Transactions of the Royal Society of Edinburgh (Earth Sciences)* 76: 67–95.
Andrews, S.M., and Westoll, T.S. 1970a. The postcranial skeleton of *Eusthenopteron foordi* Whiteaves. *Transactions of the Royal Society of Edinburgh* 68: 207–329.
Andrews, S.M., and Westoll, T.S. 1970b. The postcranial skeleton of rhipidistian fishes excluding *Eusthenopteron*. *Transactions of the Royal Society of Edinburgh* 68: 391–489.

Holland T., and Long, J.A. 2009. On the phylogenetic position of *Gogonasus andrewsae* Long 1985, within the Tetrapodamorpha. *Acta Zoologica* 90 (Supple 1.): 285–96.
Holland T., Long, J.A., and Snitting, D. 2010. New information on the enigmatic tetrapodomorph fish *Marsdenichthys longioccipitus* (Long, 1985). *Journal of Vertebrate Paleontology* 30: 68–77.
Holland, T., Warren, A., Johanson, Z., Long, J.A, Parker, K., and Garvey, G. 2007. A new species of *Barameda* (Rhizodontida) and heterochrony in the rhizodontid pectoral fin. *Journal of Vertebrate Paleontology* 27: 295–315.
Janvier, P. 1980. Osteolepid remains from the Devonian of the Middle East, with particular reference to the endoskeletal shoulder girdle. Pp. 223–54 in Panchen, A.L. (ed), *The terrestrial environments and the origin of land vertebrates*. Systematics Assocation, Academic Press, London.
Janvier, P., Termier, G., and Termier, H. 1979. The osteolepiform rhipidistian fish *Megalichthys* in the Lower Carboniferous of Morocco, with remarks on the paleobiogeography of the Upper Devonian and Permo-Carboniferous osteolepidids. *Neues Jahrbuch für Geologie und Palaeontologie Monatshefte* 7–14.
Jarvik, E. 1944. On the dermal bones, sensory canals and pit-lines of the skull in *Eusthenopteron foordi* Whiteaves, with some remarks on *E. save-soderberghi* Jarvik. *Kungliga Svenska Vetenskapakademiens Hanlingar* 3(21): 1–48.
Jarvik, E. 1948. On the morphology and taxonomy of the Middle Devonian osteolepid fishes of Scotland. *Kungliga Svenska Vetenskapakademiens Hanlingar* 3(25): 1–301.
Jarvik, E. 1950a. On some osteolepiform crossopterygians from the Upper Old Red Sandstone of Scotland. *Kungliga Svenska Vetenskapakademiens Hanlingar* 2: 1–35.
Jarvik, E. 1950b. Middle Devonian vertebrates from Canning Land and Wegeners Halvö (East Greenland): II. Crossopterygii. *Meddelesler om Grønland* 96 (4): 1–132.
Jarvik, E. 1952. On the fish-like tail in the ichthyostegid stegocephalians with descriptions of a new stegocephalian and a new crossopterygian from the Upper Devonian of East Greenland. *Meddelesler om Grønland* 114: 1–90.
Jarvik, E., 1954. On the visceral skeleton in *Eusthenopteron* with a discussion of the parasphenoid and palatoquadrate in fishes. *Kungliga Svenska Vetenskapakademiens Hanlingar* (4) 5: 1–104.
Jarvik, E. 1960. *Théories de l'évolution des vertébrés reconsidérée la lumière des récentes découvertes sur les vertébrés inférieurs*. Masson and Cie, Paris.
Jarvik, E. 1963. The composition of the intermandibular division of the head in fish and tetrapods and the diphyletic origin of the tetrapod tongue. *Kungliga Svenska Vetenskapakademiens Hanlingar* 4(9): 1–74.

Jarvik, E., 1964. Specializations in early vertebrates. *Annales de la Société Royale Zoologique de Belgique* 94: (1):11–95.

Jarvik, E., 1966. Remarks on the structure of the snout in *Megalichthys* and certain other rhipidistid crossopterygians. *Arkiv für Zoologi* 19: 41–98.

Jarvik, E. 1980. *Basic structure and evolution of vertebrates*, vols. 1 and 2. Academic Press, London.

Jarvik, E. 1985. Devonian osteolepiform fishes from East Greenland. *Meddelesler om Grønland* 13: 1–52.

Johanson, Z., and Ahlberg, P.E. 1997. A new tristichopterid (Osteolepiformes: sarcopterygii) from the Mandagery Sandstone (Late Devonian) near Canowindra, New South Wales. *Transactions of the Royal Society of Edinburgh: Earth Sciences* 88: 39–68.

Johanson, Z., and Ahlberg, P.E. 1998. A complete primitive rhizodontid from Australia. *Nature* 349: 569–73.

Johanson, Z., and Ahlberg, P.E. 2001. Devonian rhizodontids (Sarcopterygii; Tetrapodomorpha) from East Gondwana. *Transactions of the Royal Society of Edinburgh: Earth Sciences* 92: 43–74.

Long, J.A. 1985a. The structure and relationships of a new osteolepiform fish from the Late Devonian of Victoria, Australia. *Alcheringa* 9: 1–22.

Long, J.A. 1985b. A new osteolepidid fish from the Upper Devonian Gogo Formation, Western Australia. *Records of the Western Australian Museum* 12: 361–77.

Long, J.A. 1985c. New information on the head and shoulder girdle of *Canowindra grossi* Thomson, from the upper Devonian Mandagery sandstone, New South Wales. *Records of the Australian Museum* 37: 91–99.

Long, J.A. 1987. An unusual osteolepiform fish from the Late Devonian of Victoria, Australia. *Palaeontology* 30: 839–52.

Long, J.A. 1988. Late Devonian fishes from the Gogo Formation, Western Australia. *National Geographic Research* 4: 436–50.

Long, J.A. 1989. A new rhizodontiform fish from the Early Carboniferous of Victoria, Australia, with remarks on the phylogentic position of the group. *Journal of Vertebrate Paleontology* 9: 1–17.

Long, J.A., Campbell, K.S.W., and Barwick, R.E. 1996–97. Osteology and functional morphology of the osteolepiform fish *Gogonasus andrewsae* Long, 1985, from the Upper Devonian Gogo Formation, Western Australia. *Records of the Western Australian Museum Supplement* 53: 1–90.

Long, J.A., and Gordon, M. 2004. The greatest step in vertebrate history: a paleobiological review of the fish-tetrapod transition. *Physiological and Biochemical Zoology* 77: 700 19.

Long, J.A., Young, G.C., Holland, T., Senden, T.J., and Fitzgerald, E.M.C. 2006. An exceptional Devonian fish from Australia sheds light on tetrapod origins. *Nature* 444: 199–202.

Rosen, D.E., Forey, P.L., Gardiner, B.G., and Patterson, C. 1981. Lungfishes, tetrapods, palaeontology and plesiomorphy. *Bulletin of the American Museum of Natural History* 167: 159–276.

Schultze, H.-P. 1984. Juvenile specimens of *Eusthenopteron foordi* Whiteaves, 1881 (osteolepiform rhipidistian, Pisces), from the Upper Devonian of Miguashua, Quebec, Canada. *Journal of Vertebrate Paleontology* 4: 1–16.

Vorobyeva, E. 1962. Rhizodont crossopterygians from the Devonian main field of the USSR. *Trudy Palaontological Institute* 104: 1–108.

Vorobyeva, E. 1975. Formenvielfalt und Verwandtschaftsbeiziehungen der osteolepidida (crossopterygier, Pisces). *Paläontologische Zeitschrift* 49: 44–54.

Vorobyeva, E. 1977. Morphology and nature of evolution of crossopterygian fish. *Trudy Palaeontological Institute* 163: 1–239.

Vorobyeva, E. 1980. Observations on two rhipidistian fishes from the Upper Devonian of Lode, Latvia. *Zoological Journal of the Linnean Society* 70: 191–201.

Vorobyeva, E., and Obrucheva, D. 1964. Subclass Sarcopterygii. Pp. 420–98 in Orlov, I.A. (ed), *Fundamentals of palaeontology: vol. 11. Agnatha and Pisces*. I.T.P.P., Jerusalem.

Vorobyeva, E., and Obrucheva, H. D. 1977. Rhizodont crossopterygian fishes (family Rhizodontidae) from the Middle Palaeozoic deposits of the Asiatic part of the USSR. Pp. 89–97, 162–63 in Menner, V.V. (ed), *Ocherki po filogenii i sistematike iskopaemykh ryb i beschelyustnick*. Akademia Nauka, Moscow.

Young, G.C., Long, J.A., and Ritchie, A. 1992. Crossopterygian fishes from the Devonian of Antarctica: Systematics, relationships and biogeographic significance. *Records of the Australian Museum Supplement* 14: 1–77.

Chapter 13. The Greatest Step in Evolution

Ahlberg, P.E. 1991. Tetrapod or near tetrapod fossils from the Upper Devonian of Scotland. *Nature* 354: 298–301.

Ahlberg, P.E. 1995. *Elginerpeton pancheni* and the earliest tetrapod clade. *Nature* 373: 420–25.

Ahlberg. P.E. 2008. *Ventastega curonica* and the origin of tetrapod morphology. *Nature* 453: 1199–1204.

Ahlberg, P.E, Clack, J.A., and Luksevics, E. 1996. Rapid braincase evolution between *Panderichthys* and the earliest tetrapods. *Nature* 381: 61–64.

Ahlberg, P.E., Luksevics, E., and Lededev, O. 1994. The first tetrapod finds from the Devonian (Upper Famennian) of Latvia. *Philosophical Transactions of the Royal Society of London* B343: 303–28.

Ahlberg, P., and Milner, A.R. 1994. The origin and early diversification of tetrapods. *Nature* 368: 507–12.

Boisvert, C.A. 2005. The pelvic fin and girdle of *Panderichthys* and the origin of tetrapod locomotion. *Nature* 438: 1145–47.

Boisvert, C., and Ahlberg, P.E. 2008. The pectoral fin of *Panderichthys* and the origin of digits. *Nature* 456: 633–36.

Brazeau, M., and Ahlberg, P.E. 2006. Tetrapod-like middle ear architecture in a Devonian fish. *Nature* 439: 318–21.

Callier, V., Clack, J.A., and Ahlberg, P.E. 2009. Contrasting developmental trajectories in the earliest known tetrapod limbs. *Science* 324: 364–67.

Campbell, K.S.W., and Bell, M.W. 1977. A primitive amphibian from the Late Devonian of New South Wales. *Alcheringa* 1: 369–81.

Clack, J.A. 1988. New material of the early tetrapod *Acanthostega* from the Upper Devonian of East Greenland. *Palaeontology* 31: 699–724.

Clack, J.A. 1989. Discovery of the earliest tetrapod stapes. *Nature* 342: 425–30.

Clack, J.A. 2001. *Eucritta melanolimnetes* from the Early Carboniferous of Scotland, a stem tetrapod showing a mosaic of characteristics. *Transactions of the Royal Society of Edinburgh, Earth Sciences* 92: 72–95.

Clack, J.A. 2002. *Gaining ground—The origin and evolution of tetrapods*. Indiana University Press, Bloomington.

Clack, J.A. 2006. The emergence of early tetrapods. *Palaeogeography, Palaeoclimatology, Paleoecology*, 232: 167–89.

Clack, J.A., and Finney, S.M. 2005. *Pederpes finneyae*, an articulated tetrapod from the Tournaisian of western Scotland. *Journal of Systematic Palaeontology* 2: 311–46.

Coates, M.I. 1996. The Devonian tetrapod *Acanthostega gunnari* Jarvik: postcranial anatomy, basal tetrapod interrelationships and patterns of skeletal development. *Transactions of the Royal Society of Edinburgh, Earth Sciences* 87: 363–421.

Coates, M.I., and Clack, J.A. 1990. Polydactyly in the earliest known tetrapod limbs. *Nature* 347: 66–69.

Coates, M.I., and Clack, J.A. 1991. Fish-like gills and breathing in the earliest known tetrapod. *Nature* 352: 234–36.

Coates, M.I., Ruta, M., and Friedman, M. 2008. Ever since Owen: changing perspectives on the early evolution of tetrapods. *Annual Reviews of Ecology, Evolution and Systematics* 39: 571–92.

Daeschler, E.B., Shubin, N.H., Thomson, K.S., and Amaral, W.W. 1994. A Devonian tetrapod from North America. *Science* 265: 639–42.

Daeschler, E.B., Shubin, N.H., and Jenkins, F.A. 2006. A Devonian tetrapod-like fish and the evolution of the tetrapod body plan. *Nature* 440: 757–63.

Jarvik, E. 1996. The Devonian tetrapod *Ichthyostega*. *Fossils and Strata* 40: 1–213.

Lebedev, O.A., and Coates, M.I. 1995. The postcranial skeleton of the Devonian tetrapod *Tulerpeton curtum* Lebedev. *Zoological Journal of the Linnean Society* 114: 307–48.

Long, J.A. 1990. Heterochrony and the origin of tetrapods. *Lethaia* 23: 157–66.

Long, J.A., and Gordon, M. 2004. The greatest step in vertebrate history: a paleobiological review of the fish-tetrapod transition. *Physiological and Biochemical Zoology* 77: 700–19.

Long. J.A., and Holland, T. 2008. A possible elpistostegalid fish from the Middle Devonian of Victoria. *Proceedings of the Royal Society of Victoria* 120: 186–93.

Niedźwiedzki, G., Szrek, P., Narkiewicz, K., Narkiewicz, M., and Ahlberg, P.E. 2010. Tetrapod pathways from the early Middle Devonian period in Poland. *Nature* 463: 43–48.

Panchen, A.L. 1967. The nostrils of choanate fishes and early tetrapods. *Biological Reviews of the Cambridge Philosophical Society* 42: 374–420.

Panchen, A.L. 1977. Geographical and ecological distribution of the earliest tetrapods. Pp 723–728 in Hecht, M.K. (ed), *Major patterns in vertebrate evolution*. Plenum Press, New York.

Panchen, A.L., and Smithson, T.R. 1987. Character diagnosis, fossils and the origin of the tetrapods. *Biological Review* 62: 341–438.

Schultze, H.-P., and Arsenault, M. 1985. The panderichthyid fish *Elpistostege*: a close relative of tetrapods? *Palaeontology* 28: 293–310.

Shubin, N.H., Daeschler, E.B., and Jenkins, F.A., Jr. 2006. The pectoral fin of *Tiktaalik* and the origin of the tetrapod limb. *Nature* 440: 764–71.

Thulborn, T., Warren, A., Turner, S., and Hamley, T. 1996. Early Carboniferous tetrapods in Australia. *Nature* 381: 777–80.

Warren, A., Jupp, R., and Bolton, B. 1986. Earliest tetrapod trackway. *Alcheringa* 10: 183–86.

Warren, A., and Turner, S. 2004. The first stem tetrapod from the Early Carboniferous of Gondwana. *Palaeontology* 47: 151–84.

Warren, J.W., and Wakefield, N. 1972. Trackways of tetrapod vertebrates from the Upper Devonian of Victoria, Australia. *Nature* 228: 469–70.

译者说明

本译本所根据原书 *The Rise of Fishes: 500 Million Years of Evolution* SECOND EDITION 由美国约翰斯·霍普金斯大学出版社（Johns Hopkins University Press）出版。书中涉及鱼类化石的专有名词，凡查学界有统一汉语译文的，都一一译出，没有或可能未查及有汉语译文的，译者参照了古生物研究领域一些研究人员的行文方式或习惯，对部分不好翻译的古生物名称以及其他生僻的专有名词保留了外文原文，未擅自进行翻译（可参看中国地质调查局武汉地质调查中心、中国地质科学院地质研究所等机构在参与的研究项目中发表的论文，如《中亚地区晚古生代腕足动物古生物地理与构造古地理的协同演化》《粤西郁南—德庆地区奥陶系岩石地层序列及古生物化石特征》）。

由于译者在古鱼类化石研究方面不是专家，译文中难免有谬误不妥之处，敬请读者批评指正。

吴奕俊

2018年8月9日于广州暨南大学外国语学院